主编 全国能源动力类专业教学改革研讨会组委会

2014年全国能源动力类专业教学改革研讨会论文集

2014 Nian
Quanguo Nengyuan Donglilei
Zhuanye
Jiaoxue Gaige Yantaohui
Lunwenji

U0304608

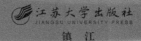

江苏大学出版社
JIANGSU UNIVERSITY PRESS
镇江

图书在版编目(CIP)数据

2014 年全国能源动力类专业教学改革研讨会论文集/
全国能源动力类专业教学改革研讨会组委会主编. —镇
江:江苏大学出版社,2014.12
ISBN 978-7-81130-868-6

Ⅰ.①2… Ⅱ.①全… Ⅲ.①能源工业—教学改革—
高等学校—学术会议—文集 ②动力工程—教学改革—高等
学校—学术会议—文集 Ⅳ.①TK-53

中国版本图书馆 CIP 数据核字(2014)第 296933 号

2014 年全国能源动力类专业教学改革研讨会论文集

主　　编/全国能源动力类专业教学改革研讨会组委会
责任编辑/李菊萍　常　钰
出版发行/江苏大学出版社
地　　址/江苏省镇江市梦溪园巷 30 号(邮编:212003)
电　　话/0511-84446464(传真)
网　　址/http://press.ujs.edu.cn
排　　版/镇江文苑制版印刷有限责任公司
印　　刷/虎彩印艺股份有限公司
经　　销/江苏省新华书店
开　　本/718 mm×1 000 mm　1/16
印　　张/21.5
字　　数/375 千字
版　　次/2014 年 12 月第 1 版　2014 年 12 月第 1 次印刷
书　　号/ISBN 978-7-81130-868-6
定　　价/48.00 元

如有印装质量问题请与本社营销部联系(电话:0511-84440882)

目　录

专业建设与培养方案

课程建设　教学方法　教材建设

"卓越工程师"计划与实验实训基地建设

专业建设与培养方案

能源动力专业实验环节的建设与实践

/舒水明　周　铭　王晓墨　黄俭明/

(华中科技大学 能源与动力工程学院)

摘　要：文章针对能源动力类专业实验环节进行建设与实践,构建了"基础认知型、设计实验型、专业综合型、研究创新型"四个层次的实验教学体系,研制适用于综合性、设计性、研究性实践项目的实验平台,按照整合、更新的实验教学体系编写能体现以能力培养为主线的实验教材。该实验环节的建设与实践对培养创新精英人才有着重要的借鉴意义。

当今社会,知识呈几何级数增长,使得知识的选择、整合、转换和运用比知识的接受更重要,掌握学习方法、思维方法、研究方法比掌握知识本身更重要。因此,高校应以学习方法为前提,以获得知识为基础,以开发智能为手段,以发展创新能力为核心,以提高综合素质为目标开展实验教学活动。实验环节建设必须满足学生学会学习并掌握学习方法、思维方法、研究方法的需要,必须满足学生自主学习、探索、研究的需要,必须满足师生互相交流的需要,必须满足学生整体素质提高的需要,根据具体情况组织实验教学项目、内容并设计实验教学辅导材料。

目前国内能源动力类学科专业人才培养普遍存在实验基础设施建设相对薄弱、教师队伍的数量和质量不能满足人才培养的需要等亟待解决的问题。国内各高校都非常重视教师队伍建设,但在培养机制上仍然偏重于应试教育,重理论推导、轻实验验证,重课堂讲解、轻动手实践;习惯于按部就班、循规蹈矩,缺乏创造性思维方式,专业知识面狭窄,尤为突出的是动手能力、分析解决问题的能力欠缺,科学创新能力不足。并且,我国高校实验教学整体上还没有摆脱依附并服务于课程的格局。由于学科、专业过细,实验室普遍按课程设置,其规模小,功能单一,仅能满足本门课程教学内容的演示和规定开设项目的要求。尽管有很多学校,对传统实验项目和内容进行了一系列改革,压缩和删除了一部分验证性实验项目,增加了综合性、研究性和设计性实验项目,但实际上仍然没有摆脱课程体系的束缚,只是对传统实验项目的修改与增删,依旧是按照知识课、专业基础课、专业课这样一个固有知识体系,配合理论教学而开展的辅助性实验教学活动,其目的是强化理论教学,帮助学生巩固和掌握理论知识,并没有把学习方法作为实验教学的重点加以重视。还有相当一部分学校的实验室不能满足综合性、设计性实验的教学要求,许多新的现代实验理论和方法不能及时让学生了解和掌握。由于实验教学环节受经费、人员、场地等各种因素的影响,改善的难度较大,已经成为教学改革和发展的一个瓶颈，严重制约了高素质人才的培养。

华中科技大学能源与动力工程学院依托中美、中欧、国家、省部级学科平台，结合与能源与动力工程相关的边缘学科，不断探索扩大系列课程的知识范围，优化整合能源与动力工程系列课程教学内容，力图创建理论完整、信息量大、工程实践性强的实验教学内容体系，建设一流的、以培养学生能力为核心的、多学科共享的校内实验基地。

1 加强实验教学体系改革，为培养创新人才打下坚实的基础

实验建设从体系上应围绕学生"独立学习能力—独立工作能力—独立创造能力"的结构层次进行设计。具体实施方案应通过启发、引导学生"发现问题—分析问题—解决问题—再否定问题"的不断循环，逐步提高和不断强化。实验室应向综合性、规模化、多功能化方向发展，克服按课程设置以及功能单一、效益低下、重复购置等弊病，在开设一定单元实验操作的基础上，多增开综合性、设计性实验及课程设计，并借助多媒体手段、CAI 课件等教学设备，融入现代科技成果，开阔学生思路。通过合理调整，使实验室成为具有一定规模、仪器设备充足、实验指导及技术力量雄厚的综合性实验中心，最大限度上满足实验环节教学的要求。

华中科技大学能源与动力工程学院通过实验环节的改革、实验内容的调整、实验项目的科学整合，构建了与本科课程体系和课程内容相融合的"基础认知型、基础设计型、专业综合型、研究创新型"四层次的实验教学体系（见表1）。

表1 大机械类和能源动力学科的实践体系层次明细

层次	实验平台	实践内容	培养要求
一	基础认知型平台	基地参观认知	专业兴趣
二	基础设计型平台	热工学实验平台	实验、设计能力
三	专业综合型平台	工业流程及设备模拟和仿真机	操作、运行、解决问题的能力
		专业实验平台	分析、判断、解决问题的能力
四	研究创新型平台	专业研究创新实验平台	研发、创新能力

2 研制适用于认知型、设计型、综合型、研究型实验项目的实验、实践平台，为能源学科多专业之间的融会贯通提供高水平、高质量的实践条件

华中科技大学能源与动力工程学院着重建设了基础认知型平台、基础设计型平台、专业综合型平台和研究创新型平台。

基础认知型平台主要建设理论教学模型。理论教学模型包括实体模型和虚拟模型。为了使学生认识主要设备和机器的原理及结构，实体模型应有动力装置驱动部件，虚拟模型包括动画、视频或三维造型。

基础设计型平台主要建设热工学实验平台。该实验平台将适应多学科共享和学生人数增加的需求，进一步加强实验的开放性与综合性，主要建设五个综合性实验，即热物性实验、热力循环实验、温度与温度场测试实验、流动与传热实验、换热性能实验。

专业综合型平台的建设包括设备模拟和仿真机平台以及专业实验平台。其中专业实验平台是保证专业课程教学与实验正常、顺利进行的必备条件。在整个实验教学改革中，学院建设的四个专业方向的专业实验平台（包括制冷与低温实验平台、热动综合实验平台、发动机实验平台、流体机械综合性能实验平台）保证了课内教学与实验课程同步进行，使得课内教学与课外实践有机结合。其中，每一个综合实验可实现多个相关实验的联系，使学生对实验内容有更全面的认识，从而得到综合性的训练。

研究创新型平台主要开展具有一定难度的设计综合性实验和专题研究，目的是使科研与实践教学很好地结合起来。学生在教师的指导下，按科研和工程设计的程序，参照实验设计任务书，自己查找资料，选择实验方案和实验设备，确定实验步骤，独立操作完成，并进行结果分析，提交严谨的实验报告，这有利于开发学生的想象力和创造力。另外，应提倡吸收高年级学生参与教师的科研工作，还可让学生参加实际工程设计，接触大规模复杂系统的分析和管理，开阔学生思路，提升学生适应高科技时代的能力。

除此之外，学院还建设了"远程与虚拟实验中心"。该中心配备了一个数字仿真实验平台和 80 个实验终端，可面对机械大类和本学科开出 20 个综合设计性实验。根据教学需要的安排，学生既可以在相关实验平台上进行现场实验，也可以在"远程与虚拟实验中心"进行各实验台相关的远程实验、虚拟实验、仿真实验和多媒体教学等。这大大提高了实验设备利用率、信息共享程度、实验技术水平和实验效果，增加了学生容纳人数，增强了实验的自主性和开放程度。

3 按照整合、更新的实验教学体系制定能体现以能力培养为主线的教学大纲，编写具有特色与优势的实验教材

实验教材既是教师指导学生进行实验教学的参考资料，也是学生借以自主设计实验的主要依据，还是师生之间进行交流、沟通的媒介。实验教材的建设要考虑

实验目标的多维度、教学对象的多层次、表现形式的多媒体、解决问题的多角度等不同层面的要求,使实验教材成为包括文字教材、教学辅导、电子教案、助教助学课件、素材库、网络课程、试题库、工具软件、教学支撑环境等多种印刷材料、音像材料、电子出版物、网络出版物集合的整合,即以多样化的媒体资源,生动、形象地展示解决专业(职业)实际问题要用到的知识、概念、原理,并通过解决问题的方式,让学生进行体验认知、概念归纳、原理总结,而不是让学生按照理论学习和实验的方式(即传统理论教学和实验教学的方式)来掌握、巩固和强化知识与技能,从而使实验教材具有自身的特色,以利于学生进行自主性学习、研究和探索。

华中科技大学能源与动力工程学院十分重视实验大纲的更新和实验教材的建设,连续出版了《制冷与低温工程实验技术》《电站锅炉综合实验》等实验教材。

4 按照依托学科的总体思路规划建设实验教师队伍

指导教师在学生实践能力培养中起主导作用,因此,实验室需配备一大批德才兼备、治学严谨、精通业务的实验人员。他们对实验设备及相关技术应非常熟悉,从设备调试、安装、维护、维修、管理到指导学生的基本训练都要内行,这是实验教学得以顺利进行的重要保障。作为实验指导教师,要引导学生认识实践能力培养的重要性,从严掌握各个环节。指导教师还应不断提高自身的业务水平,总结经验,并进行科研工作,跟上科技发展的步伐,把最新的思想方法、技术手段、科研成果引入课程和实践教学中,进一步丰富和优化实践教学内容,拓宽学生的知识面,以适应社会的发展要求。

华中科技大学能源与动力工程学院针对现代实践教学和实验室建设的需求,正着手建立以实验员为基本、以任课教师和工程技术人员为骨干、以责任教授为主导的结构合理、保障有力的实践教学团队,并加强本学科实验教学的指导、管理、建设,提高管理实效、协调能力和工作效率,完善实验教学技术培训与交流制度。

5 开放实验室是培养学生综合能力、因材施教的重要途径

现行的实验教学大多依据课程内容,由教师安排在规定时间进行实验,不利于各层次学生根据自身优势进行实践训练,也不利于学生的个性发展,使其创新能力培养受到限制。开放实验室,即要求实验室在时间、空间及项目内容和仪器设备等方面全面进行开放。华中科技大学能源与动力工程学院正着手完善实验室开放制度,学生在开放的实验室里,可进行一些综合分析性实验和研究探索性实验,充分发挥其主动性和创造性。此外,学生还可进行基础实验训练,以弥补自身不足之

处。开放时间可根据条件安排,如设置开放实验周或安排在周六、周日、晚上等业余时间。实验室的开放会带来仪器设备维修、维护、管理和实验指导、技术物资供应等问题,要求技术后勤部门服务到位,及时进行实验设施的维修、维护、保障。

能源动力专业实验环节的改革与实践,对于满足社会的需求和专业技术的发展要求、培养创新精英人才、因材施教有着重要的借鉴意义。

参考文献

[1] 刘伟,等.构建热能与动力工程专业创新教学体系[J].高等工程教育研究,2005(1):44 - 47.

[2] 王晓墨,等.能源卓越工程师培养的探索与实践[J].中国科教创新导刊,2013(25):67 - 68.

[3] 舒水明,等.能源动力类卓越人才实践环节培养的改革与实践[J].中国科教创新导刊,2013(26):80 - 81.

[4] 舒水明,等.多形式多层次共建专业特色课程体系的改革与实践[J].科教文汇(下月刊),2012(5):4 - 5.

[5] 黄树红,等.热能与动力工程专业立体化课程体系的改革与实践[J].科教导刊,2012(15):15 - 16.

热能专业实验环节改革体系的建立与实施*

／刘颖杰[1]，刘　坤[1]，李丽丽[1]，吕子强[2]／

（1. 辽宁科技大学 材料与冶金学院；2. 辽宁科技大学 土木学院）

摘　要：文章指明了实验教学环节在工科院校中的重要地位，针对热能与动力工程专业培养计划中实验教学环节目前存在的不足，提出了包含实验项目的整合、实验室的开放、专业实验的集中训练、实验独立设课、导生制、以自制设备带动实验改革等多方面的改革体系，该改革方案在实施过程中收到了很好的效果。

0　引　言

能源动力类专业的许多研究进展都是通过实验得来的，因此实验教学对于能源动力类专业人才培养具有十分重要的意义[1]。实验课程的教学内容由实验项目组成，实验项目是实验教学内容的主体，因此实验项目是训练学生实验技能的重要载体[2]，对培养学生的实验能力、合作能力及创新思维能力等起重要作用。对于任何一门实验课程而言，实验项目都有着举足轻重的地位[3,4]。但是长期以来，我国的工科教育普遍存在重理论轻实践的倾向，在实现创新能力培养中存在一些亟待解决的问题。

1　目前热能与动力专业实验教学情况

按照课程设置的性质，可将热能与动力工程专业实验教学分为三个阶段：基础实验阶段、专业基础实验阶段和专业实验阶段。其中，基础实验包括大学物理实验、大学计算机基础实验、材料力学实验、电路与电子技术实验等，它是培养和提高应用能力的重要环节和基础。专业基础实验包括传热学实验、工程热力学实验、流体力学实验、热工检测仪表实验、热工实验原理与技术实验、热工过程自动调节实验、自动控制原理实验等，它是实验教学体系中最重要的组成部分，是培养专业思维与实践及创新能力的基础性实验，不仅是培养学生工程思想的基础，也是奠定热能与动力工程学科理论研究的基石。专业课实验包括燃烧学实验、锅炉原理实验、制冷原理与设备实验、制冷压缩机实验、制冷装置实验、空调工程实验等。专业实验内容具有较强的实用性，接近工程实际。

* 基金项目：辽宁省 2013 年教育科学"十二五"规划课题，项目编号 JG13DB079。

经过实验教师多年的实验教学和研究,总结出了实验教学过程中的一些重要问题:

一是对于基础实验和专业基础实验,一般都以验证性实验为主,缺少设计性和综合性实验。即使有少量的综合性实验,也是在条件限定的范围内学生按照教师的要求来完成,缺乏对学生创新意识和创新能力的培养。

二是对于专业实验,目前实验项目的综合性不强,学时较短,导致学生对实验原理的印象不深,实验效果不好。目前本专业的实验学时均为 2 ~ 3 学时,其中综合性实验占总实验项目的比例仅为 41.4%,且综合性实验是在原有的验证实验的基础上改进而来的,其综合性并不强。

三是在实验过程中,学生对实验环节不重视。不论是实验的预习、实验操作过程,还是实验报告的整理过程,都无法像理论课程一样得到学生的重视。

经分析和讨论,造成以上问题的根本原因在于目前不合理的实验教学体制,即实验成绩考核方式和成绩结构不合理,实验教学的方法不得当,因而忽视了学生的主体性和能动性。这种教学理念及相应的教学方法,不利于发挥学生的主动性、积极性和创造性,不利于培养学生主动实践的能力[5]。鉴于实验项目本身及其改革的重要性,有必要提出一种实验教学改革体系,为实验项目不断的开发和更新提供动力。这种动力是内在的、可持续的,而不仅仅是一次性或者依靠行政动力推动的[6]。

2　实验环节教学改革体系的建立

2.1　将实验进行分类整合,增加综合性设计性实验[7]

在不增加新设备的条件下,不受课程领域的限制,以实验理论本身为体系,将相关联的、有连续性的实验整合到一起,这不但增强了实验的综合设计性,而且促进了各门课程的紧密联系。如将热工实验原理中的热电偶制作与温度测量(3 学时)、传热学中的自然对流实验(2 学时)、强制对流实验(3 学时)3 个实验整合为"热电偶测温在自然对流和强制对流中的应用"8 学时的综合性实验。

2.2　自制设备促进综合设计性实验的发展

自制实验设备是教学改革的重要内容,是本科教学工作优秀学校评价的重要组成部分。自制实验设备直接推动了教学内容、教学体系及教学方法的改革,符合高校办学的具体要求。自制实验设备也是基础课教师和基础教学实验室人员参加学校自拟科研课题的主要形式[8]。

在没有综合设计性实验设备的情况下,要增加综合设计性实验,可走自制设备的路线,这不但可推动实验教学方法改革、增加教师毕业设计等环节自拟课题的形式、培养学生创新思维和科研能力,还能通过自制设备实现建立综合设计性实验项目的目的。总之,自制设备是多元化培养学生和实验教学改革的重要途径。

2.3 设置专业实验周,集中实训

在学生系统地学习了多门专业课的基础上,对专业实验进行系统、集中的训练。其不但可以有效保障实验所需的时间,还大大促进了对学生动手能力、创新能力、科研能力的培养。

2.4 开放实验室,变集中教学为分散教学

为减轻大四学生的学习压力,提高实验质量,首先从实验时间安排上着手,每学期开学初组织学生集中学习实验室管理制度及安全操作规程,每种设备制作一套操作规程视频,包括实验设备的注意事项和操作过程详解,学生实验前需认真学习实验设备的操作规范。为保证实验室开放工作有序地进行,每学期学生都要在有效时间内对自己所学课程包含的每一门实验在网上进行预约,实验结束后现场完成实验报告,并进行成绩考核。实验教学中鼓励教师充分相信学生、尊重学生个性,发挥学生的主观能动性,改变“填鸭式”的知识传授方式,引导学生学会学习并进行研究性学习,将教学目标由知识的转移和传授转变为能力的激发与提高[9]。

2.5 建立实验项目评价的反馈机制

2013 年 7 月温州大学电子与信息工程学院提出了实验项目反馈机制,主导思想是建立实验项目的评价体系,再将实验项目的评价结果反馈到实验教学中,从而推动实验项目的不断更新和发展,以满足现代社会进步、学科发展和实验教学对象变化等对实验教学所提出的一系列新要求。学生实验考核的结果不是评价的终点,更不是最终的目的。实验项目评价的重要性在于让评价结果能够反馈到实验教学中,并对实验教学的改革和发展起到指导作用[6]。这就要求必须建立实验项目评价结果的反馈机制,通过固定的渠道将实验项目的评价结果及时反馈给管理者和教师。通过哪些渠道反馈、如何反馈和反馈多少等则是建立反馈机制过程中需要考虑的问题。

2.6 建立实验导生制

针对大二的专业基础实验,在开放实验的过程中,每组安排一名大四学生进行指导。这不但可带动学生的实验积极性、主动性,增强学生对实验的兴趣,也能培养学生的表达能力以及分析和解决问题的能力。

3 结 语

该改革体系自提出以来已在辽宁科技大学的热能与动力专业 2010 级学生中

实施了两年,收到了良好的效果,共整合了 26 个实验项目,综合性实验百分比由原来的 41.4% 提高到了 82.7%。实施过程中问题的发现和解决过程也是完善这一改革体系的过程,这一过程大大提高了实验在工科专业培养中的重要性,学生的主观能动性明显得到加强。实践证明,学生的动手能力和创新能力也得到了很好的提升。

参考文献

[1] 钱进,龚德鸿,冯胜强.热能与动力工程专业实验教学改革研究[J].中国电力教育,2008(121):152 – 154.

[2] 教育部办公厅关于印发《普通本科学校创业教育教学基本要求(试行)》的通知[EB/OL].[2014 – 08 – 23].http://www.moe.edu.cn.

[3] 林强,姜彦福,张健.创业理论及其架构分析[J].经济研究,2001(9):85 – 94.

[4] Shane S,Venkataraman S. The Promise of Entrepreneurship as a Field of Research[J]. *Academy of Management Review*, 2000,25(1):217 – 226.

[5] 李培根,许晓东,陈国松.我国本科工程教育实践教学问题与原因探析[J].高等工程教育研究,2012(3):1 – 6.

[6] 蔡建秋,等.构建实验项目评价机制 推动实验教学改革[J].实验技术与管理,2013,30(7):150 – 152.

[7] 刘颖杰,等.热能与动力专业实验教学改革的创新与研究[J].东北大学学报(社会科学版),2013,15(S2):131 – 133.

[8] 杨宏,李国辉.走自制实验设备之路促进实验教学改革[J].实验技术与管理,2013,30(1):225 – 227.

[9] 张璟,等.热能与动力工程专业实验教学方式改革探讨[J].中国电力教育,2012(20):90 – 91.

能源动力类专业建设的思考与实践

/王明春 金保昇 钟文琪/

（东南大学 能源与环境学院）

摘　要： 东南大学能源与环境学院"热能与工程"专业与"建筑环境与设备工程"专业获得江苏省高等学校重点专业类"能源动力类"建设试点。文章结合该试点的建设目标,提出构建与国际接轨的创新人才培养模式、建设具有国际视野的师资队伍和教学团队,建设课程群,推进教学模式改革,加强工程教育与实践教学改革,建设完善的教学管理制度等建设措施,并指出通过一系列的措施所取得的成果,在此基础上提出了建设过程中存在的一些问题。

专业是高校人才培养的载体,是高校推进教育教学改革、提高教育教学质量的立足点,其建设水平和绩效决定着高校的人才培养质量和特色。江苏省教育厅2012年开始进行高等学校专业类整合建设试点,东南大学能源与环境学院"热能与动力工程"专业与"建筑环境与设备工程"专业获得江苏省高等学校重点专业类"能源动力类"建设试点。现对该试点的建设情况做一定的介绍,以期为其他同类院校的发展提供一定的参考。

1　建设目标

（1）依托东南大学能源动力学科的整体优势,在已有专业优势和特色的基础上,通过踏实、有效、富于创新性的专业建设工作,紧贴国家能源动力领域建设发展的需要,将东南大学"能源动力"专业（类）建设成为国际一流的"研究型、国际化、卓越化"能源动力专业类。

（2）面向能源动力领域的国际发展前沿,深入探讨新的人才培养模式,引进国外优质教育资源与自主建设并举,全方位与国际接轨;依托国内外优质研学基地,培养能源动力类卓越化人才;优化专业类建设教学培养方案,建立多样化人才培养模式,持续提升本科教育质量,促进学生和谐全面发展,使学生成长为既拥有扎实理论功底、专业知识和实践能力,又具有宽广国际视野的"高素质、高层次、创造性"专业人才,为我国能源动力领域及国民经济其他领域输送高素质人才。

（3）以高水平学科为支撑,构建以精品网络共享课程和精品教材为支撑的教学资源。

（4）围绕国家在能源动力领域的重大需求,瞄准能源动力学科国际发展前沿,通过学科团队建设、完善师资队伍的学历与职称结构、提高具有海外学习与研究经历的教师比例,培养出一批整体素质好、业务水平高、能全方位参与国际竞争的中青年学术带头人,建设一支学科交叉、结构合理、富于创新精神、团结合作的高水平的师资队伍,为培养"高素质、高层次、创造性"人才奠定坚实的基础。

（5）建立一套科学的"监督、评价、激励"管理机制,加强对教学状态的全过程监督管理。

（6）建立多个与优势企业合作的产学研办学联合体、校内创新实验区、校外实践基地,将本专业类建设成为适应国民经济和社会发展需要、教学改革成果具有示范作用、特色鲜明并具有广泛影响力的江苏省重点专业类,在人才培养模式改革、教学团队建设、课程与教学资源建设、教学方式方法改革、实践教学环节、教学管理改革等方面继续保持国内一流水平。

2 建设措施

2.1 构建与国际接轨的能源动力类创新人才培养模式

学院通过调研国内外一流大学相关专业建设情况,研究和预测未来国内外人才需求和对毕业生素质的要求,评估现有人才方案培养体系,对本科教学工作中心地位统一认识,建立专业建设的领导和实施体系,完善并制定具有鲜明特色和科学体系的热能与动力工程专业研究型人才培养方案。其具体体现在以下几方面:

（1）按照"通识教育基础、拓宽学科基础、凝练专业主干、灵活专业方向"的原则,建立完善的通识教育基础上的宽口径专业培养模式,按大类招生培养要求调整和优化课程体系结构;

（2）建设周期内按大专业多方向的建设思路,在现有制冷与低温技术和热能动力及其自动化两个方向的基础上培育建设第三个方向——核电站工程方向,并将新能源技术等前沿技术融入培养方案中;

（3）加强实验、实践教学环节,推进校内外实习基地与工程训练基地建设,建立校内外大学生科技活动基地,培养学生的创新研究能力;

（4）探索新的培养模式,以机械动力强化班为试点,注重个性培养、建立多样化人才培养模式,增加新能源新技术教学内容,邀请国内外知名学者和工程专家来学院开设系列专题讲座,形成优秀人才的特色培养体系。

2.2 建设一支具有国际视野的师资队伍和教学团队

（1）教学团队建设。学院以提高学术队伍的业务素质为核心,优化师资队伍的学历结构和职称结构,积极引进国外高水平的专业带头人,提升专业学术水平,拓展专业方向,建设了一支以核心课程群为基础的高水平师资团队。除此之外,学院新增省教学创新团队一个,先后培养长江学者 1 人、国家杰出青年科学基金获得者 1 人、优秀青年科学基金获得者 1 人、江苏省杰出青年科学基金获得者 1 人、教育部新世纪优秀人才 6 人、国家青年拔尖人才支持计划获得者 1 人,为专业类人才培养和各项教学改革提供坚实的支撑。

(2)青年教师培养。青年教师是学院未来发展的主力,是提高教学水平和人才培养质量的保障。学院对青年教师,除了按学校正常的青年教师培训和开课试讲训练外,还尽可能地将其送往国外学习和深造,并要求每一位青年教师回国后带回一门本科课程,不断更新教材内容,在教材上做到与国际接轨。

(3)国外高水平教学资源的引进。学院通过与国外知名大学和企业的办学合作,引进国外先进的教学资源和设备,为提高办学质量提供国际化的办学条件。最近学院与世界 500 强企业——芬兰 Fortum 公司签订了共同办学协议并获赠仿真支撑软件系统;与美国 Wonderware 公司合作成立东南大学 Wonderware 联合实验中心,并获赠价值 300 万元的教学软件。

(4)积极引进国外知名大学博士毕业的高水平人才。近年来,学院每年引进 2 ~ 3 名国外知名大学的博士和博士后,为双语(全英文)教学提供了师资保证,并为学院国际化办学组建了一支强大的教学团队。

2.3 以课程群的形式进行课程内容体系重构,建设课程群

(1)热工基础课程群,包括传热基础、工程流体力学、工程热力学三门主要的专业基础课。2005 年度该课程群被评为"江苏省高等学校优秀课程群"。学院正在利用四年建设时间构建传热基础、工程流体力学等精品网络共享课程和精品教材。

(2)热工自动控制系统课程群,包括自动控制原理、热工控制系统、热工测量及仪表三门专业主干课,将自动控制原理和热工控制系统揉合成热工控制原理及系统。学院正在利用四年建设时间构建自动控制原理、热工控制系统、热工测量及仪表等精品网络共享课程和精品教材。

(3)能源热力设备课程群,包括锅炉原理、汽轮机原理、热力发电厂、泵与风机四门专业主干课。学院正在利用四年建设时间构建锅炉原理、汽轮机原理等精品网络共享课程和精品教材。

(4)制冷与空调课程群,包括制冷原理与设备、热泵技术、空气调节、制冷自动控制系统四门专业主干课。学院正在利用四年建设时间构建制冷原理与设备、制冷自动控制系统等精品网络共享课程和精品教材。

(5)计算机课程群,包括大学计算机基础、程序设计及 C + +语言、计算机控制

技术与系统、软件工程实践、微机原理等主要计算机类课程。

2.4 以培养创新能力和实践能力为目标,推进教学模式改革

（1）强化研讨型课程建设

学院利用优质的学科资源,加大本科生 Seminar 课程建设,在本专业培养方案中安排多门研讨课程,包括能源与环境导论、新能源与新发电技术、制冷技术发展前沿、锅炉运行特性等,以工程项目或研究课题为背景进行研讨,推进研究性教学模式。

（2）加大（全英文双语）课程建设力度

学院安排了 5 门以上双语（全英文）课程,包括工程流体力学、燃烧与污染防止、空气调节、新能源与新发电技术、制冷技术发展前沿等,着重提高（全英文双语）课程的教学效果。

（3）大力推进现代化教学手段的应用

学院应用现代教育技术,开发多媒体课件,建设了 6 门网络课程,加强师生互动,逐步增加讨论时间;结合工程应用背景,更多地提出问题,引导学生研讨,激发学生的学习与研究兴趣;充分利用信息化手段,提高教学效率和水平。

（4）加强国际合作,培养学生跨国文化的交流能力

学院与世界一些著名大学、研究机构及大型企业建立稳定的交流与合作关系,广泛开展学术交流、科技合作,拓宽学生的国际视野。

2.5 结合全方位工程素质要求,加强工程教育与实践教学改革

学院不断深化工程教育和实践教学改革,建立系统的工程训练和科研实践计划以及有效的实施办法;利用高校和企业之间的优势互补,加强与企业的合作,探索企业和学校发展的利益共同点,拓展合作方式,建立深度的产学研联合关系,提高实习基地的利用效率;结合机械动力创新人才培养实验区项目,进一步加强实践教学平台建设和大学生课外创新实践基地建设,建成 6 ～ 8 个较为稳定的校外实践实习教学基地,构建实践教学基地建设的长效机制。本学科的实验室及科研设施（包括"火电机组振动国家工程研究中心""能源热转换及其过程测控教育部重点实验室""热能工程研究所""电站仿真系统实验室""制冷与空调技术实验室""东南大学—三菱电机 FA 实验室""东南大学—Wonderware 联合实验中心"等）全部对学生开放。

同时,学院将科研成果和教学改革相结合,编写出版国家级规划教材和优秀教材,配合人才培养计划的实施,建立校内外一体化的学生科技活动基地,尝试构建可持续发展机制。除此之外,学院还开放学科实验室,吸收高年级优秀本科生进入实验室,通过学术带头人和研究生进行传、帮、带;利用学科优势,组织学生参与科研和实验室建设,培养学生创新精神和动手解决实际问题的能力。

2.6　以人为本,建立完善的教学管理制度

更新教学管理理念,加强教学过程管理。在教学管理中,学院坚持对教学活动的组织和管理,保障教学工作始终有条不紊地进行;在专业建设、师资队伍建设、课程建设、教材建设、实验室基地建设、现代化教学手段建设和专业教学改革等方面,建立一套科学有效的教学管理体制。学院还坚持新开课和开新课试讲制度、院系领导听课制度、教师听课制度、督导组听课制度、教学期中检查和反馈制度、期末考试检查制度、毕业设计管理制度等,通过强化教学制度的管理和对教学状态规范化管理,保证学院教学工作高质量稳定运行。除此之外,学院建立了一套科学的"监督、评价、激励"管理机制,加强对教学状态的全过程监督管理,建立过程的监督机制、评价机制、激励机制和考核机制。

3　建设成果

学院通过专业类建设,取得了一定的成果,主要表现在以下方面:

(1)学院基本完成了以"研究型、国际化、卓越化"为培养目标,构建与国际接轨的能源动力类创新能力人才培养方案。

(2)通过对教学团队的建设,学院完善了师资队伍的学历与职称结构,提高了具有海外学习与研究经历的教师比例,培养了一批整体素质好、业务水平高、能全方位参与国际竞争的中青年学术带头人,建设了一支学科交叉、结构合理、富于创新精神、团结合作的高水平的师资队伍,为培养"高素质、高层次、创造性"人才奠定了坚实的基础。两年来,学院培养了长江学者1人、国家杰出青年科学基金获得者1人、优秀青年科学基金获得者1人、江苏省杰出青年科学基金获得者1人、教育部新世纪优秀人才6人。

(3)学院建设了"热工基础"教学团队、"制冷与低温技术"教学团队、"暖通、空调"教学团队、"锅炉原理"教学团队、"汽轮机原理"教学团队、"热工测量与仪表"教学团队、"热工自动控制系统"教学团队和"热力发电厂"教学团队。

(4)学院出版了"十二五"规划教材4部和非规划教材5部。

(5)学院建设了研讨课20门,(全英文双语)教学课程12门。

(6)学院建立了25个校企联合产学研基地和学生实习实践基地。

(7)学生参加全国大学生节能减排大赛多次获奖。其中,2012年获一等奖1项,三等奖2项;2013年获一等奖2项,三等奖2项。

(8)学生参加中国制冷空调行业大学生科技竞赛多次获奖。其中,2012年获一等奖1项,二等奖1项;2013获三等奖1项。

（9）学生获 2013"外研社杯"全国英语演讲大赛江苏省赛区三等奖 1 项。

（10）学生参加"三菱电机自动化杯"全国大学生自动化大赛暨自动化创新设计竞赛多次获奖。其中,2012 年获一等奖 1 项,二等奖 2 项;2013 年获一等奖 1 项,二等奖 1 项。

（11）学生参加中国教育机器人大赛获得 2013 国家级特等奖。

（12）学院建设了热工基础课程群、热工自动控制系统课程群、能源热力设备课程群、制冷与空调课程群。

（13）学院结合能源动力专业类建设内容,对两个专业的教学培养方案进行了深入分析和探讨研究,加强了两个专业的师资队伍建设,优化了专业类的课程体系结构,共建了"热工基础""计算机类课程"两个专业的核心课程,拓展了课程间的共建和专业间的互选课程,共享了"机械动力综合工程训练中心",积极申报能源动力类国家级实验平台实验示范中心,完成了热能与动力工程专业和建筑环境与能源应用工程专业课程及两个专业课程实验平台的整合与共享。

4 结 语

江苏省教育厅在江苏各高校中推广专业类建设试点,其经验可以在全国高校中借鉴。尽管学院通过重点专业类建设取得了一定的成绩,但在建设过程中仍存在很多问题,主要问题包括:

（1）国外无同类专业,因此专业类建设几乎没有可借鉴的国际经验,全靠自我摸索;

（2）在人才培养方案、教学团队建设、课程与教学资源建设、教学方式方法、实践教学环节和教学管理六个方面中,人才培养方案最为重要,在人才培养方案的制订过程中,教师的参与是关键,但由于教师面临的各种压力及学校体制等原因,教师参与的积极性不高;

（3）教学团队建设是整个专业类建设最难的部分,尽管学院近年来通过各种途径引进了国内外不少人才,但全身心投入并且熟知教学环节的人不多,这对专业类建设是个很大的考验;

（4）教学实践性环节对培养学生创新及实际动手解决问题的能力非常重要,但受教学经费的影响,具有前沿技术的新实验室建设滞后,这也影响了整个专业类的建设。

能源工程及自动化专业实践教学的思路和方法

/耿瑞光[1]，张洪田[1,2]，韩云涛[3]/

（1. 黑龙江工程学院 机电工程学院；

2. 哈尔滨工程大学 能源与动力工程学院；3. 哈尔滨工程大学 自动化学院）

摘　要：文章对能源动力工程产业的特点和高校能源动力类专业面临的问题进行了分析，对与此特点相适合的实践教学进行了阐述。针对能源工程和动力机械的控制特点，分别给出了具体的在线控制和离线控制实践教学方案。

0　引　言

能源工程及自动化专业是一些高校在热能与动力工程专业基础上，为适应21世纪经济和社会进步，进一步考虑新技术在能源与动力工程领域的应用，对原有专业进行拓宽而设立的能源动力类新的本科专业。例如，清华大学将热能与动力工程专业改造成能源动力系统及自动化专业。

1　能源动力工程产业特点

高校本科专业的课程设置需要密切联系产业特点和发展趋势。能源动力产业是典型的过程工业，而在传统的热能与动力工程专业或者能源与动力工程专业的教学计划中，课程体系注重讲授系统的热工理论以及关键设备的理论知识，如电站锅炉原理、汽轮机原理、压力容器设计原理等，无论是理论教学还是实践教学，均围绕以上知识点展开。

在新中国成立之初确立的以工业产品生产为引导的高校人才培养目标的指导下，能源动力类专业就是以能源工业过程化中的各主要设备为专业方向，如锅炉专业、电厂热能专业、涡轮机专业、风机专业等。

为适应能源工业过程化的特点，一些高校虽然也开设了自动控制原理、传感器原理等课程，但这些与工程自动化有关的知识点仍然是孤立的。考虑到能源动力专业的特点与本科教学的时限，在能源动力专业的课程设置中系统地进行自动化相关的理论和实践教学也是不现实的。如何适应能源工业过程化、自动化的产业特点，培养出同时具备能源动力专业知识和工业自动化实践能力的本科生，是能源工程与自动化专业面临的重要问题。

2 普通高校能源工程与自动化专业面临的问题

2.1 大学新生的特点

高校招生制度改革以来,高校入学率大幅上升,对于大多数普通高等院校来说,均面临入学新生基础薄弱、专业学习热情不高等问题。同时,社会经济竞争加剧和毕业生人数的增加带来的严峻的就业形势,都会使包括能源动力专业在内的高等院校各专业面临巨大的挑战。

虽然现今的普通高校入学新生相比之前的新生具有一些不足之处,但他们同样具有以往大学新生不具备的很多优点。在信息化的社会大背景下,现今的大学新生对新知识的接受能力更强,对新科技有更强的渴望,同时更关注自身的发展。

2.2 专业面临的教学改革问题

能源工程与自动化专业的设立,是高校提高学生社会竞争力的改革措施之一。

教学改革必须要从学生的实际情况出发。如何在满足宽口径的培养目标和教学时间的矛盾中,培养出真正具有实践能力和竞争力的能源工程专业的本科毕业生,作者认为,合理的、切实可行的实践教学是解决问题的方法之一。

据调查,能源工程与自动化专业的设立已经得到了社会的认可。

2.3 实践教学在专业培养中的作用

实践教学是高等教育中的重要环节。运用实践教学,有助于学生对理论知识的掌握,增强学生对专业知识的感性认识,提高教学效果。

根据自身的实际教学条件和教育部的规定,各高校在编订的教学大纲上,均对实践教学内容做出了明确的计划。

提高实践教学的质量,需要先进的教学思路和教学内容。在传统的实践教学内容的基础上,如何密切结合专业特点,并立足自身条件,确立相应的实践教学内容,是提高能源动力专业实践教学质量的重要内容。

在专业教学中,实践教学直观易于理解,理论教学烦琐枯燥,基于基础薄弱的前提条件,学生普遍具有恶理论、喜实践的心理特征。然而,理论教学是实践教学的前提和基础,如何在专业理论教学的系统性和实践教学适应性之间寻求合理匹配,需要高校教学工作者不断进行研究和实践。

3 能源工程与自动化专业的实践教学研究

能源动力类专业可分为以下四个主要方向:

(1)热能转换与利用系统;

（2）内燃机及其驱动系统；

（3）流体机械与制冷低温工程；

（4）水利水电工程。

根据地区行业特点、行业就业容量以及高校学科发展历史，可以认为，对于大多数设置能源动力专业的高校而言，能源动力专业的培养方向为热能转换与利用系统为主的热力发电和内燃机及其驱动系统为主的动力机械。

鉴于能源工程与自动化专业的培养目标在于培养具备自动控制实践能力、面向能源动力工程领域的宽口径毕业生，所以应该使能源工程及自动化专业学生在热力发电和动力机械领域具有一定的理论基础和实践能力。

作为典型的过程工业，能源产业涉及压力、温度、流量、液位等多种过程控制量。控制对象包括多种类型的传感器和动作执行器。控制类型具有远端、大型、集成化的特点。

对于远端控制，常见的控制方式有气动、液动和电动。对于不同的控制方式，又需要选择不同的控制执行机构。

能源动力工程涉及的物理量多处于高温、高压状态，甚至具易燃、易爆性，此类具有一定危险性的物理量并不适合在高校的实践教学中采用。不过高校实验室采用易于控制的简单参量来实现过程控制的实践教学，对于能源工程与自动化专业的学生仍然具有重要意义。

根据动力机械和热力发电控制方式的异同，可以让学生在动力机械上实现离线控制，在模拟热力发电的过程控制上实现在线控制。

3.1 过程控制的实践教学

一个具体的控制方案可以设计如下：

在一个设计好的含有流体流量、温度、压力、液位等观测量的过程装置中，通过涡轮流量计、温度变送器、扩散硅液位变送器、智能仪表、电动阀、比例阀等实现过程控制。

控制电路是控制流程中的核心系统。控制电路由数据采集卡，信号控制卡，流量、温度、液位等信号采集电路，压力信号采集电路，信号滤波电路，控制信号电路和电源等组成。

对过程控制采用和能源工业相似的在线控制方法，数据采集卡采用 PCI 数据采集卡。PCI 卡基于 PCI 总线，与 PC 相配可实现数据采集、波形分析和处理，含有多路模拟输入通道，具体功能包括 AD 模拟量输入功能、DI 数字量输入功能、DO 数字量输出功能、CNT 定时/计数器功能。

在通道数相对较多的场合,使用单端方式实现单个通道信号输入。

信号控制卡也采用 PCI 卡。可采用具有通用光电隔离型开关量输入和继电器输出板,具有多路开关量隔离输入和多路继电器输出,包括 DI 输入功能和 DO 输出功能。

通过信号采集电路,过程中的各种物理信号经数据采集卡内部计算显示在监控界面上。

通过控制电路,实现比例阀的开度以及电动阀的开关控制,并完成对过程装置预定的控制。

含有过程控制量的过程装置在高校的实践教学中是比较容易实现的。水和空气均可以作为流动介质,借助热工实验中的换热设备,可以实现对介质温度的控制。同时,采用水泵或者空气压缩机可为流动介质提供初始压力。

3.2 动力机械控制的实践教学

动力机械的控制常采用离线控制方式。为满足能源工程与自动化专业学生对离线控制的实践学习需要,可以将对微小型发动机的控制用于离线控制的实践教学。

离线控制的实践方案如下:通过在线控制的实践学习,学生对传感器的运用和信号的采集已经有了一定的了解。在此基础上,将一个装备了微小型汽油发动机作为动力源的运动机械系统,采用外扩单片机实现对发动机油门的离线控制。

4 实践教学的效果

通过过程装置的在线控制和简单动力机械的离线控制,能源工程与自动化专业的实践教学已取得了良好的效果。

(1)学生的学习兴趣高涨,能够积极主动地思考并动手实践。

(2)极大地加深了学生对能源产业的特点及压缩机、泵阀、自动执行机构、动力机械的感性认识,使其能将所学专业知识融会贯通。

(3)在实践过程中,每个或者每组学生都不可避免地会遇到问题,处理这些问题的过程中,学生解决实际问题的能力得到了提高。

(4)充分发挥了现代信息技术发展成果的作用,学生所学的知识适应社会的发展趋势,增强了学生的社会竞争力。

5 结 语

能源动力产业属于涉及面很广的工程领域,与此相关的专业实践内容也应该是丰富多样的。实际教学证明,适合的实践教学内容在提升教与学二者的效果、融汇专业理论知识和现代信息技术、培养高质量的能源动力类学生方面具有重要意义。

参考文献

[1] 路勇,等.高校能源动力类专业实验教学改革研究与探索[J].理工高教研究,2010,29(3):118-120.

[2] 孟建,刘永启,刘瑞祥.能源与动力工程专业实践教学改革与实践[J].中国电力教育,2013(31):155-157.

[3] 刘志强,曹小林.热能动力工程专业研究生创新能力培养初探[J].长沙铁道学院学报:社会科学版,2009,10(1):119-121.

[4] 于娟,吴静怡.能源动力专业的高等工程教育研究与实践[J].中国电力教育,2011(27):158-159.

能源与动力工程专业课程体系改革探索

/王　雷,徐有宁,肖增弘,王树群/

（沈阳工程学院 能源与动力学院）

摘　要:高校的人才培养必须与时代发展及社会需要相适应。文章探讨了新形势下沈阳工程学院在能源与动力工程专业课程体系改革方面的工作思路,以提高学生综合素质和教学质量为目的,完善培养目标,加强基础和课程建设,加强与新兴产业的融合,注重学生创新能力的培养,形成自己的课程体系特色。

0　引　言

沈阳工程学院能源与动力工程专业自 2003 年 9 月开始招生以来,招生人数逐年递增,至今已有 6 届本科毕业生。在办学上,学院从应用型本科人才定位入手,积极探索符合社会需求的人才培养模式。经过 10 年的积累和发展,实现了培养目标明确、特色鲜明、师资力量强、教学条件良好的目标,毕业生综合素质优、就业率高、用人单位评价好。2011 年该专业被评为"辽宁省普通高等学校本科综合改革试点专业",2013 年被评为"国家级本科综合改革试点专业"。

根据国家能源"十二五"规划,今后的电力生产将向高效、洁净方向发展。为此,2012 年学院大范围修订了能源与动力工程专业人才的培养方案,确定新的培养目标为"具备能源清洁生产、高效利用和集控运行方面的基本理论和应用技术,具有实践能力和创新意识的应用型人才,可面向火力发电厂、燃气—蒸汽联合循环电厂、核电厂及其他能源动力领域,从事能源动力设备的运行、安装、检修、调试及热力工程设计和管理等工作";并以此为依据进行课程体系改革,着力加强各课程之间内容与结构的整合,坚持以"整体优化、协调发展、教学与研究并重、全面建设和重点建设相结合"的原则,大力推进课程改革与建设工作,不断优化课程体系结构。

1　课程改革内容

1.1　建立合理的理论基础课体系

学院建立了和能源与动力工程专业相关的数学、物理、力学、材料、机械、热工、控制、电工电子等工程科学基础知识体系,包括公共基础类(大学英语、大学物理、高等数学、矢量分析与场论等),机械材料力学类(工程力学、理论力学、材料力学、工程制图与 CAD、机械设计基础、金属材料等)，电工、电子及控制类(电子技术、电工学、自动控制原理、电机学等)，热科学类(工程热力学、工程流体力学、传热学、燃烧理论基础)和能源动力工程基础理论等。理论基础课体系本着以应用为目的，以必需、够用为尺度，以掌握概念、强化应用为教学重点的原则。

1.2 多线并行的专业课程体系

针对培养目标中的"具备能源清洁生产、高效利用和集控运行方面的基本理论和应用技术"的要求，学院在专业课程体系中设置了三条课程主线：以燃烧理论基础、锅炉原理和洁净煤燃烧技术为主线的能源清洁生产系列课程；以泵与风机、汽轮机原理、燃气轮机与联合循环和热力发电厂为主线的能源高效利用系列课程；以集控运行、热工过程控制系统和汽轮机数字电液调节为主线的集控运行课程体系。

针对培养目标中的"面向火力发电厂、燃气—蒸汽联合循环电厂、核电厂及其他能源动力领域，从事能源动力设备的运行、安装、检修、调试及热力工程设计和管理等工作"的就业目标，学院构建了四个课程体系，即以工程制图与 CAD、工程力学、金属材料和机械设计基础为主线的机械基础体系；以工程热力学、工程流体力学、传热学、泵与风机、锅炉原理、汽轮机原理、燃气轮机与联合循环和热力发电厂为主线的热力设备体系；以电工学、电子学、电机学和发电厂电气设备为主线的电气设备体系；以集控运行和热工过程控制系统为主线的控制设备体系。

1.3 拓宽知识面，提高素质，增开选修课

根据对人才素质培养的需要，学院开设了包括人文、社科、工程技术等领域的选修课。

美学、文学欣赏和音乐欣赏等侧重于对学生个人修养、文化素质的培养；语言艺术与应用写作、心理健康与调适、军事理论、健康教育、科技文献检索和就业指导等侧重于对学生心理素质的培养，使学生能更好地了解社会，适应社会各种环境的变化。

热工检测技术、压力容器安全技术、大机组运行特性、内燃机原理、循环流化床锅炉、汽轮机设备故障诊断及前沿技术、旋转机械振动与动平衡和热力设备安装与检修等专业选修课则注重对学生业务素质、工程实践能力的培养，提高学生进一步学习和应用与岗位相关的新技术的能力。

核科学与核技术前沿、生物质能利用、冷热电联产及前沿技术、电厂厂房工艺设计、能量系统分析、太阳能热利用、建筑燃气供应系统、空调与制冷工程和热力环境控制等专业选修课则注重对学生知识面的拓宽，满足其参加国家注册公用设备工程师动力专业资格考试的需要。

2 课程改革措施

2.1 打造精品课程

学院狠抓课程自身的基本建设,所有必修课和专业选修课逐步纳入规范管理,不仅有合理的课程标准和教学大纲,还有一套高质量的教材、教学参考书和多媒体课件;在统一命题、教考分离、规范化考核的机制下,逐步形成和建立课程评价方法,保证了课程建设的质量。

2.2 大力开展校企合作开发课程和教材的活动

为提高学生的工程素质及教材的利用率,学院多次聘请企业工程师进行讲座,讲述行业发展的动态趋势,特别是与企业合作开发了多门课程,并形成教材出版,如《汽轮机设备及系统》(中国电力出版社,2008)、《汽轮机课程设计》(中国电力出版社,2012)等。学院所开发课程的教学内容在人才培养过程中起到帮助学生掌握知识、培养能力、发展智力和提高素质的重要信息载体作用。学院出版的教材充分体现了课程体系与培养模式改革、教学方法与手段改革的成果,在教育理念、教学内容和教育技术等方面体现先进性,有较强的助教助学功能。同时教材突出"实用、实践、实际"特色,提高了学生的实际操作能力。

2.3 改革教学方式和教学方法

学院使用"分层教学"方法,使基本理论和新技术有机融合。在"锅炉原理"课程中,将授课内容分为三个层次:"一层"的知识包括基本概念、基本理论、主要设备结构、系统和设备运行常识,此层次内容所有学生必须掌握;"二层"的知识除了涵盖"一层"的知识外,还涉及锅炉设备的故障原因分析、故障排除手段、设备运行的主要规律,以训练学生在工作岗位所需的技能;"三层"的知识在"二层"内容的基础上增加了定量计算与问题分析方法、前沿技术等内容,以训练学生分析、解决问题的能力,拓展专业视野。

2.4 注重课程考核方式

在学习效果评价方式上,学院计划合理运用网络教学平台,融合实践考核手段,采取有助于学生掌握、运用基本理论与基本技能,综合考核学生素质能力的"全方位过程考核"方式。在考核中,注重过程考核、平时考核、素质和能力考核、融合实践环节考核,注重基本理论与实践环节成绩的科学统一,重点突出应用型人才培养特点,以促进学生对知识的理解和应用,促使学生形成主动学习的意识。

3 实施效果

3.1 课程建设

通过重点建设,学院初步形成了重点课程群,已有2门课程列入校级优质课程建设,2门课程列入省级精品资源共享课程建设。通过这一批优质课程、精品课程的示范作用,带动了更多课程的建设,又有一批课程已接近和达到优质课程、精品课程建设的标准。

3.2 学生培养质量

经过几年的教学实践,学生的实践动手能力得到了提高,在全国专业竞赛中多次获奖,本专业一次性就业率在95%以上。通过就业学生反馈回来的情况看,绝大多数学生由于具备一定的理论功底,更重要的是具有较强的实际动手能力,从而受到用人单位的好评。

参考文献

[1] 王明春,徐志皋.东南大学动力工程系专业建设与教学改革[J].制冷空调学科教学研究进展——第四届全国高等院校制冷空调学科发展与教学研讨会.2006,4,16-20.

[2] 徐永宁,等.能源与动力工程专业培养方案(2012版).沈阳工程学院资料,2012.

[3] 中华人民共和国教育部高等教育司.普通高等学校本科专业目录和专业介绍(2012年)[M].高等教育出版社,2012:181-182.

能源动力类毕业生社会评价体系的建立和实践研究

／王晓墨,冯晓东,黄俭明／

(华中科技大学 能源与动力工程学院)

摘 要:文章从华中科技大学能源与动力工程学院实际出发,针对能源动力类学生社会评价体系进行了探索和实践,建立了用人单位指标体系和毕业生评价指标体系,并进行了调查分析,为进一步调整培养计划、提高毕业生质量提供了依据。该评价体系对于指导其他专业学生评价也有重要借鉴作用。

0 引 言

目前,我国在招生规模扩大的同时,大学在满足国家需求和挑战科学前沿方面的科研功能也日益强化,大学培养的学生必须满足社会快速发展提出的多元化人才培养需求。但目前对于培养的人才是否满足社会多元化需求,还缺乏评价标准和考核体系。因此,建立能源动力类学生学业及能力评价体系,有助于明确能源动力类人才培养规格,培养有能源动力素养的人才。

能源动力类学生学业及能力评价体系包括校内和校外评价体系(社会评价体系)两个部分,见图1。

社会评价体系的主体主要包括用人单位、毕业生自身和公众。其中,用人单位评价主要是通过对来自不同学校的毕业生在工作岗位上表现出的综合能力和素质以及适应社会的能力进行横向和纵向比较,从而做出毕业生培养质量评价;毕业生评价主要是毕业生根据自身工作实践的体验,结合高校各专业人才培养的侧重点和社会要求的比较,对学校的教学体系做出客观的评价;公众评价主要是社会公民和舆论对高校及其专业的认可程度,可以从就业和社会声誉两方面进行评价。社会评价的反馈,既是对大学人才培养成果的一种有效评估,也可为大学人才培养的方向和方法的改善提供有力的证据支持。文章着重介绍华中科技大学能源与动力工程学院用人单位评价和毕业生评价的建立和实施情况。

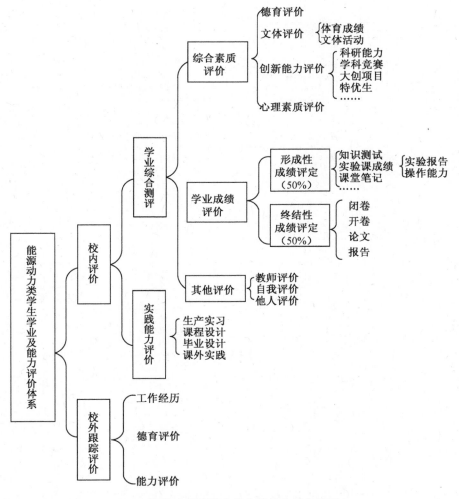

图1　能源动力类学生学业及能力评价体系

1　用人单位评价指标体系

用人单位评价体系主要考评毕业生的品德、知识、能力和业绩四方面内容（见表1）。

用人单位评价毕业生品德指标的核心标准是职业道德、团队精神和敬业精神。用人单位从个人的成长和单位的发展考虑，把个人目标和组织目标紧紧结合在一起。调查显示，用人单位最看重高校毕业生的素质就是品德，占所有评价指标25%的权重，其次才是专业知识和技能水平。

表 1 用人单位评价指标体系

体系	内容	细 则
品德	职业道德	职业修养
	团队精神	良好的团结协作精神
	敬业精神	爱岗敬业、乐于奉献
知识	专业知识	专业知识的掌握情况以及知识的宽度和广度
	英语水平	外语基础知识和综合运用外语的能力
	计算机水平	计算机应用能力
能力	工作适应能力	身体、心理、知识等适应工作的情况
	自我学习能力	获取新知识的能力
	实践能力	理论联系实际及获取知识、应用知识的能力
	创新能力	创新意识和创新能力
	人际交往能力	人际沟通能力、文字能力和口头表达能力
	组织管理能力	组织和管理水平
业绩	工作业绩	工作质量和效率

用人单位评价毕业生知识指标的核心标准是专业知识、英语水平和计算机水平,约占所有评价指标 20% 的权重。通过大学学习,毕业生必须掌握从业所需的相关知识和技能,包括计算机、英语等通用基础技能。调查显示,华中科技大学能源与动力工程学院学生通过在校严格学习都具备了比较扎实的专业基础知识,都能适应各自岗位的工作。

用人单位评价毕业生能力指标的核心标准是工作适应能力、自我学习能力、实践能力、创新能力、人际交往能力和组织管理能力。工作适应能力主要考核精力是否充沛,自信心的强弱,对工作中的压力和困难是否有较强的承受能力等。自我学习能力是指毕业生进入社会后,在新的岗位上会接触许多新知识、新科技,因此需要保持强烈的求知欲,能够快速获取工作所需的知识,善于在实践中向他人学习、在理论上进行总结和分析。实践能力是指学生理论联系实际及获取知识、应用知识的能力。毕业生在校期间不能死读书,做书呆子,而是要提高自己的实践能力。创新能力主要体现在学生的思维是否敏捷,解决问题的见解是否新颖独到。人际交往能力是毕业生必须具备的重要能力,毕业生上岗后必须能够和同事和睦相处,具备沟通协调的能力。组织管理能力则要求毕业生具有宽宏大度的胸怀,既能够领导别人,也能够被别人所领导。据调查,能力指标占所有评价指标权重余额的

2014 年全国能源动力类专业教学改革研讨会论文集

44%左右。

用人单位评价毕业生业绩指标的核心标准是工作效率和工作质量。

通过对十余家用人单位进行调查可以看出,用人单位在招聘该学院毕业生时,主要考评敬业精神、专业知识、工作适应能力等内容,而该学院毕业生的品德、知识、能力和业绩四个指标均表现较好,总体评价均为良以上。其中,对专业知识素养和思想品德水平评价较高,对创新能力评价较低。学院在学生培养上应发挥优势,进一步创造条件培养学生的创新能力。

2 毕业生评价指标体系

毕业生评价主要是指毕业生根据自身工作实践的体验,结合高校各专业人才培养的侧重点和社会要求的比较,对学校的办学条件和办学水平做出客观的评价。

毕业生评价体系主要考评学校办学条件和办学水平两方面内容(见表2)。

表2　毕业生评价指标体系

体系	内容	体系	内容
办学条件	硬件条件	办学水平	基础课教学质量
	校风		专业课教学质量
	学风		实践性教学环节
	课程设置		学术氛围
			学生培养工作

学校办学条件评价指标主要包括硬件条件、校风、学风和课程设置。硬件条件指校园环境和实验设备的数量及其利用情况。校风是学校在长期的办学中形成并共同遵循的最高目标、价值标准、基本信念和行为。学风指学生在校学习、生活过程中所表现出来的精神面貌,是经过长期教育和影响逐步形成的行为风尚。课程设置主要评价学校课程设置的合理性、针对性、与时俱进性。

学校办学水平则考评基础课教学质量、专业课教学质量、实践性教学环节、学术氛围和学生培养工作。基础课教学质量和专业课教学质量主要评价课堂师资力量及教学效果。实践性教学环节主要考察实践教学体系、平台、机制等。学术氛围主要考评学校举办讲座等学术气氛。学生培养工作则重点评价就业能力及创新能力的培养。

通过对70余位毕业生进行的调查可以看出,毕业生认同学校的办学条件和办学水平,总体评价均为良以上(所有指标分为好、很好、一般、较差、差进行评价)。

大部分毕业生认为学院学生在基础理论、专业知识和学习能力方面表现突出,在母校学习期间最大的收获是培养了思考、分析、解决问题的能力,并希望学院进一步加强实践环节的建设。

3 结 论

华中科技大学能源与动力工程学院将进一步完善评价指标体系,并分析相应培养环节中存在的主要问题和原因,调整专业的培养方案与培养途径,修订培养计划、设置课程、教学和实践环节等,改进人才培养模式,提高培养质量,使培养出的毕业生更好地适应社会需要。

参考文献

[1] 徐秀英,韩美贵,李中华.高校毕业生社会评价反馈与教学适应机制研究[J].高等工程教育研究,2008(2):92 - 95.

[2] 金蕾苣,蔡甄,周源.用人单位对大学毕业生职业能力、素质与工作贡献的评价研究[J].教育与职业,2013(27):185 - 187.

[3] 任培江,周海华.用人单位对大学毕业生培养质量满意度调查[J].学园,2010(5):40 - 46.

[4] 王晓墨,等."实践综合训练"特色课程的探索与实践[J].科教文汇(下旬刊),2013(6):69 - 70.

[5] 徐远红.用人单位对地方院校毕业生就业的综合评价[J].中国高等教育,2006(6):56 - 57.

创新人才培养模式在实验教学改革中的探索*

／刘　坤,冯亮花,郑红霞,刘颖杰,李丽丽／

（辽宁科技大学 材料与冶金学院）

摘　要：文章针对大学生实验教学环节培养中普遍存在的问题,对专业基础课及主要专业课实验教学内容进行知识整体化,提出提高本科实验教学质量的若干改革策略,进行了创新人才培养模式在实验教学中的改革与探索。

0　引　言

对于工科类高等院校来说,实践教学是培养创新型工程技术人员的重要环节,是创新教育的重要手段[1]。近年来,由于高等教育规模的急剧扩大、市场机制的影响和实践教学体制的不健全,一些高校的实验教学环节遭到消减,实验教学严重缩水,流于形式,造成学生理论与实际脱节,实践动手能力较差[2]。实验教学具有实践性、直观性、创新性,实验环节可培养学生的观察能力、分析问题和解决问题的能力以及探索未知领域、敢于创新的精神,在各专业培养体系中占有重要的地位[3]。为了提高学生的实际动手能力,文章针对实验评价和实验模式,提出了具体的改革措施和创新思想。

1　实验教学中普遍存在的问题

1.1　学生主观上对实验环节不重视

不论是实验的预习过程、实验的操作过程还是实验报告的整理过程,均流于形式。专业实验综合性不强,学时较短,一般都以验证性实验为主。即使有少量的综合性实验,也是在规定的范围内学生按照教师的要求来完成,缺乏创新意识和创新能力的培养。

1.2　实验教学环节评价体制不合理

虽然高等教育已经从单一的传授知识逐步转向知识、能力和素质多元化的培养,但目前高校实验教学评价方法与学生成绩评定方式大多仍停留在以报告或卷面考核为主的旧模式,不利于大学生自主学习能力及创新能力的培养,使得知识、能力和素质三位一体化的培养没有充分在评价中得以实现;而且由于过分关注实

*　基金项目:辽宁省 2013 年教育科学"十二五"规划课题,项目编号 JG13DB079。

验结果,忽略了学生在学习过程中参与的积极性及努力的程度,缺少对学生发展、变化、成长过程的动态评价;实验操作过程一般都由教师独自完成,没有学生参与评价,致使评价结果不可避免地带有片面性和主观性。

2 提高本科实验教学质量的改革策略

2.1 实验课知识整体化

不受课程领域的限制,以实验本身为体系,将相关联、有连续性的实验整合到一起,不但加强了实验的综合性,同时也促进了各门课程的紧密联系。在学生系统地学习了多门专业课的基础上,对专业实验进行系统、集中的训练,不但可以有效地保障实验所需的充足时间,还大大地促进了对学生动手能力、创新能力、科研能力的培养,满足了人才培养的知识整体性、学科交融性和学生个性要求,有利于复合型人才培养。

2.2 实验评价实现"结果+过程"考核

需确立以培养学生能力为核心的教育质量观,实验教学评价应"以能力为核心",注重过程中对能力的考核,特别是侧重对学生将专业知识用于解决生产与生活中具体问题的实践能力和动手能力的考核,使整个教学过程中贯穿对专业知识和专业素质的全面评价,实现结果与过程的有机结合,重视培养学生的综合素质和创新能力,鼓励学生将最新的知识、技术、方法和工艺等加以拓展与创新。

2.3 实验过程科研化

实验前让学生搞清楚实验的目的及意义、实验的内容及实验具体操作步骤、可行性分析及预期的结果。让学生思考:为什么要做这个实验、实验要解决什么问题、反应原理是什么、需要什么条件;怎样设计实验、实验的先后顺序是什么、仪器怎样连接、如何连接更合理、预计会有什么结果;实验解决了什么问题、应注意什么、有哪些发现和不足;体会最深的是什么;实验过程中遇到了什么问题以及如何解释。在实验的进程中指导老师把握大体方向、给出参考建议,学生领悟课题目的并结合自己的观点和想法进行实验。这不仅拓展了大学生的知识面,还提高了他们的科学研究能力、创新能力和实践动手能力。

2.4 强化学生主体作用,实施导生制

针对卓越工程师班,将班里30人平均分成6组,每组5人中选一名组长。教师先对这6名组长进行试点培训。在试点培训中,教师首先对照实验设备、仪器布置实验任务,教会学生实验原理、方法及仪器使用过程中的一些关键点及注意事项。在部分同学试点成功后,可放手全面进行实验,让这些试点学生带领各个小组

成员充分预习实验原理,自行设计实验方案,学生既可以按书中步骤,也可以颠倒次序,还可以另行设计。鼓励学生改进操作或步骤,在安全的前提下,敢于标新立异,敢于怀疑、反驳、否定前人的理论,敢于向老师提出挑战。引导学生思考实验过程中涉及的理论、要达到的实验目的及应采取的实验方法,怎么使用仪器,实验获得的数据将如何处理等。这样就迫使学生自主查阅资料,认真思考实验过程,在实验前做到心中有数,实验时敢于动手。"工欲善其事必先利其器",一定的知识是进行创新思维的基础。通过对具体的反应原理、条件及性质的思考,可以达到再现、巩固、记忆已有理论知识的效果,是学生进行复习、加强基础知识训练的好机会,也是明确实验目的的好途径。

2.5 构建"启发式 + 探究式"人才培养模式

实验中如发现问题,教师不能马上进行处理,而要以引导者的身份尽量用启发提示的方式,引导学生自己动脑动手去解决,这就给学生充分的锻炼机会。如"突然扩大管段的阻力系数测定"实验中,沿着流体流动的方向测量,结果发现静压略有增大,有的同学提出问题:"既然能量有损失,为何压力反而增大了?"通过实验教师的引导,同学们根据理论推导后发现静压变大是合理的,并用相关理论合理地解释了这一现象。除此之外,还有很多同学针对这个实验过程中的流量测量方法提出了改进意见和措施。

鼓励学生大胆尝试并允许实验有不同的结果,但要求实事求是地分析实验过程。如"准稳态导热系数的测定实验",该实验装置结构复杂,实验操作细节多、难度大。操作过程中实验装置遇到意外故障,经过多次调整后仍无法正常测量,在学生们束手无策的时候,实验教师带领学生逐一诊断实验装置的各部分连接是否正常,找出了由于设备老化导致个别焊点开焊的问题,就在重新焊接的时候,学生们产生了兴趣。在实验教师的引导和学生们的相互协作下,最终使实验装置恢复了正常。在此过程中不但增强了学生们的动手能力,更重要的是激发了学生们对实验探索的兴趣,大大增强了他们的自信心和成就感。许多同学在实验过程中不断发现问题,改进实验方法,提高了实验效果。排除问题的过程使学生对实验设备的使用及实验涉及的理论知识有了更深刻的理解与认识,虽然耽误了一些时间,但学生在解决问题的过程中,有了成就感,激发了对实验及学习理论知识的兴趣。

3 结 语

通过由实验上升到理论又用理论指导实验的训练,学生的创新意识和进取心大大增强,素质也有了明显的提高。学生从敢于实验、善于实验到有兴趣积极参与实验,逐渐成为学习的主人,在这个过程中也使教师的观念不断转变,"启发 + 探究"的教学方法不断得到完善,这样的实验教学,可使学生在达到本实验基本要求的基础上,学有特长,学有特色,学有个性,深受学生的喜爱。

参考文献

[1] 熊维德.工科实验中的创新教育探讨[J].实验科学与技术,2010(2):94 - 96.

[2] 杨学军.加强实践动手能力培养 改革创新人才培养模式[J].高等教育研究学报,2013,36(1):4 - 7.

[3] 钟勇为.大学教学改革方法论探究[J].国家教育行政学院学报,2012(1):43 - 47.

科技创新背景下能源与动力工程专业教改实践的探讨

∕孙　丽,苏文献,章立新,金　晶∕

（上海理工大学 能源与动力工程学院）

摘　要:近年来,随着我国创新驱动、转型发展战略的实施,在能源与动力工程及相关领域涌现出了大批科学技术创新成果,这就要求能源与动力工程专业的本科教学工作与时俱进,加强交流,整合资源,不断深化对教改实践工作的探索,培养出适应学科发展的创新型人才。文章结合科技发展的大背景,探讨了能源与动力工程专业在课程内容、教学模式、教学手段三方面的教改实践,以期通过专业教改,提高学生的认知能力、实践应用能力和创新能力,培养出满足本专业发展需求的优秀毕业生。

0　引　言

能源与动力工程专业致力于传统能源及新能源的科学开发和高效利用,培养从事热能工程、制冷工程和动力机械工程等方面的高级工程技术人才。近年来,随着科教兴国战略的实施,能源与动力工程及相关领域的科学技术创新成果不断涌现。同时,浮现出了诸多亟待解决的行业问题,如节能减排、高效生产、循环及清洁利用等。如此,能源与动力工程专业所涉及的领域被大大拓展,逐渐发展成为多学科的交叉领域,这就要求能源与动力工程专业的教学工作必须摒弃传统的单一学科教学模式,发展多学科交叉、交叉点突出讲解的多元教学模式。目前,能源与动力工程专业作为一个新兴学科,在其教改方面的研究较少,可借鉴的理论不多,因此对于该专业的教改工作势在必行。文章结合教学过程中的成功案例以及出现的一些问题提出能源与动力工程专业的教改可以从教学内容、教学模式和教学手段三个方面入手,充实教学内容,优化教学模式,综合运用多种教学手段。通过对上述三方面的教学改革,提高教学内容的综合性、时代性和鲜明性;建立多层次的教学模式,有利于对创新型优秀人才的培养;借助发达的网络交流平台,多种教学手段并用,让学生在课外交流活动中提高发现和解决问题的能力,并培养学生的团队精神。希望这些方法与手段对培养专业型、应用型和创新型的优秀毕业生有所帮助。

1　教学内容的探索

新科技创新背景下改革教学内容,需要明确科技发展方向,基于传统的教学内容,但更注重信息的时效性;在教学中应不断更新科技发展的前沿热点问题及研究进展,保持内容更新,帮助学生拓宽知识面,激发学生的探索精神,培养其国际化视野;让学生意识到逆水行舟的道理,每个人都需终生学习,不断进步,注重学生自学能力的培养,让其可以紧跟科技的发展步伐,在掌握新技术的前提下有一定的创新。

教学内容以科技发展为导向,将先进科技成果引入课堂,始终保持教学内容的先进性,明确能源与动力工程专业及相关领域的产业化技术及创新研究的方向性,让学生对本领域的发展有清晰的了解。当前,通过创新科技更高效地开发新能源,优化热能动力工程和动力机械,是"十二五"期间重要的经济增长点及推动力。诸多专业内及相关领域的科学问题正在被研究,其中包括先进能源的新理论与新方法,资源与环境的关键科学问题,过程工程复杂系统的控制与优化研究,资源、能源的高效利用和节能减排等。其科研成果也不断投入实际应用,如生物燃料、环保制冷、污染净化、高效换热设备、磁流变技术、微纳米技术等。这些科学问题和科研成果直接或间接地推动着能源与动力工程领域的科技进步。这就要求教师将行业内出现的新理论、新材料、新方法融入课程教学中去,以发展的眼光分析问题、解决问题。课堂教学结合科技发展方向和最新成果,不仅能够保持教学内容的新颖性、实用性,更能够激发学生学习的兴趣和热情。

鉴于科技发展多元化、工艺复杂化的趋势,单一学科教学已经不能满足人才培养的需要,多学科交叉联合教学将大力深化。例如,材料、机械、化工专业知识都对能源与动力工程专业的发展与创新有着积极的推动作用。交叉学科在自然科学领域表现出的生命力已得到充分肯定,许多科学前沿问题和多年悬而未决的问题在交叉学科的联合攻关下都取得了可喜的进展。只有将多学科的知识传授给学生,才能培养出适应新科技的创新型人才。多元化的知识结构可起到拓宽学生视野的作用,而专业内工程问题的解决也需要综合运用多种学科知识。

在教学过程中首先要强化能源与动力工程专业的基础教学,针对重要的专业课程设置专业必修课,并加强精品课程建设。同时,加大专业选修课以及跨专业选修课的学分设置,鼓励学生走出学院,学习更多与本专业相关的其他领域的课程。对跨专业课程的选择,采取教师指导制,综合安排、合理设置、因材施教,避免选修课程过于盲目、集中,跨专业能力培养不足等问题。

2 教学模式的探索

创新性改革教学模式,首先要求学生掌握专业基础知识,并结合工程实例培养其解决问题的能力,同时加大实践力度,提高其自主创新能力,即能够发现问题并运用所学知识解决问题。

　　基于现行教学模式,注重划分知识层次,实现立体教学。首先从传授基础知识(工程热力学、流体力学、传热学、热工学、控制理论等)入手,让学生掌握专业必需的基础理论知识,培养学生基本的实验操作及设计能力。该阶段培养出的学生可以基本满足专业相关领域对人才的基本需求。在此基础上,因材施教,让学生接受多个交叉学科的相关知识,培养综合型人才。最后,教师可以根据自己的科研项目,提取和能源与动力工程专业相关的研究课题,让学生在实践应用中梳理所学的理论,激发学生的创造欲,提高学生发现问题、解决问题的能力,培养出适应专业发展的创新型人才。

　　鉴于科技的多元化发展趋势,教学模式也应该多元化发展。首先要改变传统的教学结构评价机制。分数不是衡量学生的唯一标准,也不是评价教师的准绳。面对日新月异的科技发展,应摒弃分数对师生的束缚,改变"填鸭式"的教学模式,充分发展学生的个性,允许教师以开放性命题来考查学生对知识的掌握和理解程度。教师应充分培养学生对专业的热爱,激发其学习兴趣。目前,多以大类划分专业,一个专业通常包含数个研究方向,学生的兴趣点也会有所不同,因此,教师的教学工作不仅要考虑到"面",更应该思考"点",实行多元化教学,培养同专业不同研究方向的优秀人才。同时,注意对偏才、怪才的挖掘,不要让他们的独特才能趋于平淡。发展多元化教学模式,体现以人为本,做到由面及点,精雕细琢。

　　该教学模式,既可以满足对学生的基本培养,又可以激发优秀、独特学生的科研潜质,将其创新能力最大化,让他们不仅热爱科技创新,更知道哪些方向可能有创新、如何运用所学到的知识去创新,培养出具备一定实践能力和创新能力的技术型、科研型人才。

3　教学手段的探索

　　教学手段是师生在教学活动中相互传递信息的方式或方法。启发和培养学生的创新能力,提高学生的认知和实践能力,需要推陈出新,不断丰富教学手段,变换教学方式,推进教学手段的现代化进程。应以启发式教学取代问答式教学,不要千篇一律地一教到底。运用对等交流模式,借鉴网络教学,建立网络交流平台,教师和学生均可提出问题,发起讨论。在交流过程中,教师引导学生分析、解决问题,同学之间相互探讨,无形中培养学生的发散思维,提高学生独立思考、自主学习的能力。

以创新活动为契机提升学生的创新能力也应是现代教学的一个重要手段。创新能力是独创性解决问题的能力，是新型科技人才必备的素养。目前，各级教育部门均加大了对创新型人才的培养力度，开展了各种大学生创新活动，如"挑战杯"全国大学生学术竞赛、上海市大学生科技创新竞赛、上海理工大学的校级大学生科技创新竞赛等。如此多的科技竞赛，给大学生提供了很好的创新平台，只要教师给予足够的重视，并加以合理的引导，学生便学会运用课本上的理论知识来解决实际问题，培养出一定的创新意识。

注重校级平台建设，建立校级交流平台，避免教育资源重复投入。每个学校均有各自的优势学科和特色学科，若能强化校级交流、实现资源共享，有助于提高教学设施的利用率，进一步完善教学体系，也有助于拓宽人才培养空间和拓展多元化专业发展方向。同样以大学生创新活动为例，学校的资源是有限的，如果可以与兄弟学校加强交流，往往可以事半功倍。如在作者指导的 2012 年上海市大学生创新活动中，加强了与华东理工大学以及上海师范大学的交流。学生在活动中不仅克服了交叉学科理论知识不足的困难，顺利完成了课题，而且提高了自身的专业素质和创新能力，培养了交流沟通的能力。

加强校级交流的同时还应该为学生提供与企业交流的机会。社会是最好的学校，只有让学生进入企业中，才能够让他们明白要学什么，学到的知识有何用，生产中存在哪些实际的、前沿的问题有待解决，本专业以后的发展方向等，学生才会对自己的职业生涯有一个全面的理解与规划，将被动学习变为主动学习，提高学习热情。如此，更有利于培养出社会和企业需要的有用人才。

4　结　语

社会在发展，科技在进步，能源与动力工程专业的人才培养模式也需要改革以适应高科技背景下社会对创新型人才的需求。目前，各级教育机构均非常重视对创新型人才的培养，组织各种教改交流会，群策群力共同促进能源与动力工程的专业改革。基于近几年的教改工作，我国对专业改革的目标明确，积累了一些教改经验，也取得了很大的进步。但是，由于能源与动力工程专业是一门新兴学科，前期经验积累少，在新技术推动下学科发展快，对人才培养的要求高，因此在教学中出现的问题很多，亟待人们去探索与解决。文章针对教学内容、教学模式和教学改革三个方面，结合科技、专业的发展方向以及自身的教学工作对教改实践进行了探讨，提出强化教学内容，优化教学模式，拓展教学手段的教改方向。在今后的教学过程中既要注重培养学生的创新思维与创新意识，又要注重培养其实践能力、综合运用多学科交叉的知识解决问题的能力,着重激发学生探索科学问题的兴趣,引导其主动思考,鼓励学生提出问题,独立分析和解决问题,培养其独立思考的能力。通过能源与动力工程专业不断地教学改革,希望可以培养出更多适应科技发展需求的、不断进取的高科技创新型人才。

参考文献

[1] 罗斯静.论高等教育课程及其改革[J].科教导刊(上旬刊),2012(2):62 – 85.

[2] 吴敬琏.展望"十二五":我国经济发展方式的转型[J].科学发展,2011(7):3 – 8.

[3] 童旭光,鄢一龙,胡鞍钢."十二五"时期必须加快转变教育发展方式[J].清华大学教育研究,2012,33(2):25 – 30.

[4] 曾少军,杨来,曾凯超.我国新能源国际合作进展与对策[J].中国能源,2012,34(7):5 – 9.

[5] 渠满.磁制冷技术最新研究进展[J].制冷,2013,32(1):37 – 42.

[6] 何亚峰,等.纳米材料在制冷领域中的应用研究进展[J].制冷与空调(四川),2013,27(2):192 – 195.

[7] 冯磊华,鄢晓忠,李录平.能源与动力工程专业卓越工程师培养的实践教学研究[J].中国电力教育,2012(9):71 – 72.

[8] 于猛,等.构建完善的实践教学体系[J].实验室研究与探索,2009,28(5):126 – 128.

以自主学习能力培养为导向的专业课教学模式改革与探索*

／冯亮花,刘　坤,郑红霞,刘颖杰,李丽丽／

（辽宁科技大学 材料与冶金学院）

摘　要：专业课教学是培养学生专业素质和实践创新能力,综合运用基础课和专业基础课知识的重要阶段,改进教学模式、培养学生自主学习能力是专业课教学的关键所在。文章以辽宁科技大学热能与动力工程专业的"电厂热力系统及设备"课程为例,具体分析了大学专业课特点及存在的问题,通过该课程教学在教学内容、教学方法、成绩评定方面的的改革实践,提出以自主学习能力培养为导向,以分组分步设计任务为教学内容驱动的专业课教学模式。

0　引　言

现代教育越来越重视学生能力以及创新意识的培养,以培养学生专业素质和实践能力为目的专业课程教学,在创新人才培养以及专业可持续发展方面起着至关重要的作用。我国高校学生获取知识的主要途径以教材为主,通过课堂进行学习。与基础课不同,大学专业课较少涉及严格的数学推导,内容覆盖面广,更新变化快,教学目的往往更注重实际应用,而不在于基本公式的推导和概念的记忆,因此教师单纯传授知识,学生机械接受知识的传统课堂教学模式已不能满足创新型专业人才培养的需要。如何创造条件,改进教学模式,变传统的被动接受型学习为积极主动的参与式和探究式学习,是现代专业课需要解决的重要课题。

文章结合辽宁科技大学专业课程"电厂热力系统及设备",分析大学专业课特点及存在的问题,根据课程内容拟定设计题目,分步细化设计内容并将其贯穿于整个教学过程,按照设计所学知识结构来编排教学内容,将理论同实际相结合,变被动学习为主动学习;加强过程管理,严格制定考勤制度,采取多元化的考核方式和评价体系,探索一种以自主学习能力培养为导向的专业课教学模式,为提高专业人才培养质量以及创新和素质教育的有效实施提供一种可借鉴的模式。

1　专业课教学特点及存在的问题

1.1　课时量少,内容多且易使人乏味

与基础课和专业基础课相比,专业课知识范围广、内容琐碎,系统性和完整性

　＊　基金项目：辽宁省 2013 年教育科学"十二五"规划课题,项目编号 JG13DB079。

没有基础课那么凸显。例如作者讲授的"电厂热力系统及设备"课程涉及加热器、除氧器、给水泵、排污扩容器、管道和阀门以及这些设备的连接系统设计,热力学院的设计方法、经济性评价等,内容繁多杂乱,如果不能结合实际应用将各部分内容整合起来,学生理解起来相当吃力。而与专业课教学内容相矛盾的是,专业课学时比以前有所减少,要求教师在相对短的时间内讲授较多的内容。如果单纯依靠课堂讲授,学生没有主动性地学习,其思维会处于休眠状态,感觉内容枯燥乏味,逐渐失去对专业课的学习兴趣。

1.2 与工程实际联系紧密,传统教学方式让人感觉枯燥

专业课是基础理论在专业实践中的应用,不仅要求讲清基础理论的应用结果,更重要的是要培养学生解决工程实际问题的能力。加强理论联系实际,是激发学生学习兴趣、提高专业课教学质量的关键所在。专业课教学往往缺乏"实学性",学生离开工程科学的实用和实践性学习,使工程理论显得机械而枯燥。"电厂热力系统及设备"课程主要讲述电厂热力系统设备的组成及连接方式,重点培养学生对热力系统经济性分析的能力。如果课堂教学以教师讲授为主,学生死记硬背,会导致学生的依赖心理,缺乏自主意识,最终难以激发学生对工程科学学习的激情。

1.3 信息量大,知识更新快,学习方法不易掌握

科学技术的发展日新月异,专业课教学内容更新很快。"电厂热力系统及设备"课程涉及不同类型电厂的各种热设备,随着科技的不断进步,其结构形式不断改进,而教材来不及反映最新发展动态,这就需要教师根据技术的发展不断补充教学内容,使学生能够掌握最新的专业知识。同时,需培养学生自主查阅文献的习惯,积极引导学生了解专业前沿技术,掌握正确的学习方法,在学习过程中养成自学和深入研究的好习惯。

1.4 单一的考核方式不适用于专业课

与基础课考试相比,"一卷定成绩"的专业课考试会导致试题形式单一,质量不高,难以体现实践性和工程意识的培养;若以论文代替,学生不重视成绩,抄袭严重,导致成绩难以界定。因此,单一考试模式不适用于专业课考核。"电厂热力系统及设备"课程涉及理论较少,大多数内容不需要学生死记硬背,只需了解掌握相关设备的结构性能以及连接方式的经济性,试卷考核很难反映学生"理论联系实际"以及"工程计算"的能力,而设计型的大作业更适合该课程的考核。

1.5 专业课教学同应届毕业生各种备考的矛盾日益凸显

专业课教学大多数安排在大四第一学期,而随着就业形势日益严峻、就业压力逐渐加大,越来越多的应届本科毕业生加入了考研和考公务员的队伍,在备考中投

入了大量的时间和精力，忽视了对专业课程的学习和专业技能的培养，导致专业课堂出勤率低，即使来上课的同学大多数也是在看备考书籍。学生对专业课掌握效果不佳往往又影响其最终考研复试和将来的就业。辽宁科技大学"电厂热力系统及设备"课程教学安排在大四第一学期，面对各种备考对课程专业教学的冲击，更需在教学活动中探索出一些方法来降低备考对教学的消极影响，以提高学生的专业素质。

2 以自主学习能力培养为导向的专业课程教学改革

2.1 以分组分步设计为主干的专业课教学内容设计

科学的教育过程是"提出问题—资料检索—具体分析—方案比较—实验/实践—结论"。"电厂热力系统及设备"课程主要目的是让学生了解电厂热力系统的组成、运行以及热力系统经济性评价的计算方法。针对该课程的培养目标，开课初教师应拟定若干热力系统设计题目，让学生分组选择。即"教师提出问题"，同时将题目按设计步骤细化分解设计任务，打乱教材顺序，以设计任务驱动教学内容。教学过程中学生带着任务听课，课堂讲授内容以"够用"为原则，避免讲得过细过多，引导学生带着问题读书、查资料，根据教学内容当堂完成给定设计任务，有问题当堂答疑指导，在课堂上实现"教、学、做"一体化，同时实现从以"教、学"为主到以"学、做、问"为主的教学模式转变，加强了学生实践应用能力和自主学习能力的培养。本课程以郑体宽编写的《热力发电厂》为基本教材，表1为"电厂热力系统设计"的以设计任务为驱动的教学内容设计。

表 1 以设计任务为驱动的教学内容设计

步骤	分步设计任务	对应教学内容
1	确定设计容量并选择蒸汽的初终参数	教材第二章第一、二节"蒸汽初终参数对经济性的影响"
2	根据设计容量确定回热级数及相关参数	教材第二章第三节"给水回热循环、回热参数对经济性的影响"
3	根据设计容量确定再热级数及相关参数	教材第二章第四节"再热循环、再热参数对经济性的影响"
4	与已定容量、参数相匹配的回热系统设计	教材第四章第二节"回热设备及其原则性热力系统"
5	与已定容量、参数相匹配的除氧系统设计	教材第五章第四节"热力氧器及其原则性热力系统"

步骤	分步设计任务	对应教学内容
6	回热系统热力计算	教材第四章第三节"机组原则性热力系统计算"
7	补充水系统、排污扩容系统设计	教材第五章第一节和第二节"锅炉连续排污扩容系统、补充水系统"
8	给水系统、凝结水系统选型	教材第八章第五节"给水系统及给水泵的配置"
9	主蒸汽系统形式选择	教材第八章第三节"一二次主蒸汽系统"
10	旁路系统形式选择	教材第八章第四节"旁路系统"
11	辅助蒸汽、疏水系统选择	第五章及第八章第七节"发电厂辅助汽水系统"
12	原则性热力系统图绘制	第七章"发电厂原则性热力系统"

2.2 启发引导、阶段讨论式教学方法应用

专业课教学质量提高的关键在于激发学生的专业学习兴趣,以分步设计任务为驱动,巧妙设置教学环节,引导学生思考并带着问题进行课堂学习,结合设计任务在教学内容中引入工程实例、工作或科研中可能遇到的问题,将学习任务延伸到课外甚至校外,引导学生思考"如何改进设备的结构及连接方式才能更经济有效地保障电厂实际运行"。

根据设计任务的进行,在核心系统选型、计算完毕之后,进行集中讨论,让学生在课外查阅资料了解先进的热力设备及连接方式,课堂上分析讨论不同设计题目系统设计的区别,有哪些更好的改进措施等,通过此过程了解与该课程相关的前沿技术,深化学生对设计任务的认识,同时有助于培养学生分析解决问题的能力以及团队协作精神。

2.3 多媒体动画、视频教学手段的应用

专业课实践性强,需要通过动手实践才能真正了解详细的工艺过程和设备结构,而由于实验设备的局限以及实习过程受企业管理体制的限制,学生没有亲手实践的机会,因此很难将理论与具体的生产实际联系起来。因此,课堂上借助多媒体动画及视频,演示各个设备的具体结构和电厂生产工艺过程,可使教学更直观,同时给学生布置相关动画视频资料的搜集任务,鼓励学生在课堂上充当教师角色进行讲解,可加深学生对相关设备的认识。

2.4 专业课多元化成绩考核体系

专业课教学一般安排在大四第一学期,学生由于考研、考公务员、参加各种招聘会等,忽视了对专业课的学习,而专业课掌握不好又会严重影响考研面试及对就

业机会的把握,因此,专业课教学应强化出勤和课堂管理,严格制定考核制度,将成绩考核贯穿于整个教学环节。"电厂热力系统及设备"课程以设计任务为导向,分组随堂完成任务并检查记分,小组成员成绩根据其对任务的贡献度给定分值;严格考勤,如实记录学生的迟到、旷课、早退、请假情况,并在平时成绩中按情况扣去一定分值,以减少学生不必要的请假;设计任务完成后,进行设计答辩,答辩组成员由各设计小组派人员参加,成绩评定多元化。表 2 为"电厂热力系统及设备"课程成绩考核量化指标,为了加强课堂教学管理,加大了平时成绩的比重。表 3 为设计答辩考核指标。

表 2   "电厂热力系统及设备"课程结构化成绩比例分配

考核类型	出勤		分步设计任务完成情况	阶段性总结讨论	分组设计答辩		总评
	上课出勤	奖励			学生	教师	
分值	16	4	20	10	20	30	100

说明:如实记录出勤,不论任何理由的缺勤均减掉 1 分,出勤奖励 = 出勤成绩/4,出勤次数越高,奖励分值越高。

表 3   分组答辩成绩考核指标

设计最终成绩考核	小组设计说明书撰写质量	PPT 制作质量	PPT 自述情况	问题回答	小组成员任务分工及对设计完成贡献度	总评
分值	20	20	20	20	20	100

3   结论及建议

3.1   结   论

在以分组分步设计为主干的专业课教学内容设计中,多种教学手段和多元化教学方法的应用使学生变被动学习为主动学习,在课堂上讨论、提问,活跃课堂气氛的同时更培养了学生的专业素质;教师在课堂教学中的角色由单纯的"教书"变为"导学",承担更多"答疑"的任务;多元量化成绩考核体系,有效降低了学生的旷课率和请假率。从期末学生调查问卷可看出,80%左右的学生喜欢以自主学习为主的教学模式,10%的学生认为老师管理学生过于严格,10%的学生认为学生任务量大、老师工作量小。总体而言,以自主学习能力培养为导向、以设计任务为驱动的教学内容和模式较适合于专业课教学,有利于专业课教学质量的提高及专业创新型人才的培养。

3.2 建 议

专业课教学是培养学生专业素质和实践创新能力、综合运用基础课和专业基础课知识能力的重要阶段,以综合设计任务为驱动的教学内容设计是专业课改革的一个重要方向。鉴于该方法在"电厂热力系统及设备"课程中的有效运用,建议今后专业课教学可同课程设计、毕业设计等环节相结合,使学生带着课题任务进行相关专业课的学习,学习起来目的明确,教师也可以不拘泥于教材的限制,学生在课堂学习的同时还能轻松完成设计任务,理论同实际紧密结合,极大地减少了总学时量,使学生在工程设计思维方面得到具体训练,提高理论教学效果和专业人才培养质量。

参考文献

[1] 褚超美,陈家琪,张振东.工程类专业课教学改革探讨[J].上海理工大学学报(社会科学版),2004,26(2):41-43.

[2] 徐秀玲,张陈.专业课与实践教学有机结合的探索与实践研究[J].中国电力教育,2012(13):102-103.

[3] 于航,胡展飞.从知识传递到主动探索——创新人才培养的探索与实战[J].高等教育研究,2007(3):96-98.

[4] 邓元龙,孙秀泉,胡居广,等.基于能力培养的工科专业课教学模式改革与探索[J].理工高教研究,2005,24(4):48-49.

[5] 冯亮花,刘坤.汽轮机原理课程教学方法研究与实践[J].中国冶金教育,2011(6):23-25.

教授引导分层式系列课程的改革与实践

／黄俭明,舒水明,王晓墨／

（华中科技大学 能源与动力工程学院）

摘 要:文章针对能源动力类学生进行了教授引导分层式系列课程的改革与实践,针对能源类创新人才的培养模式和专业背景,建设了教授系列课程如"学科基础引论"课程和"学科专业概论"课程、"专业方向引导"系列课程、"科学研究前沿"系列选修课程,这些课程的实施对于促进人才培养、形成具有特色的教学模式具有重要借鉴意义。

0 引 言

高校本科生对专业知识、行业背景缺乏了解,往往会有较长时间的迷茫期,有的同学还会对专业课程的学习失去兴趣,在大学一到四年级,开设系列课程对学生进行有意识的专业引导,有助于激发学生的求知欲、好奇心和学习兴趣,培养学生科学的思维方式,使其掌握必要的学术研究方法。高校教师中,教授是高等学校的宝贵人力资源,他们大多积累了丰富的教学科研经验,具有理论和实际结合的研究经历。结合专业特色和学生实际,建设教授引导分层式系列课程,在高水平教授的引导下,打造出教授系列课程如"学科基础引论"课程、"学科专业概论"课程、"专业方向引导"系列课程、"科学研究前沿"系列选修课程,这些课程以其鲜明的教学特点和独特的教学方式赢得了学生的一致好评。课程的开设不仅有利于人才能力的发挥,而且为学生创建了必要的学术成长环境。

1 "学科基础引论"课程

"学科基础引论"课程为大学一年级学生开设,课程为 16 学时,实行 15 人左右的小课堂教学,目的是帮助新生适应全新的大学环境,引导其掌握大学学习方法,了解能源类的学科动态及发展状况,完成由中学阶段向大学阶段的顺利过渡。该课程教学的主要模式是师生共同参与,以问题为中心进行授课。授课内容涵盖专业背景、知识介绍、科技动态、新能源及最新政策、节能技术、节能减排案例分析、创新能力培养及科技竞赛辅助指导、创新思维及创新方法培养等。课程形式多样,有课程讲授、讨论、专题研讨、实例分析、现场讲解等。课程考核方式是教师根据学生的出勤、作业、课堂表现、口头和书面报告等给出成绩。

课程通过四年多的教学实践,获得了学生一致认可和好评。学生认为教授的学术魅力和平易近人的品质提升了大家对能源行业和学院发展的信心;教授引导学生分析问题、探讨问题,增强了学生对能源专业的了解和兴趣,有利于激发大家对专业知识的认同感和学习的积极性,增强对节能减排的认识;教授以自身经历作为实例,介绍在亲身经历的科研项目中遇到的问题,使学生认识到基础课程学习的重要性,并从中获得启迪。

2 "学科专业概论"课程

"学科专业概论"课程于 1997 年开设,课程的主旨从 20 世纪 90 年代引导学生选择专业,演变到如今引导学生扩大专业视野、选择专业方向及选择二级学科深造。课程为能源类二年级本科生开设,目前已讲授 17 年,授课学生近 8000 余人。

"学科专业概论"课程主要培养学生的宏观思维能力,使其对能源与动力工程学科所涉及的制冷与低温工程、流体机械及工程、热能工程、动力机械及工程、燃烧工程、工程热物理、核工程与技术专业、新能源科学与工程、创新与实践等领域的发展历史、发展前沿、应用领域以及正确的学习方法和研究方法有一个基本的把握,让学生站在学科的高度去了解专业,了解大专业宽口径的领域,引导学生的专业志向,使他们逐渐对专业学习产生兴趣、建立感情,培养学生的能源动力专业素质。

"热能与动力工程"本科专业是一个宽口径的大专业,二年级学生正处于大学基础知识的学习阶段,在这个阶段让学生在学习知识的氛围中潜移默化地得到专业熏陶,可使学生对能源学科背景有所了解,思想得以深化,理性地认识到基础课程学习的重要性,进而使自己的理性得到培养。课程使学生把基础课的知识与专业中的应用结合起来,增强其学好基础课的信心。"学科专业概论"课程是直接为学生进入专业教育做准备的课程。

通过该课程的学习和研讨,学生普遍反映,该课程帮助他们了解了学科背景,适应了大学学习和学科要求,在引导他们从高中走向大学、走进学科的过程中起到了重要作用,为他们搭建了顺利从数理化的知识走向能源学科领域的桥梁。

3 "专业方向引导"系列课程

"专业方向引导"系列课程为三年级学生开设,包括"专业及专业方向发展动态"课程、系列精品课程、国际课程和校企课程,见表 1。

"专业及专业方向发展动态"课程共 16 学时,课堂按专业方向设置,由各专业方向的学术带头人主讲,是为学生进入专业教育做准备的课程。专业方向的选择与本科学生毕业志向息息相关。该课程的开设,使学生在进入专业方向的学习前,明确自己的毕业去向和研究方向,对自己提出较高但又符合实际的发展目标。学生通过课程学习了解专业方向发展动态,直接面向行业需求,主动去适应社会和行业的需要,并根据自己的兴趣和特点进行个人发展规划和设计。

系列精品课程、国际课程和校企课程均实行课程责任教授负责制,课程责任教授全面负责课程的建设规划,合理使用课程建设经费,制定课程教学目标,采用科学的教学方法,合理组织教学内容,编写或选用高水平教材,实施综合教学评价方法,探索有效的教学模式,为课程的教学效果负责。

表1 "专业方向引导"系列课程明细

序号	课程名称	课程类别
1	工程传热学	国家资源共享课
2	内燃机原理	国家资源共享课
3	能源动力装置基础	国家资源共享课
4	可持续能源利用技术	国际课程
5	工程项目管理	国际课程
6	工程热力学	国际课程
7	工程传热学	国际课程
8	低温技术原理	校企课程
9	发动机现代设计	校企课程
10	反应堆安全分析	校企课程
11	现代电站锅炉	校企课程

"专业方向引导"系列课程通过课程责任教授负责制,联合国际知名教授和国内一流企业界专家形成课程组,有助于教学团队及时掌握专业的发展动态与需求,确保课程建设的定位与社会需求保持一致,提高课程建设水平。

4 "科学研究前沿"系列选修课程

每年在四年级最后一个学期的前6周开设20余门教授选修课程,课程学时不一、形式多样,有科研前沿的课程,有专题研究式的课程,也有交叉学科式的课程,大多数教授均结合自己的科学研究经历和学科动态,选择自身有体会的较为具体化的专题作为授课内容,开设出不同的专业选修课。

学生按照专业背景、毕业设计内容以及兴趣爱好选择选修课,不受专业方向的限制。该课程帮助学生扩大专业知识面,寻求更大的就业空间,为就业打好基础。

能源类四年级学生多数在这一时期对本科毕业后的发展都有着明确的定位，有的和研究生二级学科领域对接，有的专业方向和行业企业对接，他们对"科学研究前沿"系列选修课程都有明确的选择依据和学习目标。这些课程的开设对学生的毕业设计很有帮助，对今后的发展也有引导作用。

5 结 语

教授引导分层式系列课程的改革与实践，对大学四年的教育都有着非同寻常的意义，课程的实施能够在本科四年的教育中全程把控着学生的思想动态和教育质量的关键点，有效地加强对学生知识和能力的培养，提高学生的培养质量。

参考文献

[1] 黄树红,等.热能与动力工程专业立体化课程体系的改革与实践[J].科教导刊,2012(15):155-156.

[2] 舒水明,等.能源动力类卓越人才实践环节培养的改革与实践[J].中国科教创新导刊,2013(26):80-81.

[3] 舒水明,等.多形式多层次共建专业特色课程体系的改革与实践[J].科教文汇(下旬刊),2012(15):4-5.

[4] 王晓墨,等.能源卓越工程师培养的探索与实践[J].中国科教创新导刊,2013(25):67-68.

[5] 刘伟,等.构建热能与动力工程专业创新教学体系[J].高等工程教育研究,2005(1):44-47.

构建多元化教学体系　提高人才培养质量

/王利军,郭楚文,宋正昶/

（中国矿业大学 电力工程学院）

摘　要: 中国矿业大学电力工程学院以培养厚基础、宽口径、高素质、强能力和具有国际视野的德、智、体、美全面发展的创新性人才为导向,在考虑学生个性化差异的基础上,优化了原有课程体系和培养方案,设置了特色专业组,构建了适合不同学生需求的研究性和专业方向型课程体系及多层次实验教学体系,实施了大学生科研创新计划,形成了仿真实习与现场实习相结合的实习制度,全面提高了专业教育水平和教学质量。

0　引　言

近年来,随着高等教育事业的飞速发展,高校毕业生就业形势日益严峻,如何通过教学体系改革,努力培养适应社会需求的厚基础、宽口径、高素质、强能力和具有国际视野的德、智、体、美全面发展的创新型人才,是一个迫切需要解决的问题[1]。

多元化教学体系[2-4]是教育资源、教育设备、教育信息等多方面的融合,代表着现代教学发展的方向。在教学中,通过对教材内容、教学空间、教学形式等进行全方位的整体设计,有效地发挥了教师的主导作用,使学生的认识过程、情感过程、意志过程得到协调发展,从而激发学生的认知兴趣、学习信心和进一步探索的学习欲望,培养学生综合运用各种知识技术的创新思维和解决复杂实际问题的能力。

中国矿业大学电力工程学院能源与动力工程专业旨在培养德、智、体、美全面发展,个性健全,情操高尚,宽基础,强能力,高素质的具有"好学力行、求是创新"精神和工程实践能力强,能够在热能动力工程、流体机械及工程、制冷及空调工程、新能源等领域从事设计、制造、科学研究和管理的研究应用型工程技术人才。基于这一培养目标,学院对原来的教学体系进行了大幅度改革,初步构建了多元化的教学体系,从根本上保证了人才培养的质量提高。

1　合理规划培养方案及课程体系

1.1　优化课程体系,完善人才知识结构

经过广泛深入调研,学院充分了解了能源动力专业的发展趋势以及涉及的主要学科领域,掌握了新领域的学科内涵和新兴行业对人才培养的需求,确定了未来

人才必备的知识结构。学院对能源与动力工程专业课程体系进行改革,最低毕业学分要求从原来的195.5学分降低为180学分,使学生有更多的自由发展空间;在培养模式上采用学院培养模式,学院内的各专业前3(或2)个学期使用相同的培养方案,从第4(或3)学期开始执行各自专业的培养方案。与此同时,通过优化教学内容,加强学生人文素质修养,使得学生具备理学、机械基础以及热学、流体力学学科方向的知识,成为个性健全、情操高尚、宽基础、强能力、高素质的具有"好学力行、求是创新"精神和工程实践能力强,能够在热能动力工程、流体机械及工程、制冷及空调工程、新能源等领域从事设计、制造、科学研究和管理的研究应用型工程技术人才。培养方案设置包括通识课程、学科基础课、专业主干必修课、专业方向课四大类基础课程,其中通识课程59.5学分、学科基础课37学分、专业主干必修课14.5学分、专业方向课32学分。在此基础上学生还须修完37学分的实践教学学分。该课程体系的设置,注重培养学生的综合素质、专业基础和实践能力。具体课程体系见表1。

表1 课程体系

课程组	学分要求	课程类别
通识课程	59.5	思想道德、马克思主义基本原理(5门),14学分
		人文选修课,10学分
		体育课程,4学期,4学分
		外语课程,4学期,16学分
		高等数学,2学期,10.5学分
		计算机基础及编程(2门)5学分
学科基础课	37	理学类(3门),10.5学分
		机械类课程(4门),14.5学分
		热学、流体力学类(3门),12学分
专业主干必修课	14.5	专业主干必修课程
专业方向课	32	专业方向必修课程(4门),10学分
		专业方向选修课程,22学分
实践教学环节	37	认识实习、生产实习、毕业实习、金工实习、科研训练等

1.2 特色专业组设置

中国矿业大学能源与动力工程专业在专业课组方面设置了热能动力工程、制冷与空调工程和流体机械及工程三个专业方向。将原来三个二级学科的多门专业课程重组为 3 个系列的课程,其中每个专业方向的必修课程为 4 门 10 学分,每个方向必须选修 22 学分的专业选修课,因此任选课的建设成为一个关键的问题。在任选课建设上以"宽视野、开放式"为原则,任选课涉及能源动力设备、数值计算、新能源和可再生能源、热利用技术以及流体相关技术等 38 门课程,这些课程的设置兼顾了学科方向和学生的兴趣,使得学生可以根据自己的兴趣选择喜欢的课程,开拓了学生的视野,激发了学生的专业热情。

1.3　通才专才兼顾考虑的培养方案

中国矿业大学目前实行的是 9 学期制培养方案。一至三年级每学年 2 个学期,每学期平均为 20 周;第四学年 3 个学期,第 7、8 学期各 10 周,第 9 学期 20 周。其中第 1—5 学期学生学习通识课程、学科基础课和专业主干必修课,加强专业基础知识学习;第 6—7 学期,学生依据工作的需求并兼顾本人的兴趣爱好,选定自己的专业方向,较深入地学习和掌握该专业方向的技术基础理论、运行操作技能,在深度和广度上拓宽专业知识与技能。在第 7 学期,学生已经基本确定保研、考研或者工作,因此本学期课程针对学生的不同去向,设置了不同的专业选修课程,充分考虑了学生的多种类和多层次需求,其中研究性课程(包括数值计算、流场温度场可视化技术)可为读研学生以后的科研工作做准备;电厂课程组、流体机械课程、制冷空调课程组为即将工作的学生打好实战基础。

2　构建多元化实践教学体系,提高学生的创新能力

实践教学在学生科学研究方法、实验技能以及创新精神的培养方面具有重要的地位和作用[5-7]。修订后的能源与动力工程专业本科培养方案以培养学生创新精神和创新能力为重点,优化创新人才培养模式,强化实践教学,加强了对创新和实践能力培养的要求,完善了实践教学体系,扩充了实践教学的内容,开设的创新性、综合性和设计性实验课程占总实验课程数的比例达到 90% 以上,并且为工程流体力学等主要的专业基础课程单独开设实验课。

2.1　构建多层次实验教学体系

学院实验中心要承担基础课程实验、专业课程实验、电厂认知实习、生产实习等实验教学任务。参照国际一流大学工程实践教学体系,根据能源动力类专业的课程设置与教学特点,学院建成了"基础—专业—综合—创新"分层次、模块化的实验教学体系,其中基础实验主要针对本科一、二年级学生,专业和综合实验针对本科二、三年级学生,创新实验针对本科三、四年级学生,坚持各年级间的互相衔接,使得基础、专业、综合、创新有机统一起来,强化学生的实践和创新能力,实现由

基础知识传授向实践创新能力培养的转变、由单纯学习模式向"学习—应用—创新—岗位"模式的转变。

在实验教育系统方面,学院强调基础实验、专业实验、综合创新实验、岗位实践等教学体系的一体性,强调教师、科研人员、兼职教师、专职实验技术人员等师资队伍的一体性,从而淡化教学与科研、理论教学与实验教学、专业教师与校外导师、学校实验教学中心与校外实践基地的界限,形成一体化的综合性、多层次、多渠道实验教学与实践教育系统。

2.2 实施大学生科研创新计划

创新精神和创新能力是大学人才培养的核心,培养学生的创新能力是实施"科教兴国"和可持续发展战略的重要途径。为了培养学生的创新意识和创新能力,学院在本科实践教学的过程中实施了大学生科研创新计划,并建立了"大学生新能源与节能减排创新实践基地",创造条件让更多学生参与"全国大学生创新训练计划项目"和"江苏省大学生创新训练计划项目"等科学研究活动,积极支持学生参加国内外科技竞赛;同时让本科生较早地得到科研工作的基本训练,了解科研的基本过程,掌握独立开展科研的基本方法,并在该过程中培养学生的科研意识、团队精神和协作能力。学院科研训练项目的对象一般为本科三、四年级学生,也可接受成绩特别优秀的二年级学生。科研创新训练过程中,学生参与教师的科研项目,指导教师提出项目的目的和要求,学生根据要求查询文献资料,制定研究方案和研究过程;在科研过程中,学生除了利用课堂知识以外,还需要用到许多与专业相关的课外知识,激发了学生的专业学习兴趣,提高了学生的综合能力。

近年来,学院学生获国家级大学生创新训练计划6项、省级大学生创新训练计划8项、校级大学生创新训练计划39项,参与人数达到212人次。学生参加省级以上科技竞赛硕果累累,其中在"挑战杯"竞赛中获二等奖1项;在全国大学生节能减排社会实践与科技竞赛中获一等奖2项、二等奖2项、三等奖3项,优秀组织奖1项;在全国周培源大学生力学竞赛中获三等奖1项;在中国机器人大赛中获二等奖1项。学生在参加竞赛或者创新训练的过程中,获取信息、分析问题和解决问题的能力不断增强,创新能力不断提升。

2.3 仿真实习与现场实习相结合

实习是本科教学中的一个重要的环节,是提高学生实践能力最有效的形式。目前,学院学生实习环节主要由认知实习、生产实习和毕业实习3个部分组成。然而考虑到能源与动力工程的专业特色,去实习的单位一般为电厂,这些企业视安全生产为重中之重,由此导致学生的校外实习一般仅为认知实习。正是考虑到这个方面的问题,学院积极拓展实习基地,将徐州多家电厂建设为学院的实习基地,目前已经建立了徐塘发电厂、华美电力、新海电厂等10家实习基地。

此外,为了提高学生的实习效果以及分析问题、解决问题的能力,经过多年的努力,学院建立了仿真实验中心,构建了完备的现场化电厂仿真训练岗位实践平台。该平台有两个特点:一是"现场化",即该系统与电厂的操作系统完全一样;二是"完备化",即包括135MW流化床、300MW煤粉炉、600MW煤粉炉和1000MW煤粉炉,基本涵盖了目前的主要炉型。校内仿真实习基地的建立,解决了学生在常规的参观实习中难以进行实际系统操作的难题,给学生提供了更多的操作机会和发挥空间。仿真实习期为两周,学生需在这个平台上进行操作、学习和钻研,并通过考试获得学院颁发的操作员合格证书,此后学生被安排进行为期三周的生产实习。经过了上述一系列的训练,学生对现场实际系统有了充分的了解,这样在实习过程中就更容易理解现场设备的实际结构,更容易在现场实习中发现问题,为将来的工作或者研究打下基础。

3　结　语

基于多元化教学体系的构建,中国矿业大学电力工程学院优化了原有课程体系和培养方案,进行了特色专业组设置,构建了适合不同学生需求的研究型和专业方向型课程体系以及多层次实验教学体系,实施了大学生科研创新计划,形成了仿真实习与现场实习相结合的实习制度,全面提高了专业教育水平和教学质量,成效显著。学院连续3年在中国矿业大学率先实现毕业生协议就业率100%,2012年本科毕业生升学率为33%,2013本科毕业生升学率达到43.1%,居全校第二。以2013年本科毕业生为例,116名本科毕业生中继续攻读研究生学位的学生有50名,占本科毕业生总人数的43.1%。其中,赴海外攻读研究生的有4名,免试攻读国内高校研究生的有20名,考取浙江大学、中国科学院等17所国内重点院校研究生的有26名,考取"985"高校和国内行业领域顶尖研究院所的学生占考取研究生总数的73.1%。在直接就业的66名本科毕业生中,进入电力及其相关行业的47名,占就业总人数的71.2%;进入能源动力行业的15名,占就业总人数的22.7%。

参考文献

[1] 侯双印,等.论"厚基础、宽专业、强能力、高素质"[J].河北农业大学学报(农林教育版),2003,5(3):5-6.

[2] 赵春雷,吴安平.构建全方位多元化教学模式,提升学生核心竞争力[J].

长春大学学报,2010,20(4):77-79.

[3] 王志林,朱成建.化学类专业多元化人才培养体系的构建与实践[J].中国大学教育,2013(10):19-20.

[4] 孙腊珍,张增明.以培养学生能力为核心,建立多层次实验课程体系和多元化教学模式[J].实验技术与管理,2012,29(4):1-2.

[5] 胡永红,等.建构多元化实践教学体系,提高学生实践能力[J].化工高等教育,2008(3):68-70.

[6] 孙欢,贾功利,侯其考.建设热能与动力工程实验教学中心的探索与实践[J].实验技术与管理,2010,27(8):125-127.

[7] 钱进,龚德鸿,冯胜强.热能与动力工程专业实验教学改革研究[J].中国电力教育,2008(121):152-153.

新专业目录下新能源科学与工程专业人才培养模式研究

／郭　瑞／

（沈阳工程学院 新能源学院）

　　摘　要：2012 年 10 月 15 日教育部通知印发《普通高等学校本科专业目录（2012 年）》《普通高等学校本科专业设置管理规定》等文件。新目录将原有的风能与动力工程[080507S]和新能源科学与工程[080512S]合并统一改为新能源科学与工程[080503T]。通知要求 2012 年度普通高等学校本科专业设置备案和审批工作按新目录执行，普通高等学校的招生计划和招生工作自 2013 年起按新目录执行，在校生的培养和就业工作仍按原专业执行。文章从沈阳工程学院修订 2013 级培养方案的培养目标、设计思路、课程体系建构等方面对新专业的人才培养模式进行了较为细致的阐述，借以为我国新能源科学与工程专业的专业建设提供点滴参考。

1　新能源科学与工程专业的培养目标

1.1　专业概述

　　百度百科对新能源科学与工程专业做如下描述：新能源科学与工程专业为 2011 年教育部批准设置的本科专业，2012 年将原有的风能与动力工程和新能源科学与工程合并统一改为新能源科学与工程[1]，主要学习多种类新能源（包括风能、太阳能、生物质能、核电能等）的特点、利用的方式和方法以及新能源应用的现状、未来发展的趋势。开设该专业的高校各自的学科设置和优势专业侧重点不同，具体的学科方向也不同。专业培养目标定义如下：新能源科学与工程专业面向新能源产业，立足于国家"十二五"发展规划，根据能源领域的发展趋势和国民经济发展需要，培养在风能、太阳能、地热、生物质能等新能源领域从事相关工程技术领域的开发研究、工程设计、优化运行及生产管理工作的跨学科复合型高级工程技术人才和具有较强工程实践和创新能力的专门人才，以满足国家战略性新兴产业发展对新能源领域教学、科研、技术开发、工程应用、经营管理等方面的专业人才需求。

1.2　我国高校新能源科学与工程专业培养目标和方案举例

　　西安交通大学招生网站这样描述其新能源科学与工程专业培养目标：该专业主要培养具备动力工程及工程热物理学科宽厚理论基础，系统掌握新能源与可再生能源转换利用过程中所涉及的能源动力、化工、环境、材料、生物等专业知识，能从事新能源与可再生能源开发利用及其相关交叉学科领域的科学研究、技术开发、工程设计及运行管理等工作的创新性高层次专门人才。

重庆大学新能源科学与工程专业旨在培养具备扎实的理论基础和专业知识、掌握可再生能源及替代能源相关知识与技术,能从事清洁能源生产、能源环境保护和可再生能源技术研发、设计及管理等方面工作的跨学科、复合型人才。

华北电力大学的新能源科学与工程专业人才培养方案分生物质能、太阳能和风能3个方向,侧重培养掌握新能源科学与工程专业的基础理论知识和实践技能,具备在相关领域从事经济管理和科学技术应用、研究、开发、管理的高级人才。

东北电力大学新能源科学与工程专业旨在培养专业基础扎实、综合素质高、实践能力强和发展潜力大的高级应用技术人才。学生通过对基础理论与专业课程的学习,接受现代风力发电专业工程师的基本训练,逐渐成为能胜任现代风电场的运行、维护、规划、设计与施工,风力发电机组设计与制造,风能资源测量与评估,风力发电项目开发等风电领域的技术与管理工作,并能从事其他相关领域工作的高素质应用型专门人才。新能源科学与工程专业结合东北电力大学在发电领域的自身优势和良好的声誉,主要面向以风力发电场为主的新能源应用领域。学生除学习风能与动力工程领域相关的课程外,还学习风力发电厂电气部分以及电网部分的相关知识,以满足目前我国风电场对专业技术人才的迫切需求。

通过对几所大学培养目标的比较可以发现,各所大学都根据自身的办学定位设定了新能源科学与工程专业不同的培养目标。总的来说,培养目标分为两类:一类大而全,包括了多种形式的新能源知识,另一类小而深,只面向一种新能源形式做深入的学习研究。

1.3 沈阳工程学院新能源科学与工程的发展与培养目标

沈阳工程学院是全国46所开办新能源科学与工程专业的院校之一[2-4],其2011级新能源科学与工程(太阳能方向)专业主要培养掌握太阳能发电及应用的基本理论与方法,具有较强的专业技术应用能力与工程实践能力,能面向太阳能相关领域从事技术研究开发、设备设计制造、系统运行管理等工作的应用型技术人才。2011级风能与动力工程专业主要培养掌握风能与动力工程专业基础理论和专业知识,接受现代风力发电工程师基本训练,具有较强实践能力、创新意识和良好发展潜力的应用型高级工程技术人才。面向风力发电及其他能源动力领域,毕业生主要从事风能资源的测量与评估,风电机组的设计、制造与安装,风电机组的监测与控制,风电场的运行与维护,风力发电项目开发等风力发电相关的工作,并能从事其他能源动力领域的相关工作。2013级新修订的专业培养目标提出了培养具有热学、电学、力学、自动控制、能源科学、系统工程等方面理论基础,掌握风能、太阳能、生物质能等新能源领域的专业知识和实践技能,具有较强社会责任感、工程实践和创新能力,能够在风力发电、太阳能利用、生物质燃料等新能源开发利用相关领域从事科学研究、技术开发、工程设计及运行管理等工作,具有良好的团队合作精神和国际视野的跨学科应用型高级工程技术人才。培养目标的变化首先体现在由原来的单一能源形式扩展为多种新能源并行的形式,并着重强调了风能、太阳能、生物质能3种能源形式;其次提出了两点人才培养模式的重点,一是具有较强工程实践和创新能力,二是具有良好的国际视野,这两点的提出为专业人才培养模式的设计指明了方向。

2 沈阳工程学院新能源科学与工程专业培养计划的设计思路与取得的成果

2.1 人才培养渠道

沈阳工程学院积极拓展人才培养渠道,构建了校企合作联合培养、国际合作办学等多样化人才培养模式。学校先后与加拿大红河学院、澳大利亚莫道克大学、西班牙加泰罗尼亚理工大学、瑞典达拉纳大学、德国慕尼黑大学、美国西俄勒冈大学等19个国外高校和教育科研机构缔结友好合作关系。2009年经教育部批准,学院与加拿大红河学院合作成立的红河国际学院是辽宁省首个工程类中外合作办学机构。2010年与澳大利亚莫道克大学合作举办的校际本科"2+2"学生交流项目正式启动。同时,学院与瑞典达拉纳大学太阳能研究中心和澳大利亚莫道克大学签定学生交流协议,可以选派学生出国进行硕士研究生的学习。

2.2 专业发展与国际接轨

为了将专业与国际接轨,走国际合作办学、参与国际专业认证的发展路径,学院新能源专业建设团队大量借鉴了美国西俄勒冈大学可再生能源工程专业的培养计划,并希望与之成功对接。团队成员针对西俄勒冈大学的专业资料做了大量的调研、整理工作,并根据专业知识体系细致地构建了对应的课程树,如图1所示。

图中数学、化学是公共基础课,电路、电机代表学科基础课,热力学、流体力学代表专业基础课,风力发电原理、生物质能是专业核心课,节能建筑一体化、新能源并网技术等代表专业选修课。图中从左到右画的箭头表示课程的支撑关系。不难看出,美国西俄勒冈大学的课程设置与我国某些大学很接近,都以能源动力类热力学等作为学科基础知识,并兼顾了各种新能源形式。这个课程树也是后期修订培养方案课程设置时的重要参考。这个设计的初衷是为了几年之后实现与国外几所高校签订"2+2"或"3+1"人才培养协议,交流和互派学生,推进国际合作办学。

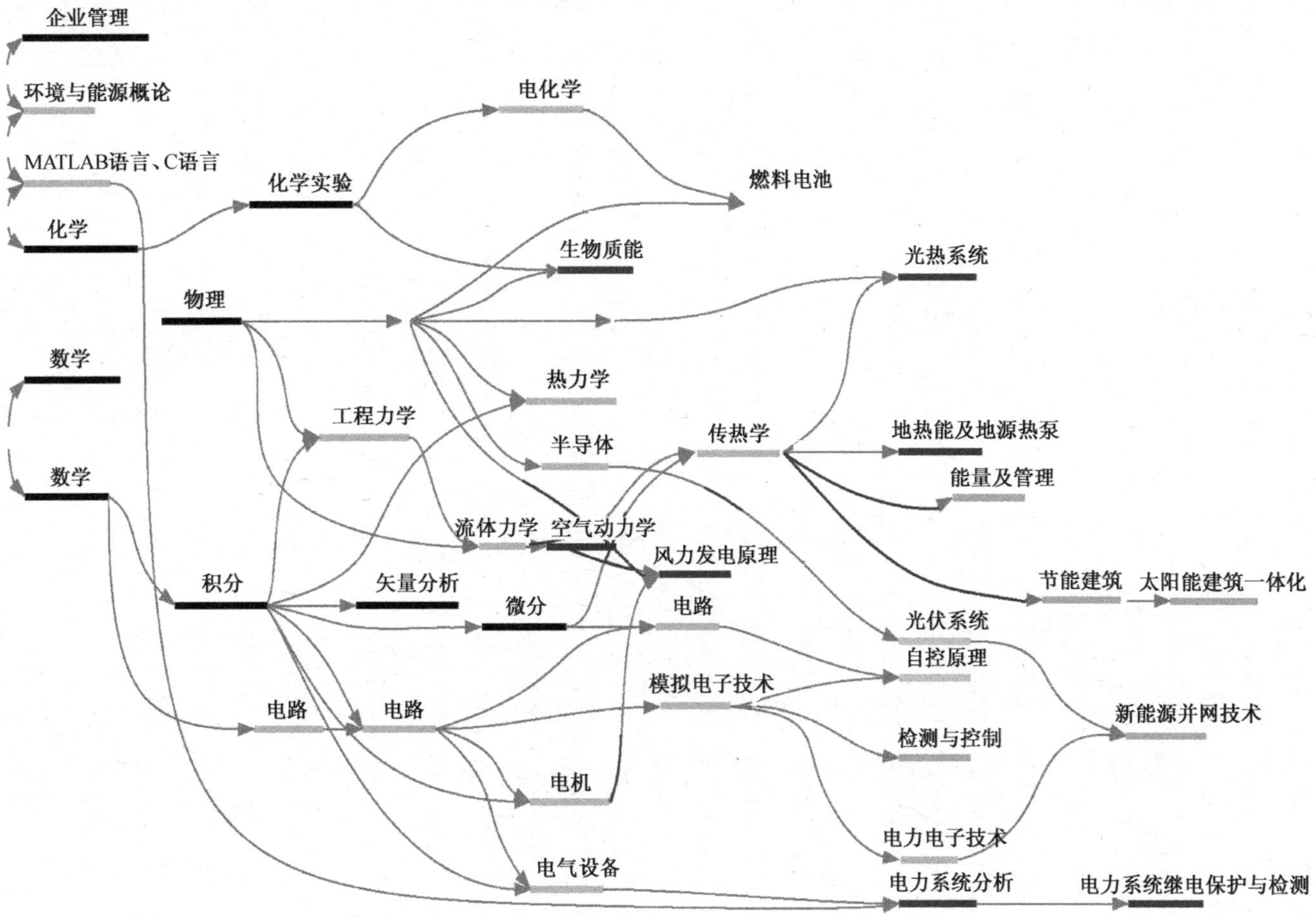

图1 课程树

企业管理

环境与能源概论

MATLAB语言、C语言

化学

化学实验

电化学

燃料电池

光热系统

生物质能

物理

热力学

工程力学

半导体

传热学

流体力学

空气动力学

风力发电原理

地热能及地源热泵

能量及管理

节能建筑

太阳能建筑一体化

光伏系统

自控原理

检测与控制

模拟电子技术

电力电子技术

电力系统分析

新能源并网技术

电力系统继电保护与检测

数学

数学

积分

微分

矢量分析

电路

电路

电路

电机

电气设备

2.3　取得的成果

在校企合作方面,沈阳工程学院新能源学院也进行了大胆的探索。学院与能源电力行业有着悠久的合作历史,与辽宁省太阳能研究应用有限公司、中国大唐新能源公司、华能新能源公司辽宁分公司、中电投东北电力有限公司等 11 家单位建立了"3+1"人才培养模式,实行订单式培养,满足企业的人才需求。2011 年学院的校企联合人才培养模式成为辽宁省首批教育厅人才培养模式创新实验区。为了积极探索培养适应社会发展需求,具有深厚的科学素养、良好的工程素养、较高的人文素养和可持续发展潜质的高素质人才思路,学院从 2011 年开始在新能源科学与工程、机械制造及其自动化、计算机工程 3 个专业设立本科人才培养创新试点,推行"卓越工程师教育培养计划"。新能源科学与工程专业在专业建设过程中取得了一系列的成绩。2011 年学院获批建设辽宁省新能源科学与工程实践教育中心,其作为校内实训中心,为学生专业技能的训练提供了平台。2012 年新能源科学与工程专业被认定为辽宁省重点支持建设专业。

辽宁省太阳能研究应用有限公司是由辽宁能源投资(集团)责任公司投资,依托学院新能源研究中心的太阳能专利技术成立的合资公司,是集研究、开发、生产于一体的太阳能专业化企业,承担学院相关专业学生的实习任务,同时还接纳学院教师的挂岗锻炼。2012 年学院联合公司申报了辽宁省校企协同创新工程人才培养体制机制研究与实践试点项目以及 2013 年国家教育部大学生校外实践基地建设项目,都获得项目建设资金上的支持。

综上所述,学院新能源建设团队对新能源人才培养模式的设计思路同时兼顾了国际化(走专业认证的道路)与产学研合作(卓越工程师培养)两个方面。

3　沈阳工程学院新能源科学与工程专业课程体系构建

3.1　人才的培养模式

在明确了专业人才培养模式的思路之后,学院根据专业知识和技术体系构建了"平台+模块",即"1+2+2"的课程体系。该课程体系由公共基础平台、专业基础平台和工程技术基础平台、专业方向模块 3 个不同的层次构成。在一级学科下组建公共基础平台,在二级学科下组建专业基础平台和工程技术基础平台,在每个平台内设置 2 个专业方向模块供学生选择,平台保证了人才基本规格和全面发展的共性要求,"模块"体现了专业不同方向人才的分流培养,实现了分层次教学。人才培养方案中设置了"244"核心课程,"244"表示公共基础课平台中的 2 门核心课程(大学外语与高数)、学科(专业)基础课平台中的 4 门核心课程(电路、热工基础、工程流体力学、自动控制原理)和工程技术课平台中的4门核心课程(风力发电原理、太阳能光伏发电系统、电力工程基础、新能源并网技术)。

3.2 专业选修课分方向模块

学生进入第6学期,开始分设太阳能和风能两个方向模块加强专业课知识的学习。课程模块设置见表1。表中所列专业课程都属专业选修课,采用校企合作开发课程或者外聘企业高级工程师讲授的形式来完成,这也是注重专业学生工程实践、创新能力培养的体现。

表1 课程模块

第6学期	风能方向	机械设计基础	限选	第7学期	风能方向	风资源测量与评估	限选
		风力发电机设计软件	限选			风电机组监测与控制	限选
		风电机组设计与制造	限选			风电场运行与管理	限选
		风电机组安装与调试	限选			海上风力发电	选修
		风电场电气系统	限选			风光互补发电技术	选修
	太阳能方向	太阳能热发电技术	限选		太阳能方向	太阳能电池原理与组件工艺	限选
		太阳能建筑一体化	限选			太阳能应用检测与控制技术	限选
		太阳能热利用	限选			单片机原理与接口技术	限选
		太阳能工程设计软件	限选			光伏发电系统运行与管理	选修
		太阳能工程技术规程	限选			太阳能照明工程	选修

4 结 论

我国各所大学根据自身不同的办学定位制定了不同的新能源专业人才培养目标,有些面向培养具备新能源综合知识与能力的人才,有些侧重培养系统和深入掌握某类新能源专门知识的人才。新能源技术和产业的发展需要不同的培养模式所提供的不同类型的专门人才。

沈阳工程学院新能源科学与工程专业自2011年教育部批准开设以来,对于如何建设该专业,一直在进行积极探索,结合新能源产业对人才的特殊要求,制定了符合本校定位的较有特色的人才培养模式,修订了2013级人才培养方案,在设计理念和具体内容方面都积极学习和借鉴国内外大学先进的、优秀的教学改革成果,为专业发展实现国际化奠定基础,同时也把卓越工程师培养计划贯穿于学生整个的学习过程。

我国已初步构建了新能源人才培养的专业体系,但由于是新专业,还需要各个大学在现有人才培养模式的基础上,开展广泛深入的研究,以便进一步改进和完善,使其更符合新能源产业发展的需求。

参考文献

[1] 教育部关于印发《普通高等学校本科专业目录(2012年)》《普通高等学校本科专业设置管理规定》等文件的通知[EB/OL].[2014-08-02].http://www.moe.edu.cn/.

[2] 教育部关于公布2010年度高等学校专业设置备案或审批结果的通知[EB/OL].[2014-08-02].http://www.moe.edu.cn/.

[3] 教育部关于公布2011年度高等学校本科专业设置备案或审批结果的通知[EB/OL].[2014-08-02].http://www.gov.cn/.

[4] 教育部高等教育司、教育部关于公布2012年度普通高等学校本科专业设置备案或审批结果的通知[EB/OL].[2014-08-02].http://news.xinhuanet.com/.

[5] 陈建林,陈荐.新能源科学与工程本科专业人才培养模式探究[J].中国电力教育,2013(22):20-22.

[6] 熊怡.论道学科专业建设,共话新能源人才培养——首届全国能源科学与工程专业建设研讨会综述[J].中国电力教育,2013(21):26-28.

[7] 韩新月,等.新能源科学与工程专业人才培养探讨[J].中国电力教育,2013(5):9-11.

从专业认证角度对国际化本科教学的思考

／方海生,舒水明,王晓墨／

(华中科技大学 能源与动力工程学院)

摘　要:全国工程教育专业认证工作是在国家教育国际化背景下展开的,认证工作要求专业在课程体系、师资建设、学生发展、管理体制等各方面达到一定的标准,根据支撑材料对各专业是否达到这些标准进行评价。文章在支撑材料准备过程中,对目前高校能源动力类学科国际化本科教学做了一些思考,并提出了一些有利于加快国际化进程的思考。

0　引　言

中国高等教育国际化是必然趋势,是 21 世纪教育改革与发展的主要目标之一。中国的改革开放政策不仅表现在经济和贸易方面,也体现在包括文化、教育在内的整个思想观念系统的全面改革和开放方面。当今国家综合实力的竞争,归根到底是人才的竞争,或者说是教育的竞争[1-3]。哪个国家能教育出数量多、素质高、具有创新能力的人才,就能把握社会经济发展的主动权,在激烈的国际竞争中立于不败之地。因而,培养国际化人才成为各国的人才战略,也成为素质教育的目标之一。国际化人才应该具有全球化视野、跨文化交流能力和开放式思维,拥有较强的国际市场竞争力。教育国际化的核心或者本质,其实就是优化配置我国的教育资源和要素,通过改革开放完善教育体制,培养出在国际上有竞争力的高素质人才[3]。文章从专业认证的要求出发,联系国际化教育大背景,对目前我国高校能源动力类专业本科国际化教育进行了一些思考,并讨论了存在的一些问题和解决的思路。

1　专业认证与国际化教学

首先,要明确国际化教学的概念。联合国教科文组织(UNESCO)下属的国际大学联合会(International Association of Universities,IAU)所下的定义是:"高等教育国际化是把跨国界和跨文化的视点和氛围与大学的教学、科学研究与社会服务等相结合的过程,这是一个包罗万象的过程,既有学校内部的变化,又有学校外部的变化,既有自下而上的,又有自上而下的,还有学校自身的政策导向的变化。"因而,国际化教学强调的是开放性、多样性的研究成果,要求高等院校专业研究人员在世界顶级期刊(如自然和科学)发表论文,各领域的研究者引用的文章达到一定的数量,留学生和海外教授的数量达到一定的比例,学生与教授的比例达到一定值等。针对国际化标准,需要强调"国际化不等于西化"。由于国情、文化、传统、社会制度等不同,发达国家的高校管理模式不能原封不动地照搬到中国来。如在欧美国家,高等院校在人事制度上实行的是自治、自主管理体制,这与我国的政治体制存在一定的矛盾。但是,从另一个角度而言,要实现教育国际化必须加强国际交流合作,吸取西方国家高等教育的经验,才能够事半功倍。教育的国际化,需要大家走出校门,走出国门,参观、访问、借鉴、学习国外大学各个方面的长处。

全国工程教育专业认证工作就是在教育国际化这样一个背景下展开的,其目的是让国内高等院校工程专业培养的人才能够得到国际上的认可[4,5],《工程教育专业认证标准》提供了工程教育本科培养层次的基本质量要求。通用的标准涉及专业目标、课程体系、师资队伍、支持条件、学生发展、管理制度、质量评价,要求专业设置适应国家和地区、行业经济建设的需要,适应科技进步和社会发展的需要,符合学校自身条件和发展规划,有明确的服务面向和人才需求;毕业生要有国际视野和跨文化的交流、竞争与合作能力;课程体系要服务于专业培养目标,满足预期的毕业生能力要求,注意培养学生的工程意识、独立解决问题的能力和协作精神,尤其要培养学生的创新意识和能力,鼓励新思想、新改进、新发现;具有满足本专业教学需要的教师数量和符合学校现状及可持续发展所需要的教师整体结构等。由此可以看出,专业认证目标与国际化教学相当一致,可以认为是为培养国际化人才制定的一套标准,且直接或间接地为国际化教学提供了参考。

2 对我国国际化本科教学的思考

要证明一个专业是否达到了工程专业认证的要求,需要准备大量的支撑材料。首先要肯定高校各专业近年来在国际化教学方面的努力,且已经取得了很多成果,但是在收集支撑材料过程中,遇到的困难反映出国内高等教育仍存在一些不足之处。结合国际化教学的理念,在此提出几点作者对我国国际化本科教学的思考。

首先,人事编制的合理性关系到师资力量的合理配置。举例来说,目前高校在实验人员、计算机管理等关系到学生教育第一线的人事配置偏少。在收集支撑材料过程中,常常会遇到某实验室或计算机机房资料不完善的情况,究其原因是缺少一个长期固定的管理人员。而在国外大学或者国家实验室,这种岗位是必不可少的,学校也会在人事和资金上做到保证,不会导致一些先进设备因缺少熟练实验人员而搁置或者因为学生的毕业而出现断层的现象。在教学部门人事改革的问题上,我国没能很好地吸收国外高校人事管理制度的长处。师资的合理配置是与人事制度改革相配套的,这是国际化教学面临的一个严峻问题。在国外,许多大学为了压缩教育投入,同时又要确保关键教学岗位的质量和在职业选择上的竞争优势,采取一种高薪减员的师资配置方法。但是,这一原则在国内除了少数几所高校如清华大学外,是很难实现的,因为我国在教师岗位上投入得远远不够,与其他行业的可比性差,尚不足以形成教师岗位的竞争优势。因而,对于大多数高校而言,在教学岗位中要求奉行宁缺毋滥的原则还不成熟。建立合理的师资力量,保证教育的每一个岗位都有充足的长期固定的师资投入,是做好教育国际化的保证,也是达到专业认证目标必不可少的支撑材料。

其次,符合国际化教学的课程设置不能只流于形式。专业认证要求课程设置能满足专业目标的需求,课程体系需要体现国际化。那么要如何体现国际化呢?很多高校设置了中英文课程、国际化课程和全英文课程,然而这些课程由于缺少相应的师资和教材等条件,只能流于形式,甚至对传道授业产生不利的影响,如全英文课程就有可能阻碍学生对专业知识的掌握。当然,围绕大学课程如何设置这个问题,由于人才培养的目标不同,不同的大学在课程设置的结构和布局上相差很大。但是如果为了国际化而国际化,难免会影响一些专业课的授课质量,使学生得不到扎实的专业必修课训练。此外,国内高等教育课程设置存在的一个通病就是与实际脱节的课程太多,而注重锻炼学生的动手能力,培养学生敏锐的思维能力,提高学生毕业后所需要的人际沟通能力等的课程太少。如果从理论的高度来讲,这些都是计划管理体制在高校办学思想和理念上留下的后遗症。国家正在深化改革,积极完成邓小平同志提出的改革和开放的使命。我国高校应把握时代的脉搏,面向国际,实事求是,在各专业现有师资力量和专业基础之上调整课程设置,才能适应于培养专业基础扎实、具有创新能力的高水平人才发展需求。这对克服国际化教学改革流于形式而言至关重要。

再次,应提高教师待遇,调动教学积极性。国内高校普遍存在盲目提高岗位责任,而没有充分考虑教师的物质需求标准,同时高校资源掌握在少数人手里,考核体制片面强调文章、项目等立竿见影的方面,阻碍了教师教学的热情,最终形成人浮于事、吃大锅饭的局面。造成这种局面的根本原因是缺乏对教师岗位特殊性的认识。在专业认证支撑材料收集过程中,教师积极性是个比较突出的问题。教师待遇不高阻碍了教师岗位应有效益的发挥,形成了申请科研项目挤破头、教学能不管就不管的局面。出现这种现象并不能一味责怪教师队伍素质差,如今上万一平米的住房、昂贵的子女教育和父母养老,已经给处于教学第一线的青年教师造成了很大的压力,在这样的社会背景下,调动教师积极性、提升教师职业竞争力的唯一途径就是提高待遇。

最后,学生与教授的比例问题,包括外国教授和外国留学生的比例,是国际化教学的重要方面。世界著名的学府普林斯顿大学教师与学生的比例高达1:6,学生基本都能得到充分的指导和帮助。2001年德国共有23 744名教授,1 382 261名大学生,比例为1:58.2,德国高等院校协会(DHV)认为,在这种情况下,联邦教育部长还提出要让德国年轻人上大学的比例上升到40%,简直就是一个"丑闻"。德国高等院校协会的发言人格里加特指出,"在教授数量不变的情况下,却要把越来越多的学生塞到大学里去,而教授的科研任务却越来越繁重,包括基金申请、高水平论文写作等,总不能把德国大学当成运货的驴子,给它们压上很多货物,然后让他们跟美国私立大学那样精神抖擞的对手去赛跑。"而我国的高校为了加速社会工人的高学历化,大量扩招,目前的师生比达到一比几百。因此,改良师生比例是国内高等教育要完成的一个艰巨的任务。在外国教授和留学生比例上,除了一些与国外合办的学院之外,如华中科技大学中欧学院,我国离国际化标准相差甚远,国际学生和教师的比例极小。

3 走特色引进的道路,深入国际化教学

目前,国内教育工作者已经深刻意识到了国际化教学中存在的问题,也研究了一些对策。纵观各国大学国际化发展道路,主要有3种类型:自主创新型、引进师资型和直接西方办学型。国际化百强前10名的大学,如哈佛大学、斯坦福大学、耶鲁大学、加州理工学院、加州大学伯克利分校、剑桥大学、麻省理工学院等都是自主创新型的代表,它们依靠长期的研究积累和创造性的人才培养成为世界名校。值得一提的是振兴美国加州圣诺巴巴拉分校的华人校长杨祖佑。杨先生于1994年出任该校校长后,把选拔优秀教师作为第一任务,在他10年任职内选聘的教授中,有5位获得了诺贝尔奖,创造了世界高等教育发展史上的奇迹。建校于1991年的香港科技大学是引进师资型的代表。该校至今只有23年的历史,但在5年前已成为最国际化的大学之一,世界排名第60位左右,其成功的秘诀主要是引进师资队伍。该校从世界各地聘请了近500名教授、副教授和助理教授,在短时间内建立了一支强大的师资队伍。目前,香港科技大学的MBA教育水平已居亚洲第一,并在数学、物理、化学、生物和经济管理等学科领域取得了显著的成绩。直接西方办学型是指让西方大学在国内建立分校,目前由于政策等原因在我国较难实行。这些国际化的特殊形式,可以较快地促进国家高等教育的发展和国际化。事实上,如果有一天教育事业真正做到了不分国境、不分宗教和种族、不分主义,那么就不再需

要去谈国际化这个问题了。

针对我国当前的情况,走特色的引进道路是最好的使教育国际化的途径,而香港科技大学的例子说明了只要制度上能够保证,教育国际化在我国是可以较快实现的。当然,对于更多国内高校而言,国际化教学仍将是一条艰巨而又漫长的道路。我国高校要做到一方面坚持特色的专业目标,通过深化改革,完善教育编制和师资配置,提高高校教师职业的社会竞争力,优化课程体系,避免形式主义;另一方面引进各层次的国际化人才,向国外大学借鉴和学习,促进世界学术、文化、教育的繁荣。

4　结　语

总而言之,高等教育国际化是一个漫长的过程,受社会总体发展水平的制约。完成专业认证,是一个极好的把本专业推向国际化的途径。我国应该坚持既不盲目引进,也不固步自封、坐失时机的原则,更好地完成各专业国际化建设的重要任务;在向西方学习的同时,还应将我国已有的好经验、好方法推向世界,从而提高我国高等教育的知名度。

参考文献

[1] 张红玉.高等教育国际化的趋势和问题——上海外国语大学国际化的现状与进程[D].上海外国语大学,2010.

[2] 张建初.试论高等教育国际化与大学的发展[J].江苏高教,2009(2):5-8.

[3] 李莹.对高校国际化人才培养的思考[J].文教资料,2010(16):152-154.

[4] 杨科举.技术本科人才培养目标定位研究[D].沈阳师范大学,2011.

[5] 张文毅,肖万里,李汉邦.高校内部专业评估指标核心要素探析[J].昆明理工大学学报(社会科学版),2011,11(2):91-96.

高校能源动力类专业创新型及复合型人才
培养的教学改革与思考

／南国防／

（上海理工大学 能源与动力工程学院）

摘　要：针对能源与动力工程专业本科教学创新型人才培养中存在的问题，文章结合作者在实践教学中的经验和思考，对能源动力类专业课程所采用教学模式的目的、内容、方法等进行了探讨和总结，着眼于培养能源动力类创新型及复合型专业技术人才。

0　引　言

高等学校能源与动力类专业主要培养在能源开发和利用以及环境保护等方面具有扎实理论基础和较强实践创新能力的人才，培养具有能源动力类专业素养的高级专门人才，以满足社会发展对该学科的人才需求。随着高等教育的不断发展，国家和社会对能源动力类专业创新型人才的需求也不断增加。重视创新型人才的培养，对满足国家需求、学校发展及学生就业都有重要的现实意义。

目前能源动力类专业存在的问题包括部分专业课的设置较为陈旧、学生对部分课程的兴趣不高、学生实践动手能力不强、教学模式效率低下等。因此，应时进行教学改革，探索创新型人才培养的模式。

1　教学目的

培养具有较强的能源与动力工程专业素养，具有较强理论功底和实践动手能力的毕业生，以满足社会发展的需求。

2　教学内容

能源与动力学科包括以下专业门类：热能与动力工程、核反应堆工程专业和飞行器动力工程专业。其中，热能与动力工程专业下设 4 个专业方向，分别是热能工程专业方向、热力发动机专业方向、流体机械及流体动力工程专业方向和空调与制冷专业方向。热能与动力工程专业及相关专业的某些专业教材选取较为陈旧，知识结构较为单一。针对这一问题，教师可以多关注国内及国外学科前沿，结合学生的反馈意见，选取较新较经典的教材。

3　教学过程

在课堂教学中,多关注学生的课堂表现和兴趣点,对教学内容进行调整:对于一些较为过时的知识点可以适当删减,增添一些国内外较为前沿的学科内容,以引起学生的兴趣,提高教学效果。同时,可以组织学生开展兴趣小组,进行创新型人才培养的探索。作者指导过上海市级大学生创新创业实训计划项目,即以项目的形式,结合能源动力类专业背景,组织若干学生组成兴趣小组,学校给予一定的经费支持,在教师的指导下,开展创新项目。通过项目的锻炼,提高学生对专业知识的兴趣,同时提高学生的实践动手能力,也让学生接触到了专业相关的实验设备。

4　探索和思考

作者作为一名长期从事教学和科研工作的教师,在自己所教课程的教学实践过程中,已经进行了一些教学方法的改革和探索,并希望在以后的教学工作中,以"厚基础、创新型、应用型、复合型"人才培养目标为宗旨,提高能源与动力工程类专业学生的理论功底和创新能力。作者主要的实践创新和探索包括:

(1)开展课堂教学兴趣小组。针对每节课所讲的内容,让学生进行课前准备,组织课堂兴趣小组并让学生进行讨论,简述他们自己的想法,鼓励发散性思维和创造性思维,提高学生主动学习和思考的能力。

(2)深入开展大学生创新创业实训计划项目。对于学有余力的学生,鼓励其参加更具挑战性的科研创新活动。作者目前正在指导大学生创新创业计划项目,但发现学生兴趣和主动性不如预期的高,拟让学生多进行一些概念性的设计,借助三维软件画出实体图,阐述设计目标和创新点,鼓励"大胆创新,小心求证"的科学态度,激发学生参与科研项目的热情;同时鼓励这种具备科研创新潜力的学生,参加类似于大学生创新创业实训项目的科研活动,如全国"挑战杯"比赛等各类竞赛、学术论坛等,并发表学术论文。

(3)强化实验及实习工作的作用。虽然学校每学年安排有实验教学课程,由于学生人数较多,而实验器材有限,因此学生不能有效地进行实验学习。针对这种情况,拟减少每次实验学生的数量,严格要求实验数据的记录及实验报告的撰写,并加强实验报告的考核力度。对于大四学生的毕业实习,多做一些前期准备,多创造机会让实习单位有经验的师傅为学生做讲解,增强技术人员和学生的互动,使学生更深入地了解相关工程技术。

(4)加强本科毕业设计和国际文化交流。作者曾经指导过一个赴日本学习的本科交流生,其毕业设计的主要工作在日方高校完成。通过中日联合培养,学生在国际视野和专业素养等方面具有较强的竞争力。同时,语言优势也较为突出。建议各高校能积极创造条件,使更多优秀的本科生拥有出国交流的机会,进行本科毕业设计及国际文化交流,这些活动可以使学生的国际视野和专业创新能力得到进一步提高。

通过多方面的努力,在毕业生中一定会涌现出更多更好的创新型及复合型专业技术人才。

参考文献

[1] 陈德新,王玲花,李君.热能与动力工程专业本科人才培养方案的探讨[J].华北水利水电学院学报(社会科学版),2004,20(3):83 – 86.

[2] 高丽丽,史琳.能源动力专业人才培养的探索与实践[J].中国电力教育,2008,9:119 – 121.

[3] 唐一科.高校人才培养模式的改革与实践创新[J].中国高教研究,2003(1):39 – 41.

[4] 路勇,等.高校能源动力类专业实验教学改革研究与探索[J].理工高教研究,2010,29(3):118 – 120.

大型工程软件在能源动力专业教改中的作用和意义

／耿瑞光，王百成，苗淑杰／

（黑龙江工程学院 机电工程学院）

摘　要：文章结合能源动力专业的特点和教学改革发展趋势，针对专业本科教学中出现的问题，从工程实际应用出发，对多种工程软件在能源动力产业中的应用进行阐述，并对在能源动力专业本科阶段中开设大型工程软件教学的必要性和可行性进行分析。

0　引　言

能源动力产业是国家的基础产业之一，也是国家科技发展的基础方向之一。国民经济的发展和现代计算机及信息技术的进步，对高等院校能源动力专业的培养提出了更高的要求。

《国家中长期教育改革和发展规划纲要（2010—2020 年）》和《国家中长期人才发展规划纲要（2010—2020 年）》确立的"卓越工程师计划"，对高等院校工程教育提出了新的要求。高等院校能源动力专业只有对教学思想和教学方法不断进行探索和改革，才能为社会培养出更多具有创新能力、适应经济发展需要的高素质工程技术人员。

1　能源动力专业概述

1.1　能源动力专业的形成和改革发展趋势

我国能源动力类专业形成于 20 世纪 50 年代，成立之初形成了以工业产品生产引导高等学校人才培养目标的基本格局，设立了锅炉、电厂热能、内燃机等几十个专业。

20 世纪 90 年代，为适应国民经济体制的变化，国家教委将几十个小专业压缩为热能工程、热能工程与动力机械、热力发动机等 9 个专业。1998 年又进一步将以上 9 个专业合并为 1 个专业，即热能与动力工程专业，进入 21 世纪，能源动力专业新的改革又在国内一些高校相继展开，如浙江大学将热能与动力工程专业改造成能源与环境系统工程专业，清华大学将热能与动力工程专业改造成能源动力系统及自动化专业，西安交通大学、华南理工大学也将专业范畴进行了拓宽。

纵观我国能源动力专业的发展历史，拓宽人才培养口径，扩大学生基本知识面，增强学生对市场的适应性，是我国高等院校能源动力类专业教育改革总的发展趋势。培养创新型人才是今后教育改革的重要任务。

同时,国内各高校根据自己的发展历史、学科优势以及地域分布等,对能源动力专业的课程设置、教学重点和培养思路进行了探索、创新[1-5]。

1.2 影响能源动力类专业教育的主要因素

影响能源动力专业教育的主要因素有师资结构、课程设置、实验条件和教学思想等。

能源动力专业涵盖的产业领域十分宽广,既涉及能源行业,也涉及装备制造业,过程化、大型化、自动化是当今能源动力产业的基本特点,而各产业领域可能侧重于不同的知识领域。科技的进步,又使新的技术不断应用于能源动力产业,使传统的能源动力专业涉及的知识领域发生了深刻的变化。面对技术进步带来的变化,能否充分利用现代科学技术的发展成果,是能源动力专业教学改革成败的关键。

2 大型工程应用软件在能源动力产业及专业教学中的应用

许多大型工程软件所依托的理论基础虽然早在几十年前即已建立和完善,然而软件在各工程领域的广泛应用却是在现代计算机技术快速发展的基础上才得以实现的。同时,现代大型工程软件的发展、成熟和应用也是大量工程实践积累的结果。

2.1 大型工程软件在能源动力产业中的应用

能源动力产业中的工程实践问题,往往涉及热学问题、静力学问题、动力学问题以及流体力学问题等。工程中解决上述问题常用的应用软件包括有限元(Finite Element Methed,FEM)软件、计算流体力学(Computational Fluid Dynamics,CFD)软件、多体动力学(Multi-body Dynamics,MBD)软件以及计算机辅助设计(Computer Aide Design,CAD)软件等。

根据能源动力专业方向的侧重点不同,能源动力专业的课程设置可分为以下4个主要方向:

（1）热能转换与利用系统；

（2）内燃机及其驱动系统；

（3）流体机械与制冷低温工程方向；

（4）水利水电工程方向。

不同的专业方向在工程实践中涉及的重点问题有所不同。如在以电厂热能动力工程为主要对象的热能转换与利用系统方向中,常见的问题有热学问题、静力学问题等;在以热力发动机及汽车工程为主要对象的内燃机及其驱动系统中,常见的问题有热学问题、静力学问题和动力学问题等;在流体机械中,流体力学问题往往是主要问题。

传统的能源动力专业在教材上注重理论的推导,重点在于运用解析方法解决问题。但解析方法只适宜求解数学方程简单、几何边界规则的问题。而在工程技术领域,结构复杂的专业问题更为常见,运用传统的解析方法难以解决。如对电厂热能动力工程领域中大量应用的,以锅炉、换热器等为代表的承压设备进行结构设计和静力学分析时,精确的解析方法只能对圆筒形、球形等规则形状进行求解。

同样,对于能源动力产业中常见的热学问题进行分析,如不同结构、不同壁厚类型的承压容器内部的热应力问题,则进一步增加了求解难度。再如内燃机系统的换热问题,既涉及设备或机械机构的力学问题,又涉及流体流动,如果利用"传热学"课程中的理论进行公式推导,会包含能量方程、动量方程、质量方程以及流体力学中的 N–S 方程。大量的理论推导不利于学生理解,同时建立的力学方程也无法解析求解。

而 FEM 对于复杂几何构件和各种物理问题具有很好的适应性,可通过计算机高效实现,在工程技术领域受到极大的重视,得到广泛应用。如对承压容器进行结构静力学分析时,运用有限元软件可以对承压容器的接管位置等传统上只能采用经验公式进行分析的特殊部位进行准确而直观的分析。

目前,国际上使用的大型 FEM 软件包括 ANSYS,NASTRAN,ABAQUS,ADINA 等,各种 FEM 软件在国内工程领域和科研领域均有大量应用。其中 ANSYS 软件在我国多应用于高校,而 NASTRAN 软件多应用于研究所和企业。

CFD 技术是解决工程中复杂流动和传热问题的实用工程手段,它是以经典的流体力学理论和数值计算为基础,建立在现代计算机技术上的工程软件。实用的大型 CFD 软件有 FLUENT,CFX 等。CFD 技术集中应用是 20 世纪以来世界最新科学技术发展的成就,具有理论性和实践性的双重特点。它既可作为科学研究工具,也可作为工程设计的平台。

对于能源动力专业主要专业方向之一的内燃机及其驱动系统方向而言,MBD 是研究内燃机动力学特性的有效方法之一,如对曲柄-连杆机构、曲轴以及气门等结构进行动力学分析。对于其他的动力机械,也可以使用 MBD 进行工程设计和科学研究。多体动力学实用工程软件包括 ADAMS,DADS 和 LMS Virtual Lab 等。

工程建模软件是工程设计的必备工具,同时也是大型工程软件应用的基础。工程建模包括二维建模和三维实体建模,二维建模软件主要有 AUTOCAD,三维建模软件主要有 PRO/E,UG,CATIA 和 solid Work 等。

2.2 大型工程软件在能源动力专业教学上的应用现状

根据国内各高校工科类专业的教学情况,在本科教学中,与工程建模软件相关的课程已经广泛开设。而工程上常用的 FEM,CFD,MBD 以及工程控制仿真软件 Simulink 等,国内各高校往往在研究生阶段开设或学习。

国内西安交通大学、清华大学、上海交通大学、华中科技大学等一些重点大学,已经在能源动力类本科专业中开设 CFD 课程。国外一些知名大学,如美国加州理工大学、英国帝国理工学院、日本的九州大学等则更早地开设了 CFD 课程。

3 大型工程应用软件在本科教学阶段使用的必要性

在工程教育宽口径的培养趋势下,虽然高校的培养规格分为"研究型"和"技术型"两类,但无论是"研究型"注重的学生创新能力,还是"技术型"注重的学生解决专业问题的能力,均需要学生掌握大量的专业知识。在能源动力专业有限的 4 年本科教学进程内,在宽泛的专业框架中,试图在大的理论体系内深刻掌握系统的专业理论是不现实的。

传统的课程设置和教学方法重在对学生进行理论体系和系统知识的传授,而忽视了对学生主观学习和创新学习能力的培养。虽然多媒体教学手段已在教学中被广泛应用,但教学内容仍旧是对理论知识的阐述。

课程体系强调理论体系的完整性,基础课和专业课注重理论推导,不能结合现代信息技术。虽然专业课是结合工程实际的应用,然而在专业课的课程设计中仍采用传统的工程设计方法,需要大量查阅设计手册并进行手工计算,不能充分发挥计算机技术和信息技术发展成果的作用,且缺乏创新性。这样的教学方式,已经和目前国际乃至国内工程领域主流产业解决工程问题的实践手段不相符合。国际和国内主流产业均已借助计算机,运用多种大型工程软件作为解决工程问题的主要手段。

因此,为适应经济发展,在培养具有竞争力和创新能力、掌握现代最新工程技术手段、具备解决工程实践问题能力的创新型专业人才的教学改革目标下,有必要将建立在完善理论基础上,集成了工程实践成果和先进计算机和信息技术的大型工程软件运用到能源动力专业的教学过程中,从而增强学生对专业理论的融会贯通能力,提高其运用先进工程手段解决本专业工程问题的能力。

4 大型工程应用软件在本科教学阶段使用的可行性

影响大型工程软件在本科教学阶段使用的因素主要有教学条件、实验室设备

2014 年全国能源动力类专业教学改革研讨会论文集

和师资力量。

大型工程软件对计算机的硬件条件要求很高。随着国家和地方对高等教学的投入加大,高等工科院校均具备了较好的计算机实践条件。同时,个人电脑的性能已经大幅提升,且价格大幅下降,在很多高校,学生个人电脑的拥有比例已经达到相当高的水平。

虽然在个人电脑上运行大型工程软件解决复杂工程问题并不可行,但是,本科阶段学会大型工程软件使用的目的并不在于解决复杂的工程问题。在初步掌握软件操作、融汇专业理论和解决能源动力专业简单问题的目标下,大型工程软件在高校本科阶段的使用是可行的。

能源动力领域涉及的 FEM,CFD,MBD 软件以及工程控制软件 Simulink,是经过大量工程实践检验的成熟的商业软件。在能源动力专业从事教学和科研的一线教师,均有使用大型工程实用软件从事科研的经历,具备相应的理论基础和实践经验。

现代大型工程软件具有良好交互性的软件界面,虽然 FEM,CFD 以及 MBD 等软件需建立在严密理论基础上,但软件良好的操作性可以使软件使用者不必过分了解深刻的理论,这也为尚不具备过多数理基础的本科学生学习和使用工程软件创造了条件。

同时,高校能源动力专业可根据各自的学科优势、专业特点等因素,对不同的工程软件进行有侧重点的讲解和应用。如在以热能转换与利用系统为专业特点的高校,为本科学生讲授有限元软件,即可将静力学分析作为讲授重点。

5 结 语

在高等院校探索能源动力专业教学思想和教学方法改革的过程中,应该结合工程实践中先进的技术和手段,激发学生的学习积极性,注重学生的自主学习意识及自学能力的培养,从侧重于理论课程的学习转变为培养学生利用先进工具解决实践工程问题的能力,以应用为背景,强调交叉知识学习,使学生在创新意识、创新能力和科研素养方面得到强化和积累。

参考文献

[1] 路勇,等.高校能源动力类专业实验教学改革研究与探索[J].理工高教研究,2010,29(3):118 – 120.

[2] 叶学民,李春曦.泵与风机课程教学方法改革的实践与分析[J].教育教学

论坛,2012(23):171 - 172.

[3] 任莉,李华彦,张文孝.船舶动力装置课程设计的教学改革探讨[J].装备制造技术,2013(8):207 - 208.

[4] 刘志强,曹小林.热能动力工程专业研究生创新能力培养初探[J].长沙铁道学院学报:社会科学版,2009,10(1):119 - 121.

[5] 于娟,吴静怡.能源动力专业的高等工程教育研究与实践[J].中国电力教育,2011(27):158 - 159.

中外合作创建清洁与可再生能源硕士人才培养新模式的探索

／刘　洋[1]，易　辉[2]，蔡顺康[1]／

（1. 中欧清洁与可再生能源学院 教育中心；2. 中欧清洁与可再生能源学院 行政中心）

摘　要：华中科技大学中欧清洁与可再生能源学院是由中国政府和欧盟委员会共同发起建立的第三所中外合作办学机构，是中欧高级别人文交流对话机制中的一项重要内容。学院由6个国家10所重点大学和机构共同参与支持运作。在中外合作的背景下，中欧清洁与可再生能源学院在创新工学硕士生培养机制、改革人才培养方案、加强课程体系和研究实习等方面着重开展了相关工作，并紧密结合中外合作办学特点，取得了一定的经验和实践效果。文章主要介绍华中科技大学中欧清洁与可再生能源学院双学位硕士生培养方式，并对培养特色进行归纳。

0　引　言

国家的发展与能源的有效利用是密不可分的。为了能够继续保持国力的强势发展，保证资源的永久性和多样性是十分必要的。其关键在于既要寻找现有传统能源使用的新方法，又要加强可再生能源的开发与利用。如何使社会适应新的现状是21世纪初人类面临的最大挑战。

其中，增加可再生能源比例的任务尤其艰巨。这些能源比化石燃料要稀少和分散得多，而且不稳定。这些特点要求人们必须重新全面地思考能源开采系统、储存系统和利用分配系统。所有的技术问题都将有世界性的影响，所以这项挑战需要新一代研究人员、科学家和工程师发现和排除现有的障碍并建立未来的能源系统。希望中欧清洁与可再生能源学院的双学位硕士项目能为新一代的教育做一些有意义的贡献。

1　学院简介

中欧清洁与可再生能源学院（简称中欧能源学院），英文全称 China – EU Institute for Clean And Renewable Energy（简称 ICARE），是由中国政府和欧盟委员会共同发起建立的第三所中外合作办学机构，是中欧高级别人文交流对话机制中的一项重要内容。学院由中欧6个国家10所重点大学和机构共同参与支持运作，包括华中科技大学、法国巴黎高科、希腊雅典国家技术大学、西班牙萨拉哥萨大学、英国诺森比亚大学、意大利罗马大学、法国佩皮尼昂大学、东南大学、武汉理工大学和法国国际水资源事务所。

中欧能源学院拥有清洁与可再生能源领域的中欧双学位硕士培养、职业培训、研究咨询平台（含博士生交流）三大办学功能，旨在为清洁和可再生能源领域培养高素质人才，搭建中国和欧洲的专家、学者和研究机构长期深度合作的平台，满足中国经济社会发展对清洁与可再生能源人才和技术的需求。

2 培养方案

2.1 培养目标

中欧能源学院围绕太阳能、风能、生物质能、地热能、能源效率5个技术领域开展人才培养，并可根据未来能源发展人才需求设立新的人才培养领域。其培养的毕业生具有很强的国际竞争力，具备清洁与可再生能源领域一流岗位的职业诉求，能较快地成长为该领域的领袖精英。

2.2 学制与学位

华中科技大学对硕士研究生实行"以6个学期（3个连续学年）为基础的弹性学制"。中欧能源学院欧方硕士学制为2年，中方硕士学制为3年。欧方学制包含在中方学制中。国际学生欧方硕士学制为2年，中方硕士学制为2至2.5年。

双学位硕士项目由中国华中科技大学新能源科学与工程专业和法国巴黎高科清洁与可再生能源专业两个硕士学位结合而成。学生修满学分并通过学位论文答辩可以获得中国工学硕士学位和法国工学硕士学位。

2.3 培养计划

依据中欧能源学院双学位硕士项目规定，要想获得双学位的学生所修学分除了在6个学期内达到华中科技大学在能源动力类学科下设立的新能源科学与工程硕士学位的学分要求，即总学分≥36学分之外，还要在前4个学期内达到法国巴黎高科设立的理工科能源专业的清洁和可再生能源工学硕士的学分要求，即总学分≥120 ECTS。培养计划和学分互认具体见表1。

表 1　培养计划和学分互认

时间	第一学年		第二学年		第三学年
	第一学期	第二学期	第三学期	第四学期	第五至第六学期
培养计划	通识课程、基础理论课	专业基础课	专业方向模块课程	按欧方要求实习；撰写欧方学位论文	撰写中方学位 论文
			按中方培养要求参加实验室研究工作		
学分	中欧学分互认				
	欧洲学分 30	欧洲学分 30	欧洲学分 30	欧洲学分 30	
	中方学分≥24		中方学分≥24		
学位				≥120 欧洲标准学分,获得欧方学位	≥36 中方学分,获得中方学位

结合华中科技大学和巴黎高科硕士生培养要求,中欧能源学院硕士课程分为通识和基础理论课程、专业基础课程和专业方向模块课程三层次构架。第一学期的课程学习包括 5 门公共必修课以及 3 门基础理论必修课,第二学期开设 6 门专业基础选修课,第三学期按 5 个专业方向模块开设共 9 门选修课,从第四学期开始为实习时间。实习和研究结束后,学生必须撰写与实习和研究项目相关的学位论文,申请论文答辩。基于欧洲学分转移制度的换算方法,前四学期中每学期的中方学分等同于欧洲标准学分 30 ECTS。

2.4　课程模块

通识基础课程 5 门 10 学分,不少于 160 学时,以中文授课。国际学生的通识和基础理论课程由一学年的中文和中国文化 2 门课程替代,共 160 学时 10 学分,以英文授课。专业基础课程 9 门 18 学分,不少于 288 学时,专业模块课程共 9 门课程,其中必修课 1 门和选修课 3 门共 13 学分,不少于 208 学时。专业基础课程以和模块课程以英文授课,中国学生与国际学生同班学习。具体课程安排见表 2。

表 2　课程安排

学期	要求		开课课程名称	学时	学分	语言
第一学期	必修课		自然辩证法概论	18	1	中文
			中国特色社会主义理论与实践研究	36	2	中文
			第一外国语（英语）	32	2	全英
			人文类、理工类或其他类课程		1	中文
	必修课		矩阵论	48	3	中文
			可再生能源基础理论	≥48	3	中文
			可再生能源概论	≥32	2	全英
			可再生能源政策与管理	≥16	1	全英
第二学期	必修课		太阳能基础	≥32	2	全英
			风能基础	≥32	2	全英
			生物质能基础	≥32	2	全英
			地热能基础	≥32	2	全英
			能源效率基础	≥32	2	全英
			电力基础分布式发电系统与微网	≥32	2	全英
第三学期	限选课（选一）	必选课	限选课（选二）	学时	学分	语言
	太阳能技术、风能技术、生物质能技术	能源经济学与系统生命周期分析	地热能技术、电能效率、热能效率、氢能与储存、能源变换与并网控制	≥208	≥13	全英

　　如表 2 所示，第三学期的 9 门课程主要分为 3 个学习模块，至少包括 4 门课程的学习。其中 1 门为必选课程，1 门限选课程必须从太阳能技术、风能技术、生物质能技术中选其一作为主修课程，同时要求选择的这门课程所对应的基础课程必须合格。例如，如果选择太阳能技术，前一学期的太阳能基础必须合格。另外的 2 门限选课可在其他备选课程中任选。

3　实习研究环节

　　实习研究是硕士研究生的必修环节。硕士研究生从第一学期开始在中方导师的指导下进入研究学习阶段，第三学期开始进入实质性研究或实习阶段。

　　学生可以到中国和欧洲清洁与可再生能源相关的公司、设计研究机构、高校实验室等单位进行实习和研究，以提高实际技能。实习是以某一个清洁与可再生能

2014 年全国能源动力类专业教学改革研讨会论文集

源方面的项目为对象,可让学生在立项、规划和实施各环节过程中获得实际工作和科学研究经验,提升其综合素质。

完成欧方学位要求的研究实习应满 6 个月,完成中方学位的研究实习应不少于一年,中方要求的一年研究可涵盖欧方要求的 6 个月研究实习。

3.1 学生交流

学院每年资助部分优秀研究生到巴黎高科的可再生能源相关专业与该校的国际学生同班学习,学习期为 6 个月。考核通过的学生,可以申请继续在欧洲实习 6 个月。除此之外,每年学院还将资助部分优秀学生到欧洲相关清洁与可再生能源公司、设计研究机构、高校实验室等单位开展不少于 4 个月的实习生活。

大部分学生将在中方导师的实验室实习。但是,学生也可依据中方导师要求选择国内的清洁与可再生能源相关企业或者设计、研究机构单位实习。

3.2 双导师机制

每个硕士研究生的指导教师包括中方导师和欧方合作导师各 1 名。入学第一学期通过双向选择确定中方导师。中方导师根据中欧能源学院培养方案的要求和因材施教的原则,与学生一起共同制订个人培养计划。个人培养计划包括课程学习计划和研究计划(含实习计划)。中方导师从每个硕士研究生的具体情况出发,选择太阳能、风能、生物质能、地热能、能源效率等方向中的一个对其进行专门培养。

第二学期末,学生将提交英文的研究主题和研究计划表;第三学期开展实质性研究;第三学期末,欧方合作导师通过阅读学生撰写的英文中期报告了解课题;第四学期正式开始英文论文指导。

3.3 中期报告评估

按照中欧能源学院的规定,英文中期报告评估在第三学期进行,采取书面的方式,由中欧导师共同完成。中文中期报告评估在第四或第五学期进行,可以采取书面或/和口头的方式,由中方导师所在课题组组成评估小组,依据学习成绩、文献综述、文献阅读、论文选题报告等对硕士研究生的学风、科研能力和思想品德等方面进行评估,给出综合评估成绩。

4 培养特色

4.1 教师队伍

教师队伍由中方和欧方教师共同组成。欧方教师主要讲授专业基础课程和专业方向模块课程。中方教师主要讲授通识公共课程,同时讲授部分专业基础课程或模块课程。

中方任课教师要求副高以上职称,且有很好的英语交流能力。专业基础课程和模块课程的任课教师应是清洁与可再生能源领域的教师、专家和学者。合作企业中既有实践经验又有理论水平的工程技术专家也可聘任为教师讲授相关专业课程。

4.2 导师队伍

中欧能源学院实行中欧双导师制,具有灵活的导师选聘机制,充分利用了华中科技大学及其他所合作机构的高水平师资。学院中方导师库现有 256 人,欧方导师库现有 58 人。

中方导师应有博士学位、副教授以上职称,专业方向相符,并能用英语进行交流。欧方导师资格由欧方负责审核,应有博士学位、能用英语交流。

4.3 学习考核机制

学院重注学习过程的培养质量,在第二学期和第三学期两次审核学习结果。学生在第二学期的 6 门必修课中,必须至少通过 4 门。而且其中 1 门必须为太阳能基础、风能基础或生物质能基础三门课程之一,才有资格进入第二学年的欧方学位学习。

在第三学期中,只有在修完这学期的必修课、必选课和选修课学分的前提下,才可以正式进入第四学期的实习阶段。

4.4 教学方式

专业课程教学主要由欧洲"飞行"教授集中面授,采用多媒体辅助教学、计算机辅助教学等开展课堂教学。课堂除了传统讲授之外,还安排有课堂练习、分组专题研讨、书面调研报告、口头报告、随堂测试、课后答疑等。

5 学位论文

学生需要完成英文学位论文和中文学位论文,英文学位论文内容上可以是中文学位论文的一部分。

硕士研究生的学位论文在中欧双方导师的共同指导下完成。学位论文完成后,英文学位论文按法国巴黎高科学位授予要求组织答辩;中文学位论文按华中科技大学硕士学位授予要求组织答辩。

6 结 语

目前,学院已成功培养了两届共 100 位硕士毕业生。这批双学位硕士毕业生就业情况较好,就业方向中,能源类企业是首选,其次是事业单位、研究机构等,还有一部分同学选择了申请国家奖学金出国读博或在欧洲合作大学获得奖学金读博深造,他们正朝着成为国家电力、能源行业的技术骨干和领军人才的方向不懈努力。

关于提高专业选修课教学质量的几点想法[*]

／郑红霞,刘　坤,冯亮花,李丽丽,刘颖杰／

（辽宁科技大学 材料与冶金学院）

摘　要：文章针对当前专业选修课教学中存在的问题,以"制冷压缩机"课程教学为例,针对教学方法、教学手段、考核方式等方面,对提高专业选修课程的教学质量提出了一些想法。

0　引　言

根据新时期教学内容和课程体系改革的要求,各高校担负着培养大量知识面广、综合素质高、适应性强、有创新精神的复合型人才的重任。近年来,各专业课程体系中,选修课所占的比例不断提高,专业选修课是专业必修课程的补充和扩展,自主选择专业选修课,对于帮助学生发展个人兴趣和特长、进一步拓宽他们的知识面、培养分析问题和解决问题的能力有着重要的意义[1-2]。但目前在我国高等院校课程体系中,专业选修课的开设及其教学质量存在诸多问题,主要表现在:对专业选修课的重要性认识不够,导致学生选课不考虑课程,偏向选择最易过关的课程;由于考研、就业等原因,缺课者多;课堂用心听课和参加实验者少;课后作业照搬照抄者多;单一的考核方式削弱了学生学习的主动积极性等[3]。因此,针对目前学生对专业选修课普遍不够重视的现状,对如何提高专业选修课程的教学质量进行探索是十分必要的。作者作为专业课的教师,结合个人多年来的教学经验,以"制冷压缩机"课程为例,就提高专业选修课教学质量提出一些想法。

1　教学方法的改进

教学方法的改进对教学质量的提高至关重要。作为教师应与时俱进,树立"以学生为中心"的教学理念,按照新时期培养创新型人才的要求,千方百计调动学生的积极主动性,想方设法引导学生主动思考、积极探索、勇于提问,成为学习的主人,而这一切都离不开先进的教学方法。为此,针对专业课的特点,教育工作者需要对教学方法进行一定的改进。

1.1　启发式教学法

启发式教学法是指在课堂上讲解内容时提出问题,让学生思考,引发学生对问题的

* 基金项目:辽宁省 2013 年教育科学"十二五"规划课题,项目编号 JG13DB079。

注意,在思考问题的过程中探索解决问题的方法和途径,加深对所学内容的理解。在课堂教学中,鼓励学生参与课堂讨论,充分调动学生学习的积极性。比如在"制冷压缩机"课程教学中,绪论中介绍了各种类型的容积型压缩机的工作原理后,结合家用制冷装置启发学生积极思考、对比分析各种压缩机的不同结构特点,同时在结构特点讨论中引导学生思考各种压缩机的应用范围,激发学生对课程进一步深入学习的兴趣。

1.2 教学与实验相结合的教学法

教学与实验相结合的教学法是指结合实验室设备或实物装置进行教学,引导学生在分析、解决实际问题的过程中理解和掌握基础理论知识。例如在"制冷压缩机"课程教学中,介绍滚动转子式压缩机和涡旋式压缩机时,把课堂搬到实验室,围绕实物引导学生拆装,启发学生理解分析压缩机结构特点,课堂内容更加形象、具体,极大地提高了学生学习的积极性。

1.3 授课形式多样化

传统的授课方式是老师满堂灌,学生被动学,这往往造成学生的积极主动性差。传统教学过程重知识的传授和积累,轻学生能力的培养,强调教师的主导地位,忽视学生的主体地位,结果却让学生失去了学习的兴趣,遏制了学生创造力的发挥,导致了学生思维的惰性。针对这种情况,需要采用灵活多样的授课方式,即在传统授课方式的基础上,增加小组讨论式学习和学生、老师互换角色两种授课方式。

讨论式学习方式是由老师在课前或课上提出问题,学生分组讨论,提出解决问题的方案,各组之间互相竞争,最终老师总结选定最佳方案。这种教学方式能充分调动学生的积极主动性,培养学生积极思考的意识。

学生和老师互换角色的授课方式通过让学生当老师参与教学,使学生成为教学的主体,培养学生归纳总结及语言表达能力、自学能力、独立思考能力和综合分析能力,同时能够极大地增加教学信息量。对于教材中一些难度适宜、利于培养学生独立思维的内容,布置学生以组的形式来准备,以学生课堂讲解并答辩的形式来学习。

在每次作业准备过程中,采用合作式学习方式,即小组成员分工合作,共同完成任务。在每次任务中小组成员要进行明确分工,一般包括资料收集、整理和策划、PPT 制作、PPT 主讲、答辩等不同角色,部分角色可以多人合作完成。

课堂时间,每组学生结合 PPT 讲授规定内容,然后针对其他同学的提问,以小组形式进行答辩。这种以学生为主的教学方式,要求学生非常熟悉所讲内容,能锻炼学生语言表达能力和理解分析问题的能力的作用。同时要求老师在中间发挥启发引导的作用,充分调动学生的积极主动性。

在课程的整个教学过程中,每组会有多个任务,每个任务要求内部成员互换角

2014 年全国能源动力类专业教学改革研讨会论文集

色,确保每个学生能够得到不同角色能力的训练,避免"搭便车"的现象。整个过程,既培养了学生的钻研精神,创新意识和自主、探究的学习能力,又使其学会了如何与他人协作,如何开展科学研究,提高了学生的文字表达能力和综合组织材料的能力,极大地激发了学生的学习兴趣,充分体现了"自主、合作、参与"的核心理念。

2 教学手段的提高

在改进教学方法的同时,还需要对教学手段的提高进行积极探索。

教学手段是指教师传授知识和学生接纳知识所借助的媒体。多媒体课件为工科专业选修课程的授课提供了很好的条件。"制冷压缩机"课程是热能与动力工程专业对制冷方向感兴趣的学生的一门重要专业选修课。但它是一门设备课,零部件的剖面图较多,难以用板书表述,同时课程较抽象、难懂,充分利用现代化教学手段,是提高教学质量和效果的有效保证。针对这门课程的特点,宜采用 CAI 课件辅助教学方式。而要发挥多媒体课件在教学中的优势,课件的制作就显得非常重要。在制作课件的过程中应力求做到条理清晰、重点突出、画面生动活泼、文字简洁明了;组织大量素材资料,利用购入的素材库,在课件中加入大量包括图形、表格、照片、动画、声音等资料,将课程的最新发展动态和相关产品等引入课件,丰富教学内容。"制冷压缩机"课程 CAI 课件的不断完善,对激发学生的学习兴趣和调动学生学习的主动性起到了一定的积极作用。

3 考核方式的改革

教学过程由若干个具体的教学环节组成。考核环节作为教学活动的有机组成部分,是整个教学过程的重要环节之一。从某种意义上说,考核环节对于整个教学活动具有导向、强化、检测和反馈等作用。长期的实践证明,此环节能有效地促使学生复习和巩固所学内容,检查他们对所学知识、方法和技能的理解、掌握及运用情况,既是评定学生学习成绩的有效手段,也是检验教学效果、取得反馈信息、改进和提高教学质量、推进教学改革的重要途径,所以对专业选修课考核内容及形式的选择应更为慎重。

传统专业选修课多采用以论文来定成绩的考核方式,不能真实反映学生的学习情况。专业选修课程考核方式要具有灵活性、多样性和综合性。针对此情况,对"制冷压缩机"这门课程的考核方式进行了改革,改变课程学习结束后进行一次期末考试为综合学习过程阶段性考核成绩的结构分制,具体做法如下:成绩采用结构分制,即平时成绩与期末成绩相结合的方式。在"制冷压缩机"这门课程中,平时成绩、实验成绩和期末成绩各占总成绩的 40%,20%,40%。

平时成绩在考虑出勤的情况下,主要由随堂测试成绩和角色互换中学生完成任务情况两部分成绩组成。随堂测试即每次课利用 10 分钟左右来进行阶段测试,考核内容既有最基本的记忆性、常识性的问题,又有实用性、设计性和综合性的题目;既可闭卷,也可开卷;学生既可独立完成,也可小组集体讨论完成。小测验进行的时间也不固定,既可在一上课就进行,又可安排在课堂中间,还可在接近下课时。随堂测试既便于教师了解学生的出勤情况,对学生的学习起到督促作用,同时又考察了每次课学生对知识点的掌握情况。

由于"制冷压缩机"设有拆装实验,为了综合反映学生的实际动手和操作能力,实验环节也列入成绩考核中。实验成绩根据综合拆装实验表现和实验报告质量两方面来给定。

期末成绩由大作业和专题论文两部分组成。大作业主要涉及制冷压缩机设计计算部分,根据给定的设计工况,要求学生通过查图表的方式来完成;专题论文要求学生在教师给定的范围内尽早选定专题论文题目。为了引起学生的重视,开课初期就告知考核方式,鼓励学生尽早完成论文,论文环节旨在培养学生收集文献、分析文献和撰写论文的能力。

考核方式的改进,能更加客观地反映学生的综合素质和学习情况,更具公平性和公正性,从而极大地调动了学生的积极主动性。

4　结　语

专业选修课在本科教育教学中占有非常重要的位置,专业选修课教学质量的提高任重而道远,在今后的教学中仍需不断探索,以期最大限度地发挥它对学生的培养、促进作用。

参考文献

[1] 张小兵,陈克勇,宋荣彩.高校专业选修课程教学及管理对策[J].教育教学论坛,2012(1):145-146.

[2] 衣俊卿.建构高校素质教育培养模式的几点认识[J].中国高等教育,1999(8):22-23.

[3] 吕志凤,战风涛,姜翠玉.浅谈高校专业选修课的教学改革与实践[J].中国电力教育,2011(10):43-44.

[4] 李胜利.专业选修课教学中存在的问题与几点建议[J].中国地质教育,2009(1):46-48.

拓展视野　提升表达能力　帮助学生有效学习

/何　川　龙天渝　潘良明　陈　红　叶丁丁　叶　建　廖　全/

（重庆大学）

摘　要：现代教学要求教师帮助学生自主学习，结合现代学生的特点，在教学中注重拓展学生视野，提升学生表达能力是帮助学生学习的有效举措。

0　引　言

现代教育学讲究以学生为主体的自主式学习，老师的任务就是引导、帮助学生学习，并设法在此过程中提升其人文、科学及工程方面的素养。怎样结合学生的特点引导和帮助他们，是每一个任课教师面临的课题。

"流体力学"是能源动力学科的重要专业基础课，也是多年来学生认为最难学好的课程。前辈学者贡献的流体力学基本思想、基本方法是人类文明的结晶，其科学性和艺术性本身就具有极强的魅力，能将它清晰地展现出来，就足以让学生产生对科学精神与方法、文化传承与进步以及实际工程的向往。当然，这些思想和方法不是平面的，而是空间立体的，需要有足够的感悟才能将其演绎好。不过，这些基本思想和方法的魅力还没有由于时代的变化和生源的不同而产生根本性改变。

由于信息时代的冲击以及学生生源的变化，一般性的教学模式（上课老师讲，学生提问或回答问题，课后做习题、实验、答疑、期末复习、考试）已经不能对多数学生起到有效的帮助作用。鉴于此，文章结合信息时代学生的特点，针对教学方法及对学生的要求进行了一些改革尝试，其中有两个举措在较大范围内受到了学生的好评。

1　帮助学生拓展视野，激发学生自主学习的热情

根据调查，多年来的课堂学习经历已经让多数中国学生形成了一种固定的学习模式，即一本课本加一本作业本学习一门课程，而课后的时间与精力多半用在与课程学习无关的其他事情上。课堂上老师讲得再精彩，学生的学习热度在课后能保持的时间也是极其有限的。

随着课堂教学课时数的减少，老师在课堂上只能介绍最重要和最基本的学术思想和方法，大量的知识性内容及其引出往往需要学生在课外去学习和感悟。为了调动学生的积极性，需要教师利用丰富的内容和新奇的授课方式去吸引学生的注意力，帮助他们拓展视野，进而激发出自主学习的热情。

其具体做法如下：一方面，在统一的教材的基础上，指定两三本参考教材，引导学生关注多家的观点；另一方面，注重引进多渠道教学资源，在教学网站上载入国内外多种教学资料，链接国际流体力学学习网站，在QQ讨论群中吸引校内外爱好者共同参与讨论，还附贴往届学生的学习心得。这种做法使学生感受到了群体学习的氛围和多种思想的碰撞，有效地将在课堂上找到的感觉延续到了课后，甚至还在课后的学习中产生出很多联想和疑问。

2　强调对表达能力的要求，引发自主练习

根据调查，现在的高中教学为应对高考常采取题海战术，老师大都不批改作业，而是学生集体订正，学生们知道对或错，但对过程不甚了解，往往缺乏严格的论证。这样的习惯延续到大学，由于课程增多，学生不求甚解、蜻蜓点水、抓所谓"得分点"的做法盛行。这说明，由于信息技术的提高，大学生获取信息的能力有了较大的提升，但深入学习的钻研精神以及完整表达思想的能力普遍有所下降。针对这种情况，教师需要对作业、讨论、提问、学习体会等环节提出严格的要求，以帮助学生提高表达能力。

对作业，应提出完整、清晰、提问、讨论四要求。完整包括题意、分析依据、推理过程、计算表达、结论5个部分；清晰的要点是要求将过程全部表述在纸面上，尽量不用草稿纸。对学生语言表达能力的培养以讨论和提问两种方式进行。对讨论的要求是论点一定要有论据支撑；对提问的要求是思考为什么关注此问题，自己对该问题有什么看法。对课程学习应要求每位学生撰写学习体会，要求其尽可能利用该机会展示自己的感悟和思考。对学生每一次的作业情况评分后应做好登记；出现错误或表述不清的地方红笔标示后，发回学生修改，期末考试前要求学生将全部作业交回，检查其修改情况。

3　结　语

引导和帮助学生学习，是教师的职责。根据学生特点，有针对性地制定教学方案，有效地提高教学水平是教改的根本。

对于上文提出的两项改革，也许前一项较之后一项更受学生欢迎，更易被学生理解，但只要持之以恒，相信后一项改革也会逐渐被学生所接受。

参考文献

[1] 洪银兴，谈哲敏. 研究型大学的研究性教学[M]. 南京大学出版社，2009.
[2] 钱明辉. 研究性教学——发展性教师的内在教学理论[M]. 科学出版社，2007.

课程建设　教学方法　教材建设

创新与实践能力培养课程的构建与探索

／张昊春,严利明,王洪杰,赵广播,刘　辉,阮立明／

（哈尔滨工业大学 能源科学与工程学院）

摘　要: 创新研修课与创新实验课是培养学生创新精神与实践动手能力的重要环节。文章介绍了哈尔滨工业大学创新研修课"计算能源科学概论与实践"及创新实验课"基于面向对象建模 ALICES 平台的先进核能系统仿真实验"的构建及探索。实践结果表明,上述两类创新课程对科学创新能力和工程实践能力的培养起着积极作用。

0　引　言

研究型教学(Inquiry-based Learning)理念[1]是世界一流大学及近年来国内大学多个学科专业教学改革共同遵循的模式[2],该模式注重培养受教育者创造性研究问题和解决问题的能力。课程教学是实施研究型教学模式的载体,在课程中需要通过指导学生从自然现象和工程技术中选择和确定与课程相关的专题进行研究式学习,引导学生独立探索和主动实践,创造性地运用基础知识和科研工具研究问题和解决问题,即通过创新教育和教学环节[3,4],培养学生科学创新能力和工程实践能力。

学科和课程教学的发展,特别是"精英式"与"个性化"的培养目标对工程类创新与实践能力培养课程体系[5-7]提出了更高的要求。哈尔滨工业大学于 2006 年和 2012 年分别为本科生设置创新研修课程[6]和创新实验课程,在启发学生科学研究兴趣、激发学生创造灵感、培养学生创新与创造能力、提高学生实验动手能力与工程实践能力、发挥学术科研对本科教学支撑等多方面起着积极的作用。

1　创新研修课

1.1　课程概述

创新研修课"计算能源科学概论与实践"每学年春季和秋季学期开课,每次开课 20 学时,接纳人数为 15 人。选课学生涵盖能源与动力工程、电子科学与技术、计算机科学与技术等多个专业。

计算能源科学[8,9](Computational Energy Science, CES)是一门新兴的交叉边缘学科,是能源基础研究和应用领域的一个新兴前沿,是能源技术、计算数学和计算机科学交叉结合的产物,它以电子计算机为主要工具,采用数值方法,对各种能源系统能量转化与传递过程进行数值模拟与过程仿真研究,以解决能源有效利用中的各种实际问题,揭示新的物理现象,开拓新的研究方向。

课堂教学旨在为能源科学与技术中的复杂、非线性、多物理场和多学科问题提供定量分析,通过程序和软件解决理论研究不能解决和实验观测难于解决的实际问题。课程以开发计算机软件为平台,要求学习者利用在计算机课程中学习的算法语言知识,编制、调试计算程序,完成软件设计和演示。

1.2 教学内容

教学过程在能源系统仿真实验室进行,采用学生自学、现场讲解和现场演示结合的教学方法。教学内容安排见表1。

表 1 "计算能源科学概论与实践"教学内容

序号	内容	学时
1	计算能源科学综述	2
2	面向对象的能源系统与过程建模、软件工程方法	2
3	能源系统的热力学建模Ⅰ——工质热物性计算理论	1
4	能源系统的热力学建模Ⅱ——系统与过程的热力学分析,EES 软件演示	1
5	能源系统的多目标优化算法及其计算机实现	2
6	复杂流动与传热过程的数值模拟及软件——数值传热学与计算流体力学基本原理,CFD 软件演示	2
7	核反应堆堆芯物理与热工水力学数值模拟	2
8	多物理场过程的数值模拟及仿真软件演示	2
9	数值计算过程的精度分析与计算结果验证	2
10	高性能计算的硬件与软件实现	2
11	Linux 平台下的 OpenFOAM 架构、使用与二次开发	2

从表1可以看出,课程系统地介绍了能源科学领域的系统建模、多物理场数值方法和数值解、软件构架与实现。通过学习,使学生理解数值模拟与仿真的基本原理,掌握主要算法及软件设计方法,理论联系实际,为进一步用计算机工具从事能源科学研究及开发奠定基础。

1.3 考核与学习成果

课程的考核方式为专题报告和软件成果。通过将自由选题和教师制定课题范围相结合,按照理论—算法—软件设计—编程—调试运行—软件发布的基本思路,分类撰写专题报告和模块设计软件,编写专用计算程序,并现场调试运行,着重考察其创新性与实用性。表2列出了部分设计项目成果。

表2 "计算能源科学概论与实践"项目成果

序号	内容	类型
1	核反应堆加热流道含气量计算研究	算法研究
2	太阳能电池板数值模拟计算	数值模拟
3	地区能源综合利用率计算	软件设计
4	基于热力学和力学的汽车动力计算	算法研究
5	根据目标效率选择热机和环境条件	软件设计
6	数值预测寝室用电量是否足够	软件设计
7	基于单片机实现红外测温	系统设计
8	关于催化器与温差发电一体化装置的最优化组合研究	数值模拟

学生对自己学习该课程的状态自评结果为:64.29%的同学表示很感兴趣(学习兴趣度比例),42.86%的同学表示学习很努力(精力投入度比例)。学生对课程的总体评价为内容前沿而有趣,课堂活跃,面相学科前沿,课外知识丰富……

2 创新实验课

2.1 课程简介

创新实验课"基于面向对象建模 ALICES 平台的先进核能系统仿真实验"每学年春季和秋季学期开课,每次开课30学时,接纳人数为30人。选课学生涵盖能源与动力工程、核工程与核技术、自动化、电气工程、机械电子、核物理、核化工等多个专业。

对于能源动力类等大多数工科专业来说,计算机仿真实验主要集中于以 Fortran、C 语言为主的结构化方法。但是,现代能源与动力系统控制与仿真系统(包括常规火电、核电机组及水电、风电和太阳能为代表的可再生分布式能源)正朝着分布式处理、并行处理、网络化和软件生产工程化方面发展,而面向对象的建模技术(Object-oriented Modeling and Technology,OMT)是达到这些目标的关键技术之一。OMT 方法提供了面向对象的概念及图形符号,然后利用这些概念及符号来分析需求、设计系统。但是,与实际科技发展和产业需求相比,能源动力类专业的教学与实践中很少涉及本领域的内容,尤其是核能与新能源等新兴产业中。

课程依托于法国 AREVA(阿海珐)公司的 ALICES 实时仿真平台及 SIREP 1300 MW 核电站仿真模拟系统,是目前法国高等工科院校能源动力与核能类工程师实践教学的主流平台。其特点是原理教学由浅入深,研究与创新操作性强,实时效果显著。

2.2 教学安排

通过创新实验教学,使学生直观、快速地掌握核电站系统与设备知识、实际工艺流程,准确理解各子系统、各变量在不同工况下的控制关系,掌握相关工艺流程图的设计、计算方法、工程设计原则及实验规程等专业知识与实际技能。仿真实验内容安排见表3。

表3 "基于面向对象建模 ALICES 平台的先进核能系统仿真实验"内容

序号	内容	学时	授课方式
1	面向对象系统建模理论;能源系统建模仿真;核电 CAD 设计基础	2	讲课
2	核电站核岛系统流程、工程图 CAD	2	上机
3	核电站常规岛、BOP 系统主要流程、工程图 CAD	2	讲课/上机
4	EPR 主控室操作盘布置、工程图 CAD	2	讲课/上机
5	ALICE 实时仿真平台演示实验(软件结构、动态库、待开发系统图、热工水力、仪控与逻辑、电气、画面等)	2	讲课/上机
6	ALICE^s 实时仿真平台演示实验(开发步骤、level 1 对象分析、数据库、level 2 文档创建、配置、仿真运行、故障管理等)	2	讲课/上机
7	SIREP 1 300MW 四环路核电站仿真模拟器	2	讲课/上机
8	SIREP 1 300MW 系统仿真实验(慢化剂效应、反馈性)	2	讲课/上机
9	SIREP 1 300MW 系统仿真实验(氙振动实验、逼近临界)	2	讲课/上机
10	ALICE^s 平台堆芯物理、热工水力学建模与仿真	2	讲课/上机
11	ALICE^s 平台热力设备建模与仿真	2	讲课/上机
12	ALICE^s 平台逻辑与控制、电气网络建模与仿真	2	上机
13	SIREP 核电站系统仿真综合实验(热备用到低功率、变功率运行)	2	讲课/上机
14	SIREP 核电站系统仿真综合实验(冷态启动至满功率运行)	2	上机
15	半实物虚拟盘台制作及调试	2	上机

从表3中可以看出,创新实验课以实际核电站为背景,能将核能系统理论教学、工程计算、工程图纸设计、软件开发、仿真创新实验有机结合起来,培养本科生的工程实践能力和科学创新能力。同时,也可以培养学生的独立工作能力和团队协作能力。

2.3 考核方式

课程主要考核标准是创新性、实用性、独立工作能力和协同工作能力,主要考核方式包括:论文;实验报告;软件(计算、控制程序、人机界面);工程设计图纸;核电站冷态启动至满功率运行的虚拟操作;半实物虚拟操作台。

3 结 语

研究型教学注重培养受教育者解决实际问题的能力,教师需引导学生创造性地研究问题和解决问题,在课程教学中应从自然现象和工程技术中选定与课程相关的专题,让学生进行研究式学习,通过创新教育和教学环节[3,4],培养学生的科学创新能力和工程实践能力。创新研修课程和创新实验课程将科研成果运用于课堂教学和实验教学,从而开拓学生的视野,提升其知识结构,培养其综合设计和创新能力。

文章介绍了哈尔滨工业大学创新研修课"计算能源科学概论与实践"及创新实验课"基于面向对象建模 ALICES 平台的先进核能系统仿真实验"的构建及探索。实践结果表明上述两类创新课程对科学创新能力和工程实践能力培养起着积极作用。

参考文献

[1] Inquiry-based learning [EB/OL]. [2014 – 08 – 11]. http:∥en. wikipedia. org/wiki/Inquiry-based_learning.

[2] 张安富. 改革教学方法、探索研究型教学[J]. 中国大学教学,2012(1):65 – 67.

[3] 姚锡远. 关于创新教育研究若干问题的思考[J]. 高等教育研究,2004(1):20 – 23.

[4] 白日霞. 创新教育评价体系的构建与实践[J]. 中国高教研究,2006(6):79 – 80.

[5] 赵希文,吴菊花,燕杰. 大学生创新能力训练体系与方法[J]. 实验室研究与探索,2010(10):67 – 69.

[6] 李旦,等. "创新研修课"的建设与探索[J]. 中国大学教学,2009(11):28 – 30.

[7] 王立欣,王明彦,康玲. 面向工程创新人才培养的电气工程专业建设与实践[J]. 中国大学教学,2011(5):32 – 33.

[8] Computational Energy Sciences [EB/OL]. [2014 – 08 – 11]. http:∥www. stanford. edu/group/pitsch/.

[9] Computational Science[EB/OL]. [2014 – 08 – 11]. http:∥www. nrel. gov/energysciences/csc/.

非"卓越工程师教育培养计划"课程教学改革的思考
——"内燃机电子控制"课程教改探索

/陈 雷[1],马洪安[1],徐让书[1],牛 玲[1],宋 鹏[2]/

(1. 沈阳航空航天大学 航空航天工程学院;2. 大连民族学院 机电信息工程学院)

摘 要:在"卓越计划"大力发展的同时,非"卓越计划"课程教学改革的方法是值得广大动力工程专业教育工作者认真思考的问题。文章在透彻讲解相关知识的基础上,结合研究中掌握的方法及手段,采用课堂讲授与学生自行开发相结合的原则,对现有"内燃机电子控制"课程的教学方式进行了初步改革。学生实际能力的提升及企业对学生的认可程度表明,该教改方法取得了较好的效果。

0 引 言

2010 年 6 月 23 日,教育部在天津召开"卓越工程师教育培养计划"启动会,联合有关部门和行业协(学)会,共同实施"卓越工程师教育培养计划"(以下简称"卓越计划")。该计划是促进我国由工程教育大国迈向工程教育强国的重大举措,旨在培养一大批创新能力强、适应经济社会发展需要的高质量、各类型工程技术人才,为国家走新型工业化发展道路、建设创新型国家和人才强国战略服务。该计划对促进高等教育面向社会需求培养人才,全面提高工程教育人才培养质量具有十分重要的示范和引导作用。

"卓越计划"是我国高校工程教育改革的重大举措[1-5]。但是,目前我国"卓越计划"尚处于探索阶段,学校及合作企业的参与度还不够深入。高校通常选取个别班级或个别学生参与该计划,大部分学生还是接受传统模式下的课堂教学;同时,合作企业由于受到自身规模及条件的诸多限制,目前只能吸收一小部分学生赴企业实践学习。这就导致了只有一小部分学生能够享受教育改革成果的同时,大部分学生还需接受传统教育模式。因此,如何提升非"卓越计划"课程的教学成果,是教育界在大力拓展"卓越计划"的同时需要思索的重要问题。

沈阳航空航天大学动力工程系自 2011 年加入"卓越计划"以来,先后与吉利汽车公司、长城汽车公司开展合作。通过追踪参与"卓越计划"毕业生在企业的表现,作者发现,与正常统招进入企业的毕业生相比,"卓越计划"毕业生在团队合作性、创新性、适应性等方面均有较为突出的表现,受到了合作单位的普遍认可。在感受到"卓越计划"显著优越性的同时,作者也开始对非"卓越计划"毕业生的竞争力表示担忧。如何通过充分利用现有教学资源改善教学效果,提升非"卓越计划"毕业生的竞争力,是值得深入探索的问题。

作者任职于沈阳航空航天大学动力工程系,主讲"卓越计划"的"内燃机原理"课程以及非"卓越计划"的"内燃机电子控制"及"热动力机械概论"课程。在充分比较"卓越计划"与非"卓越计划"课程教学效果的基础上,作者从所讲授的"内燃机电子控制"课程入手,对原有的教学模式进行改革,以期改善教学成果。

1 教改目标

本项改革的目标是针对非"卓越计划"课程教学的现状和诸多问题,培养学生的自主思考意识、开创性思维及解决实际问题的能力,建立课堂教学、实际开发及综合评定的全程综合考核机制,激发学生的学习兴趣,调动学生的积极性,全程跟踪记录学生"内燃机电子控制"课程的学习情况,切实提高学生对内燃机控制系统的理解,并使学生初步具备设计电控系统的能力。

2 教改内容

"内燃机电子控制"是动力工程专业的一门 24 学时的专业选修课。虽然该课程课时较短,但在内燃机行业的作用却十分重要。日益严格的节能及排放标准迫使对发动机进气、喷油、混合、燃烧、排放等过程都要实现精确地控制,传统的机械式控制方式已经无法满足节能环保的要求,现阶段先进发动机已经全面采用电子控制技术。随着技术的不断进步,我国发动机设计及制造技术与国际先进水平的差距正逐渐缩小,但电子控制系统的研发水平与国际先进水平之间仍有一定差距,而"内燃机电子控制"又是一门实践性非常强的课程,传统的单一课堂讲授的教学方法导致学生无法直观地了解电子控制系统各部分的组成、结构及作用,更无法掌握电子控制系统开发的基本方法,教学效果较差;而电子控制系统的软硬件成本很高,有限的教学资源很难满足直观学习的需求。

为了在现有的教学资源基础上尽可能地改善教学效果,作者采用在博士后研究工作中使用的 NI 直喷系统开发科研平台,为学生详细讲解了内燃机电控系统的组成及功能。该平台使得动力总成控制研究人员能够通过其自带的开发环境 LabVIEW 对内燃机传感器和执行器接口进行编程,将其开放的软件和模块化 I/O 相结合,可构建一个几乎可以控制所有内燃机的可扩展通用控制原型系统。同时,作者将电控系统开发环节分解成若干子课题,并引导学生完成。学生在开发子课题过程中遇到的问题通过讨论、查阅资料、答疑等方式加以解决,并最终完成子课题的开发,从而初步理解内燃机电控系统功能的实现方法,掌握开发手段。图1为所采用的 NI 直喷系统开发科研平台的组成及软件界面示意图,图2为子课题开发流程。

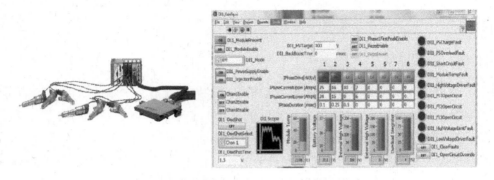

图1 NI 直喷系统开发平台的组成及界面

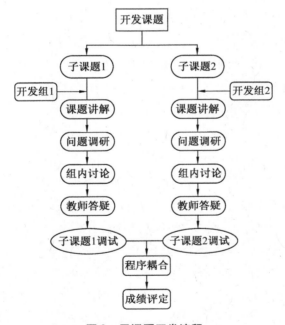

图2 子课题开发流程

3 实施细则

本课程教改环节的实施步骤分为课堂讲授、子课题开发、成绩评定3个主要环节。其中课堂讲授环节由教师完成,主要讲授发动机电控原理、NI 系统组成及控制软件的使用方法,并将直喷汽油机电控制系统开发中较简单的部分分解成若干子课题。子课题开发由学生自主完成,具体实施方式包括课题讲解、问题调研、组内讨论、教师答疑等部分,其中课题讲解及教师答疑部分由学生与教师共同完成。最后一个环节为成绩评定,该环节由教师根据学生所完成子课题的质量及在课堂讲授环节中的表现给出相应的成绩。

4 实施成效

通过上述环节的实施,学生对发动机电子控制系统有了清晰的认识,理解了电控系统的组成及原理,并通过自身实际的操作初步掌握了电控系统的简单开发技术。在 2013 年的毕业生招聘工作中,由于对电控系统较好的理解与掌握,本系的两名毕业生被我国内燃机电子控制行业的知名企业辽宁新风企业集团有限公司录用,实现了本专业学生在该行业企业中就业率零的突破。

5 结 语

在大力推进"卓越计划"的同时,非"卓越计划"课程教学方法的改革是值得广大教育工作者认真思考的问题。作者结合自己在研究中掌握的研究方法,通过课堂讲授与学生自行开发相结合的手段,对现有"内燃机电子控制"课程的教学模式进行了改革,取得了较理想的效果。

参考文献

[1] 林健."卓越工程师教育培养计划"专业培养方案研究[J].清华大学教育研究,2011,32(2):47-55.

[2] 张智钧.试析高等学校卓越工程师的培养模式[J].黑龙江高教研究,2010(12):139-141.

[3] 李继怀,王力军.工程教育的理性回归与卓越工程师培养[J].黑龙江高教研究,2011(3):140-142.

[4] 汪泓.打造卓越工程师摇篮 培养应用型创新人才[J].中国大学教学,2010(8):9-10.

[5] 宋佩维.卓越工程师创新能力培养的思路与途径[J].中国电力教育,2011(7):25-29.

先进教学方法在"传热学"教学中的具体体现

／黄晓明,许国良／

(华中科技大学 能源与动力工程学院)

摘　要: "传热学"是能源动力类专业的一门专业基础课程,对学生专业课程的学习、解决实际问题的能力以及创新性思维的培养有着重要影响。为了达到较好的教学效果,寻求新的传热学教学方法势在必行。文章针对"传热学"的课程特点及教学难点,以具体案例的方式深入讨论了先进教学方式在"传热学"教学中的应用。实践证明,这些方法可以有效激发学生学习"传热学"的兴趣,增强学生学习"传热学"的积极性和主动性。

0 引　言

传热学是研究热量传递规律的一门学科。由于温差广泛存在于自然界,因此传热学所涉及的领域非常广泛,包括能源、电子、化工、医药、航天等工业领域。在许多高新科技及交叉学科前沿领域中,如微机电系统、新材料、纳米技术、生命科学与生物技术等,也存在大量热、质传递过程。因此,"传热学"课程不仅是能源动力类专业的主要技术基础课,也是建筑环境与设备工程、化学工程、机械制造等专业的必修课程。目前,国内外高等学校都对该类课程给予了高度重视。"传热学"课程已经成为能源动力类、机械类与建工类等院系重要的平台课。

1 "传热学"课程特点及教学难点

作为一门重要的专业基础课,"传热学"课程培养目标的定位不能仅局限于为学生学习后继的专业课提供必要的基础理论知识,还应该注重通过该课程的学习,培养和提高学生分析解决工程问题的能力。然而,该课程具有内容多且散、连贯性差,图表和经验公式、半经验公式多等特点,要达到上述培养目标并不容易。现有教材的固有模式和传统教学方法往往偏向于"灌入式",即介绍许多的基本原理并引出大量的公式推导,最后套用公式解题。在这种模式下,"传热学"易流于应试教育形式,而忽视了学生分析、解决实际问题的能力以及创新性思维的培养。

针对"传热学"课程的特点,不少教师在长期教学和科研经验的基础上,提出了教学方法和教学内容设计的相关建议。严嘉琳[1]论述了"基于问题的学习"(Problem Based Learning,PBL)教学法在"传热学"教学中的应用。李敏等[2]提出为适应现代人才教育培养体系的要求,在"传热学"教学过程中应大力发展问题讨论法、工程案例分析法和比较分析法等先进教学方法,来强化教学过程的学生主体性,达到提高课堂教学有效性的目的。何宏舟等[3]着重讨论了比拟法和案例法在"传热学"教学中的应用,通过具体案例阐述了传统教学方法和现代教学手段的有效结合。

本文作者长期工作在"传热学"教学的第一线,对先进教学方法在"传热学"课程教学中的重要性有着深刻体会。文章将以具体教学内容的设计为例,探讨如何对"传热学"教学难点进行教学方法改进。

2 变截面导热问题——问题教学和案例分析

传统教学方法在讲解"变截面导热问题"时,通常由傅里叶导热定量微元形式直接入手,获取其积分表达式,引入形状因子的概念。作者通过长期课堂教学观察发现,采用这种"注入式"教学模式,学生对变截面导热问题的理解较浅,而对形状因子及其在工程导热问题求解方面的重要性几乎没有认识。为此,文章特别设计了一个工程实例问题,将这些教学内容贯穿其中,通过问题教学和案例分析的方法,以学生为主体进行教学。课后调查显示,教学效果明显改善。具体内容设计如下:

① 提出问题。在北方,为了防止管道在冬天被冻裂,会将管道埋在地下保温。此时工程师需要考虑一个问题:管道埋多深可以有效保温?

② 抽象、概括和简化物理模型。通过如图 1 所示的温度场分布,学生可以理解主要热量传递在图中两道斜线所分隔出的一个三角区域,在这一区域中,热流分析垂直等温线,可以看作"变截面导热问题"。分析变截面一维导热问题的特点:各等温面之间的热流密度 Φ 为常数。

③ 基于傅里叶定律对"变截面导热问题"进行求解,得到下面的表达式(a)。

$$\Phi = \frac{\bar{\lambda}(t_1 - t_2)}{\int_{x_1}^{x_2} \frac{\mathrm{d}x}{A(x)}} \tag{a}$$

④ 提出形状因子 S 的概念,如式(b)所示。

$$S = \frac{1}{\int_{x_1}^{x_2} \frac{\mathrm{d}x}{A(x)}} \tag{b}$$

⑤ 解释形状因子 S 与导热热阻 R 之间的关系,如式(c)所示。

$$R = \frac{1}{\lambda S} \tag{c}$$

2014 年全国能源动力类专业教学改革研讨会论文集

⑥ 形状因子概念的拓展。将形状因子的概念引入无限大平板、无限长圆筒壁以及球壁等典型几何形状的一维导热问题,使学生更加深刻地理解形状因子在求解工程问题时的实用性。

⑦ 应用案例分析。埋管深度的求解是否可以采用形状因子?学生经思考后,认为其符合一维、稳态、变截面导热问题,可以利用形状因子求解,但对如何获得这一问题的形状因子 S 的表达式感到十分迷茫。这时将《传热学手册》中给出的半无限大平面与等温圆柱面之间导热问题的形状因子公式给出,学生记忆深刻,具有非常好的效果。最后由学生在课后求解问题,获得如图 2 所示的曲线,得出埋管深度的最佳范围。

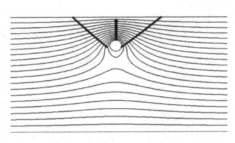

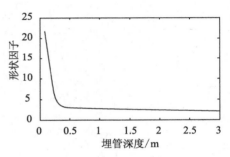

| 图 1 埋管导热问题的温度分布特征 | 图 2 埋管深度与形状因子的关系 |

经过以上课程设计后,课堂教学效果调查显示,学生对一维、稳态、变截面导热问题的特征、形状因子的作用、工程手册的使用有了非常清晰的理解。

3 自然对流换热——问题教学和比较教学法

传统"传热学"课程教学中,"自然对流换热"被安排在"强迫对流换热"之后,并设计有 2 ～ 4 学时的教学计划。教学目标设定为阐述自然对流换热传热与流动特征,并获得准则关系式形式,会利用准则关系式求解自然对流换热问题。在课堂教学效果调研后发现,学生很难对自然对流换热的微分方程和准则关系式有深刻认识。了解学习的难点后,文章特别设计了这一部分的问题引导、比较教学方案,具体设计如下。

① 提出问题。"现有胖瘦、高矮非常相近的两位同学,一位站立,一位横卧。已知室内无风,气温为 20 ℃。请问他们的散热一样吗?"

② 问题引导。"这一问题是否可利用强迫对流换热公式求解?"学生很快明白,"无风"意味着没有来流速度,不属于强迫对流,由此引出自然对流的概念。

③ 自然对流换热边界层特征。从边界层理论入手,建立自然对流边界层微分方程,特别关注自然对流与强迫对流流动机制的区别,建立 $\mathrm{d}p/\mathrm{d}x$ 项与浮升力的关系。

④ 比较法理解 Gr 的物理意义。如图 3 所示,将自然对流与强迫对流微分方程组进行比较,让学生去分析自然对流与强迫对流的类似之处和不同之处。此处利用比较法要着重建立两个概念:第一,理解 Gr 和 Re 的物理意义。通过方程比较,学生很容易理解 Gr 和 Re 有类似的物理意义,在两种对流换热方式中有着相似的地位。第二,自然对流过程中温度场与速度场的强耦合关系。通过比较法,细心的学生很快发现,与强迫对流不同,自然对流换热的动量方程中有温度项,从而更深刻地理解自然对流换热的流动机制。

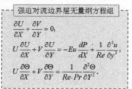

图 3　自然对流与强迫对流换热微分方程组比较

⑤ 利用比较法理解自然对流换热方程的准则式。在前面引导的基础上,设置如图 4 所示的表格,由学生来完成自然对流中的各项内容。

强迫对流	
流动起因	外力驱动
流动形态	Re
实验关联式	$Nu=f(Re,Pr)$

自然对流	
流动起因	温压驱动
流动形态	Gr
实验关联式	$Nu=f(Gr,Pr)$

图 4　自然对流与强制对流换热准则比较

⑥ 解决问题。在完成自然对流换热准则式介绍后,再让学生思考最初提出的问题。此时设计了第二个比较法应用,对横卧和站立的二人,一个视为横圆柱,一个视为竖圆柱,比较如图 5 所示。通过这一环节的比较法,学生将对特征尺寸的选择、Gr 数的计算有深刻的认识。

通过上述课程设计后,学生对自然对流换热问题的特征与求解的掌握程度明显提高,测试表明,在 2 个学时内,大部分学生都掌握了教学内容的关键点。

	竖圆柱先生	横圆柱先生
特征尺寸/m	$H=1.7$ m	$D=0.3$ m
格拉晓夫数 Gr	$Gr_H=\dfrac{g\beta\Delta t H^3}{\nu^2}=6.3\times10^9$	$Gr_D=\dfrac{g\beta\Delta t D^3}{\nu^2}=3.47\times10^7$
流动形态	紊流	层流
无量纲对流换热系数 Nu	$Nu_H=0.10(Gr_H\,\mathrm{Pr})^{1/3}$	$Nu_D=0.53(Gr_D\,\mathrm{Pr})^{1/4}$
平均换热系数 h（W/m².K）	$h=Nu\lambda/H=2.28$	$h=Nu\lambda/D=3.16$
散热量/W	$\Phi_H=h_H A(t_w-t_\infty)=36.5$	$\Phi_D=h_D A(t_w-t_\infty)=50.6$

图 5　竖圆柱和横圆柱自然对流换热的比较

4　横掠单管流动——虚拟实验教学

对于"横掠单管对流换热"问题,学生的学习难点在于边界层脱体的概念。在这一部分的教学内容设计中,采用了与虚拟实验相结合的方法。应用教材[4]自带的拥有自主版权的"传热学"教学软件,由教师引导,通过数值模拟的方法,让学生观察计算结果。虚拟实验教学形象地向学生展示了绕流过程的边界层脱体现象,提高了学生的学习兴趣,也增强了他们的创新性思维能力。

5　结　语

教学是一门艺术,也是一门科学,必须不断探索和应用不同的教学方法和教学方式,才能把握好课堂教学过程,取得较好的教学效果。合理利用案例分析法、问题讨论法和比较分析法等先进教学方法,可以更好地完成教学过程,使"传热学"教与学的过程变得更富有吸引力,更生动有趣,实现学生的主体转换,达到较好的学习效果。

参考文献

[1] 严嘉琳. PBL 教学模式在"传热学"教学中的应用[J]. 中国电力教育,2010(4):67–68.

[2] 李敏,凌长明,谢爱霞. 三种教学法在"传热学"教学中的应用和实践[J]. 中国电力教育,2011(4):93–94.

[3] 何宏舟,等. 提高"传热学"课程教学质量的有效途径[J]. 集美大学学报:教育科学版,2009,10(3),73–76.

[4] 许国良,等. 工程传热学[M]. 中国电力出版社,2005.

能源动力专业实验教学网络课程建设实践

/盛　健,赵志军,杨爱玲,田　昌/

（上海理工大学 能源与动力工程实验教学中心）

摘　要:文章创建了上海理工大学能源动力专业实验教学网络课程,介绍了建设中的一些功能模块及其对实验教学的作用。相对于传统实验教学,建设实验教学网络课程的主要作用包括:提高预习效果,有效评定预习成绩;增强实验课教学和实验操作的培养效果;学生成绩评定更全面客观;通过师生互动平台提升传道授业效果。

0　引　言

由于互联网技术的进步、云计算质量的提高和流媒体视频成本的降低等,大型开放式网络课程(Massive Open Online Course,MOOC)得到了快速发展,其易于使用、成本低廉、学习资源丰富等优势对大学教育既是机遇,也是挑战。MOOC 不仅提供课程的全部授课视频、讲课 PPT,同时还提供学习课程的网络平台,强化了师生互动,是一种新型的、深受青年欢迎的学习方式,也为实验教学、创新教育等提供了新的教学手段[1-3]。

上海理工大学能源与动力工程实验教学中心在建设国家级实验教学示范中心的过程中,建设了用于实验教学与管理的中心网站,并充分结合 MOOC 的精髓,建设了示范性实验教学网络课程。

1　在线网络课程的建设

EDX,Udacity 和 Coursera 等 MOOC 已经受到很多著名大学的青睐,在教学中其具备传统教学模式不具有的吸引力和高效性。上海理工大学能源与动力工程实验教学中心依托中心教学与管理平台(http:∥eplab. usst. edu. cn/)建设了实验教学的 MOOC,其主要功能模块介绍如下。

1.1　课程管理

实验教学中心根据教务处的实验课程安排、选课学生名单以及理论课教学日历,安排学期实验课程授课计划,在网站发布并录入中心实验课选课系统,中心教师从如图 1 所示的用户登录入口登录,根据实验课程安排,预约实验时间及每节课人数,如图 2 所示。由于实验课完全配合理论课进度,因此每门实验课的子实验均单独预约排课。教师通过工号及密码登录并查看实验课程排课计划,根据自己的教学工作计划选择授课科目;之后学生即可在已预约的实验时间和人数范围内选课,如图3所示。学生通过学号及密码登录实验课选课系统并查看实验课程排课计划,根据自己的理论课课表自由选择中心授权的实验课时间,完成选课后可以预览、退课或重新选课,并打印最终选课结果,按时预习和上课。

图1　实验网络课程系统用户登录入口

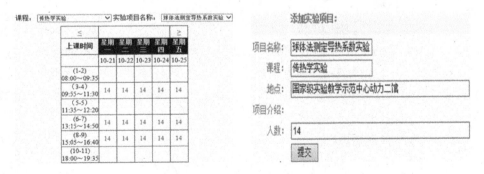

图2　教师端实验课排课界面

上课时间	星期一	星期二	星期三	星期四	星期五
	10-21	10-22	10-23	10-24	10-25
(1-2)08:00～09:35					
(3-4)09:55～11:30	14	14	14	14	14
(5-5)11:35～12:20					
(6-7)13:15～14:50	14	14	14	14	14
(8-9)15:05～16:40	14	14	14	14	14
(10-11)18:00～19:35					

添加实验项目:
项目名称: 球体法测定导热系数实验
课程: 传热学实验
地点: 国家级实验教学示范中心动力二馆
项目介绍:
人数: 14
提交

图3　学生端实验课选课界面

该功能可以让学生接受理论课知识后,在两周之内完成对应的实验课程的学习,做到及时有效地理解知识、理论联系实际并强化掌握;同时允许学生根据自己的理论课来选择实验课时间,避免课程冲突或理论课与实验课时间相差太久而不能发挥相互印证、强化教学效果的作用。

1.2 资源模块

该模块是实验教学网络课程的核心,包含所有实验课的实验仪器设备的名称和功能、实验指导书、实验教学 PPT、实验操作流程、实验操作视频、实验注意事项等。模块根据实验课程所包含的实验项目及实验仪器,列出了实验项目及对应实验仪器的链接,其中包括实验课程的实验指导书、实验仪器原理、操作方法、操作步骤及贴合网络自学的包含上述内容的视频。在视频的准备和拍摄

图 4 网络资源模块

中,遵循视频内容短而精和从不同出发点拍摄的原则,一个视频主讲一个要点,以提高真实感和全方位的了解。视频包括实验原理、测试方法、操作步骤和数据处理等内容,并从不同角度进行拍摄,同时使用实验教学 CAI 软件设计制作实验演示和操作视频,如图 4 所示,便于学生预习、提高实验效率和复习。

每个学生在实验课前必须登录自己的账号对实验课的网络资源进行预习,任课教师可以在教师端检查学生预习的情况,包括学生预习所观看的内容和观看时间长度等。这样,在实验课授课时教师授课的效果明显提高,并且通过提问、讲解难点等方式,使学生进行更多的思考,以加深理解。

1.3 论坛模块

该模块提供了课后师生、生生交流的平台,便于信息发布、实验预习、科技创新等交流学习活动的开展。专业交流平台使学有余力且对专业有浓厚兴趣的学生与专业教师的学术探讨增多,并孕育出多项创新性实验和研究性实验,学生在全国节能减排大赛中多次获得一等奖和二等奖等好成绩。论坛模块对培养学生创新能力、实践能力有突出作用,增加了正能量,使学风更浓厚。

1.4 实验报告模块

每个实验完成后,任课教师现场批改实验数据,并要求学生在下次实验课前上传实验报告的处理结果,这样做能够在学生仍然熟悉实验的情况下,加深其对实验及相关知识的理解。若学生对实验还有疑问可以通过资源模块重新温习,或通过开放实验模块再次预约实验。

1.5 开放实验模块

实验中心现有热工综合实验室、工程流体力学实验室、燃烧学实验室、基本量测定实验室、能源与动力工程模型室等均可预约开放,不仅为实验中尚有疑问、需要再次做实验的同学提供机会,也使某些实验装置的其他功能及功能拓展融入学生的创新设计。

1.6 问卷调查模块

师生均可查看问卷报告、上传问卷调查并查看问卷调查数据,教师可在较短的时间内修正实验教学中存在的问题,而不像传统的期末学生代表座谈会,总结的问题只能在下一学期做出调整。

1.7 师生互评模块

师生互评有助于提高师生对实验课程的认识,改进教师的教学方法,端正学生上实验课的态度,完善实验网络课程。

2 网络课程在实验教学中的作用

2.1 提高预习效果,有效评定预习成绩

资源模块为学生提供了丰富的预习资源,论坛模块为学生预习和复习中遇到的问题提供了师生和生生交流的机会。实验教学网络课程一方面方便学生预习,提高其对实验课的学习兴趣,另一方面由于教师可以对每位学生的预习情况进行检查并作为评定预习成绩的依据,故学生更加重视预习环节。

2.2 增强实验课教学和实验操作的培养效果

在以往的实验教学中,虽然强调预习,但很多学生根本没有阅读过实验指导书,更没有对实验原理、测试方法等有过思考。在实验课前 20 分钟的授课中匆匆介绍实验原理、测试方法和数据处理等,学生掌握程度低,由于第一次见到实验装置,实验中会不断出现问题,剩余 1 小时的实验中仅能勉强完成实验和数据记录,实验所需要起到的实践和创新教育效果不好。

采用实验教学网络课程后,学生可以对实验的各个环节有深刻的认识,通过网络视频熟悉实验装置和实验操作,实验中有更多的时间思考热工测量是如何实现的以及其中的设计思路。例如传热学实验中的"中温辐射物体黑度测定"实验[4,5],虽然实验装置并不复杂,但实验过程中调节加热量点位多,待测黑度物体和黑度标准物体均要进行测试,以通过比较法获得待测物体黑度。由于预习效果好,实验中学生的问题主要集中在热电偶测温原理以及热工基本量测定实验"热电偶标定量测"实验[5]。还与已授课的传热学实验中"空气沿横管表面自然对流换热

系数测定"[4,5]联系,认为"中温辐射物体黑度测定实验"中可采用比较法将两个样品的自然对流换热约分,即(a)式除以(b)式,由于 h_a 近似等于 h_b,可以消去,这是实验设计的巧妙之处,对学生的热工测量设计及创新有促进作用,同时也说明良好的预习使学生实验课时有深入思考的基础,提高了实验实践教学的效果。

$$\varepsilon_a = \frac{h_a(T_{3a} - T_f)}{\sigma_b(T_{1a}^4 - T_{3a}^4)} \tag{a}$$

$$\varepsilon_b = \frac{h_b(T_{3b} - T_f)}{\sigma_b(T_{1b}^4 - T_{3b}^4)} \tag{b}$$

设 $h_a = h_b$,则

$$\frac{\varepsilon_a}{\varepsilon_b} = \frac{T_{3a} - T_f}{T_{3b} - T_f} \cdot \frac{T_{1b}^4 - T_{3b}^4}{T_{1a}^4 - T_{3a}^4} \tag{c}$$

2.3 学生成绩评定更全面、客观

传统的实验成绩均依据实验课时的表现和实验报告来评定,实验课的表现具有很强的主观色彩并且难以在教学的同时充分关注到每个学生的表现并做出成绩评定;而实验报告的抄袭现象严重,导致评阅时很难做出公正评判,最终学生为了获得高分,不将精力放在实验上,而是尽力把实验报告写得整洁、美观。采用实验教学网络课程后,可依据学生预习情况、实验课提问情况、实验操作情况、实验报告和论坛平台的交流情况给出更全面、更科学的评分。

2.4 通过师生互动平台提升传道授业的效果

课外师生交流机会增多,不仅对解答预习、实验操作和数据处理等环节中的问题有帮助,还触发了师生教学相长的创新火花。例如,学生在完成了工程热力学实验中"制冷循环性能系数测定"实验后,询问"回热对制冷性能系数的影响",任课教师在做出理论回答之后,改进了实验装置,加入了回热段,使学生在完成原来实验的基础上,继续进行有回热的制冷循环性能系数的测定,进一步了解回热对制冷循环中吸气过热和高压液态制冷剂过冷对制冷系数的影响,而不再停留在理论层面。此外,在热工基本量测定实验中,根据学生的问题及提议进行实验装置升级的情况也有许多。

3 改进与展望

目前,中心实验教学网络课程由实验教学中心单独承担建设,未来如能与理论课网络课程结合,做到理论联系实际,那么师生就可以更加便捷地使用这些资源。此外,网络课程中操作方法的简化和批量化操作还需在建设和操作实践中不断改

善,以大幅度地提高教师在预习检查、实验报告提交、实验排课、上课名单打印等方面的效率。

参考文献

[1] 王文礼. MOOC 的发展及其对高等教育的影响[J]. 江苏高教,2013(2):53 – 57.

[2] 邓宏钟,等. "慕课"发展中的问题探讨[J]. 科技创新导报,2013(19):212 – 213.

[3] 吴维宁. 大规模网络开放课程(MOOC)——Coursera 评析[J]. 黑龙江教育(高教研究与评估),2013(2):39 – 41.

[4] 靳智平,等. 热能动力工程实验[M]. 中国电力出版社,2009.

[5] 陈志刚,等. 动力机械基础实验[M]. 中国水利水电出版社,2012.

能源与动力类实践教学中多媒体视频教学的探索与研究

∕尚　妍,刘晓华,刘宏升∕

（大连理工大学 能源与动力学院）

摘　要:文章对能源与动力类专业实践教学中多媒体视频教学的应用进行了探索,结合相关理论课程的特点,指出多媒体视频教学的必要性及意义;对多媒体视频教学的内容安排进行了分析,指出多媒体视频教学内容应该分为三个层次;对不同教学内容采用的多媒体视频教学模式进行了探究,将多媒体视频教学分为三种模式,每一种教学模式均针对不同层次的教学内容而定。多媒体视频教学在实践教学中的引入,不仅激发了学生的兴趣,增强了学生的创新性思维能力,更提高了能源与动力类实践教学的教学质量,有利于创新型人才的培养。

0　引　言

在社会经济高速发展的今天,节能减排已经成为世界关注的焦点及发展目标,作为与能源利用密切相关的专业——能源与动力类专业,在培养能源行业创新型人才、服务社会经济发展中发挥着重要作用。能源与动力类实践教学作为能源与动力类专业教学体系的一部分,与理论教学共同承担着培养高、精、尖人才的重任,是培养学生创新意识和创新能力的重要途径,对拓宽学生的知识面、培养学生的创新思维能力、提高学生的综合素质起着至关重要的作用。因此,探索更为有效的能源与动力类实践教学模式对于实现"实施精英教育,培养高精尖人才"的新的人才培养目标有重要的意义。

多媒体视频教学是指在教学过程中,根据教学目标和教学对象的特点,通过教学设计,合理选择和运用现代教学设备,利用计算机技术、网络技术、语音处理技术、图像处理技术以及视听技术等将课程图、文、声并茂地展现给学生。在能源与动力类专业实践教学过程中,多媒体视频教学的运用,能够将一般实践教学无法表述的实验过程及设备结构向学生进行展示,增强学生的感性认识,激发学生的学习兴趣,提高学生的求知欲望,拓展学生的创新思维[1,2]。

1　多媒体视频教学的必要性

心理学认为,人的认知系统包括言语系统和表象系统[3],二者既相互平行又存在一定的联系。言语系统与表象系统的恰当结合可以大大提高学生的学习效率。有研究表明,不同认知系统对注意力有不同的影响,使用表象系统,其吸引注意力的比率在85%以上；使用言语系统，其吸引注意力比率在50%以上[4]。因此，在教学中应尽量抓住使用表象系统的机会，多媒体视频教学是最佳选择，它能够将教与学的过程在情境中展开，并进行思考、讨论和实践。

现代教学理念认为，在教学过程中，引导学生自主学习相对于传授书本的学科知识更为重要。多媒体视频教学通过现代手段，以画面等多种形式展现教学内容，具有以下特性[5,6]：① 多媒体视频教学具有真实性、情境性。多媒体视频教学不同于纸质的教学资料，能够利用声音、图像等手段将仪器设备的操作过程等生动真实地展示出来，使学生可以融入教学情境之中，既能激发学生的学习兴趣，又能培养学生的科学思维以及探索能力，全面提高学生的素质。② 多媒体视频教学具有功效性。在能源与动力类实践教学过程中，很多实践课程如果一味采用单一的教学方法，会出现课程内容讲解不透彻，实验过程学生无法参与，最终导致学生理解不深。引入多媒体视频教学，将部分实验的整体操作流程及仪器设备的结构完整地拍摄下来，以真实视频或动画的形式展示给学生，使学生在听的同时能够感受课程内容，将静态的文字与动态的音像联系起来，既能增强教学的连贯性，又能提高实践教学的教学效果。

2 多媒体视频教学内容探索

多媒体视频教学内容的选择，除了必须符合课程设置的要求外，还需要与整个学科的教学体系及学科发展相匹配。在这个过程中，首先，应针对实践内容进行深入的研究，寻求难易相当，有针对性、感染性、系统性、综合性和创新性的多媒体视频教学内容；其次，应突出多媒体视频教学内容的专业特色，力求贴近专业实际，更为直观地增加课程教学的前沿性和现实性。

基于上述视频选取原则，按照整体课程设计思路，针对课程内容的难易差别，将多媒体视频教学实践课程的设置分为以下3个层次：

第一层次，科普型实验，即以综合演示性实验为主，将一次实验可能没有出现的现象完整地呈现出来，旨在让学生了解本专业的基础课程所涉及设备的运行过程及故障产生状况。例如，在锅炉水循环演示实验课中，首先用视频展示锅炉的运行过程，让学生从感官上了解锅炉的整体运行流程，明确锅炉水循环的确切位置，之后再进行水循环演示课程，这样更有助于学生对实验课程的深入理解，达到事半功倍的教学效果。图1给出了视频文件中锅炉运行流程示意图。

第二层次，结构型实验，即针对某一设备仪器进行解析，现实课堂中不能拆解的实验台通过视频详细拆解开来，一一给学生讲解，在学生对先进科学技术、先进

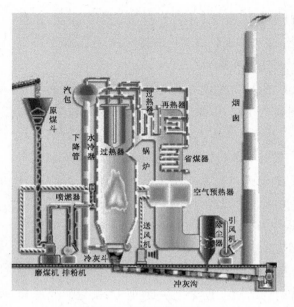

图1 锅炉运行流程

设备仪器有深入了解的同时,提高学生的科研动手能力及创造性、发散性思维能力。例如,在多功能流量计实践课程中,将各类流量计内部结构拆解开来,首先以视频形式展现给学生,再通过动画形式由学生进行重组。图2给出了涡街流量计内部结构示意图。

第三层次,流程型实验。在能源与动力类实践教学课程中,因为仪器的操作规范要求,许多课程操作流程很长,所以学生只能完成其中的一个阶段步骤,而引入多媒体视频教学可将整个实验操作流程展现给学生,让学生熟悉仪器的整体操作流程,充分开发学生的创新思维能力,调动学生的主观能动性,有利于创新性高、精、尖人才的培养。图3给出了燃料元素成分测定与分析实践课程中模式转换操作流程。

图2 涡街流量计内部结构

图3 燃料元素成分测定与分析实践课程中模式转换操作流程

3　多媒体视频教学模式探索

教学模式的选择直接影响着教师与学生之间的交流和沟通,多媒体视频教学模式的探索更是直接关系到教学质量的高低。依据能源与动力类专业实践课的构架,对多媒体视频教学实践课程的教学模式进行探讨,针对不同多媒体视频教学内容采用不同的多媒体视频教学模式,以求能够达到最佳的教学效果。

3.1　讲授—视频—操作模式

在这种多媒体视频教学模式下,教师首先针对多媒体视频教学内容进行详细讲解,让学生对整体教学内容有初步了解,再通过视频的播放,利用音像刺激学生的视觉系统,将教师的讲解与音像内容结合,使其充分理解实验流程,最后进行动手操作,完成实验学习内容。

在这个过程中,放映视频是最重要的环节。在教师讲授过后,学生可能存在一定的问题,接受能力较差的同学可能尚处在迷糊当中,因此,这个环节就是解决不同类型学生不同问题的重要阶段。当然,这个环节需要教师和学生的共同参与,教师在讲授阶段要尽可能的详细讲解,并且提出问题,引导学生观看视频,指出视频中必须关注的侧重点。学生在这个环节中需要带着问题认真观看,边思考边解决问题。

这种模式适用于大多数的多媒体视频教学内容,实验原理及动手操作环节既有一定的难度,又不会过于复杂。

3.2　视频—操作—讲授模式

在这种多媒体视频教学模式下,教师首先针对多媒体视频教学内容稍作介绍,再通过视频的重复播放,让学生详细观看教学内容;待学生了解实验内容、理解实验原理、掌握实验操作流程之后,进行动手操作,完成实验学习内容;最后由教师进行总结,学生提问,师生进行讨论,对操作过程中存在的问题进行逐一解答。

这种模式下,放映视频同样是最重要的环节,如果在这个环节出现问题,学生没有很好地掌握整体实验操作的流程,那么在动手操作环节就会茫然无措,整堂实验课就没有办法完成。因此,在视频放映环节之前,教师的引导介绍,放映视频时学生的认真观看、积极思考以及视频内容的针对性选取,均是实验课顺利进行的重要保证。

这种模式适用于实验原理及动手操作环节均相对简单的多媒体视频教学内容,学生容易上手操作,学习兴趣也会大大提高。

3.3　三者相互穿插模式

这种视频模式没有先后之分,放映视频、学生动手操作以及教师讲授三者相互穿插进行。在这个过程中,最重要的不是哪一个环节,而是要协调好讲授、视频、操作之间的关系,使三者相辅相成、融于一体。

这种模式适用于实验原理和动手操作环节相对复杂的多媒体视频教学内容,通常这类课程既难理解,又不易操作,因此在实验课授课过程中,需要通过多种环节启发、引导学生,以保证实验课的教学效果。

4　结　语

文章对能源与动力类专业实践教学的多媒体视频教学进行了探索,结合其理论课程的特点,指出了多媒体视频教学的必要性,并对多媒体视频教学的内容进行了探讨,指出多媒体视频教学内容应该分为3个层次,分别为科普型实验、结构型实验以及流程型实验。此外,文章还对不同教学内容所采用的多媒体视频教学模式进行了探究,将多媒体视频教学模式分为讲授—视频—操作、视频—操作—讲授及三者相互穿插3种模式,每一种教学模式均针对不同的教学内容而定。多媒体视频教学的引入,使能源与动力类专业的实践课程更加丰富,学生不仅学习了本专业理论与实践课程的中心内容,对先进实验仪器的原理、操作过程有了深入的了解,更提高了自身的科研能力,为今后从事科研方面的工作打下了坚实的基础。

参考文献

[1] 张媛媛,王昭,周洋.多媒体视频教学对大学生心理健康教育的有效性分析[J].辽宁师范大学学报(自然科学版),2011,34(3):397-400.

[2] 张夕琴.多媒体视频教学在机械设计基础课程中的应用[J].教育科学,2010(12):100-101.

[3] 孙天立.多媒体视频教学在"思想道德修养与法律基础"课程中的应用[J].教育与职业,2011(8):168-170.

[4] 胡郁乐,张惠,蔡记华.多媒体视频教学在专业教学中的重要性和实现方法探讨[J].教育教学论坛,2013(35):54-55.

[5] 方文,黄韵祝,黄海.多媒体视频教学在生物化学实验技术课程中的应用[J].贵阳医学院学报,2012,37(3):329-331.

[6] 张小斌.多媒体视频教学模式在计算机课程教学中的应用与教学效果评估[J].中国职业技术教育,2010(2):58-60.

ABET 认证下工程流体力学全英文课程建设

/王 彤/

（上海交通大学 机械与动力工程学院）

摘 要: 在当前国内高等工程教育日趋国际化的形式下,全英文专业课程建设与实施势在必行。全英文专业课程建设,除了对师生专业英语有要求之外,还需要在 ABET 工程认证体系下进行。文章以工程流体力学全英文课程为例对其建设情况进行说明,提出课程教学过程中存在的问题和建议采取的措施,并指出该课程标准化建设实施 3 年以来学生满意度高,同时也实现了国外交换生学习和学分互认的过程。

0 引 言

目前,我国的经济发展总体上还处于工业化的中期阶段,在经济全球化的进程中迫切需要大量的工程专业人才参与到国际交流与竞争中。这就对我国高等工程教育的国际化提出了更高的要求。

《华盛顿协议》(Washington Accord)是世界上最具影响力的国际本科工程学位互认协议。该协议提出的工程专业教育标准和工程师职业能力标准,是国际工程界对工科毕业生和工程师职业能力公认的权威要求。加入该协议的成员之间相互承认彼此认证过的专业点及其所授学历、学位。美国工程与技术鉴定委员会(Accreditation Board for Engineering and Technology, ABET)是华盛顿协议的 6 个发起工程组织之一,是美国唯一的工程教育专业鉴定机构。对于工程类专业,由工程认证委员会(EAC)负责认证政策、标准和程序的制定、认证的组织实施以及对认证进行管理等。

我国从 2006 年开始进行工程教育认证试点工作,截至 2012 年年底已经通过 235 个高校专业的认证和第二次认证。经过多年的认证工作实践,结合 ABET 认证标准,我国已经初步建立了工程教育认证体系[1]。2013 年 6 月,我国正式加入《华盛顿协议》,工程教育认证工作已经在全国高等学校中全面展开。

1 ABET 机械工程专业认证条款[2]

根据 2013—2014 年工程专业本科教学的通用标准,ABET 从学生(Students)、专业教育目标(Program Educational Objectives)、学生学习成果(Student Outcomes)、

持续发展（Continuous Improvement）、课程设置（Curriculum）、教学师资（Faculty）、教学设施（Facilities）、制度保障（Institutional Support）8 个方面要求参加认证的专业列出其专业设置所达到的条目，并进行自我评价。

针对机械工程及类似名称工程专业的专业准则还包括教学计划的设置和师资要求两方面内容：教学计划的设置要求毕业生能够应用工程、基础科学和数学知识（包括多变量微积分和微分方程），能够掌握建模、分析、设计等方法，能够从事热学和机械系统方面的专业工作；在师资方面，要求从事高层次教学的教师同时服务于其专业领域。

ABET 认证标准是针对某个特定专业，并不是针对某一门课程设置的。每个专业的教学体系是由相互独立而又有联系的课程组织起来的，学生通过课程的学习理解和掌握专业知识的应用，教师通过课程的讲授来实现专业知识的传递，学校通过各个课程的组合来实现人才的培养，所以课程的建设，包括全英文课程建设，是专业教学标准体系建设的基本单元，需要为整体专业建设目标服务。另外，从ABET 认证条款可以看出，专业教学中强调学生接受学习的过程，教师教学是为学生学习服务的，所以专业课程的建设需要优先考虑以学生为中心的教学模式。

全英文专业课程的建设则是国际化标准专业教学体系建设的一个最直接的措施。无论是国内还是国外的交流学生，都可以通过全英文课程的学习尽快适应交流课程。按照 ABET 标准进行全英文课程建设与教学过程实施，才能真正实现学生交换、交流平等和学分互认。全英文课程建设最简单的做法是直接复制国外同样的课程。这样做的好处是在引进国外先进教学理念和教学资源的同时快速得到符合 ABET 认证标准的全英文课程的教学文件。实际上，由于地域、文化、个体的差异，完全复制的教学过程很难达到与国外同样的学习效果。另外，在工程教育中需要列举大量的工程实例，并进行实验和讨论，原版课程材料中的例子往往难以引起国内学生的共鸣，因而失去了激发学生学习兴趣的作用。

为了满足当前国际化教学交流的需要，从 2011 年起，作者从事了 3 年"工程流体力学"全英文课程建设和教学，文章试图结合作者的工作经验，讨论在国内教学环境与资源下，全英文专业课程建设的有益思路。

2　工程流体力学全英文课程的建设

在以热功转换为工程基础的社会中，流体流动伴随着大部分的能源利用过程，因此工程流体力学是热能动力工程、环境工程、海洋工程、过程装备与控制工程、建筑环境与设备工程、航空航天和机械工程等专业的核心基础课程。在 ABET 认证体系中,工程流体力学课程是机械工程及类似专业的基础课。

按照国内不同专业学制的安排,工程流体力学往往是在二年级下学期或者三年级上学期,即第四、五学期进行课程教学。在完成该课程教学后可能安排传热学、空气动力学、计算流体力学和其他专业课的学习。为了能够按照教学计划完成各课程的学习,在全英文流体力学课程进行前,学生需要修完高等数学、大学物理、理论力学和工程热力学等自然科学课程的全英文课程。有了全英文基础课程学习的基础,就可以由工程流体力学全英文课程(专业基础课)的教学推进全英文专业的建设。

参考 ABET 认证的专业通用标准,同时考虑国内教师和学生的特点来进行工程流体力学全英文课程的建设,相应标准如下。

2.1 学 生

(1)建立学生在整个学习过程中的考核标准

参照美国大学的学期设置,国内高校也开始实行春季、夏季和秋季学期,其中春季和秋季学期教学周为 16 周。工程流体力学一般是 48 学时 3 个学分的教学内容,另外还应有课外实验和课后练习时间。该课程设置的考核内容与评分比例见表 1。

表 1　工程流体力学课程过程考核内容与评分

考核内容	作业	课内实验	课外实验(讨论)	课堂测验	期中考试	期末考试
次数	10	3	6	4	1	1
分数比例(%)	20	10	10	10	20	30

在这样的考核密度下,平均 2 周要进行一次测试,迫使学生保持平时阅读和复习的习惯,学生对课程知识的理解也就可以在不断持续的学习和考核中得到巩固和提高。通常在期末考试前,学生大都已经知道自己是否能通过该课程的考核,大大减轻了期末考试的压力,避免了学生突击复习通过课程考核的现象。

(2)课程的设置要对应专业需求,能够激发学生的学习兴趣

由于工程流体力学是专业核心课程,教学中列举的实例均应来自工程实践,让学生参与工程问题的分析,如管道沿程阻力(Major Loss)和局部阻力(Minor Loss)的计算与分析,空调换热风扇前后风速与分布(Velocity Profile)测试等,可以激发学生的学习兴趣。

(3)课程的设置同时还能够适合新学生和交换生的学习要求,并且与兄弟院校的要求相一致

学生在具备全英文课程学习的基础之上，才能进行专业课程的学习。因为工程流体力学是全英文课程，所以在语言上设置可以满足国际交流学生选修要求。

2.2 专业教育目标

作为专业基础课，课程的教学目标需要与专业培养目标一致。教学大纲的设置与说明就显得尤为重要。教学大纲对课程教学来说是"法律性文件"。课程的教学目标必须明确列出。

对应专业需求，工程流体力学课程主要介绍流动工质在工程设备中的运动规律和理论，通过课程教学、习题和实验，培养学生在工程中发现与流动相关的问题，并应用流体力学理论分析流动现象、解决流动问题的能力。流体力学是热能动力设备（如管道、阀门、锅炉、换热器、压缩机、汽轮机等）原理的技术基础理论。

2.3 学生学习成果

工程专业学生培养应具有的能力对应到工程流体力学课程中，具体的要求列于表2。其中部分要求可能暂时不能体现在该课程教学中。

表2 课程教学内容与能力对应

	具备能力	课程学习和实践内容（全英文授课、作业、考核）
1	应用数学、自然科学和工程知识的能力	质量、动量、能量守恒定律，对应方程推导、求解及其应用
2	设计和进行工程实验操作，并具备实验结果分析和数据处理能力	课堂实验包括毕托管原理实验、雷诺实验、绕流阻力测试；课后实验包括运动速度测试、压强计算、流量与流速测试等
3	满足工程、环境、经济、社会、政治、道德、健康、安全等条件下的系统、零件和工程工艺的设计、制造和维护能力	推荐学生在作业解题中按照规定的步骤进行，初步了解设计规范；列举工程设计实例，在专业课程学习中完成
4	在多学科团队中发挥作用的能力	每个同学需加入小组进行实验测试、结果分析和报告撰写
5	发现和解决工程问题的能力	课后讨论题目的设计，包括压强计算、迹线与流线分析、流量计原理、流动损失分析等
6	对职业道德和责任感的理解能力	教学中，介绍简单的工程设计过程与应用
7	有效沟通的能力	在课堂上通过英文提问，学生用英文回答问题，课后答疑、习题解答与实验指导、试卷均采用英文
8	知识面宽广，能多方位认识工程问题对全球经济、环境和社会的影响	教学参考书与讨论题目设置，如查阅各种交通工具的速度并进行单位换算，增加学生阅读兴趣

	具备能力	课程学习和实践内容（全英文授课、作业、考核）
9	认识到终身教育的必要性，并有能力通过不断学习提高自己	通过课程教学和专业应用的介绍来实现
10	正确理解当前专业和社会热点问题	列举与流动相关的问题，比如雾霾的形成和运动
11	在工程实践中应用工程技术、技能和现代工具的能力	要求学生通过编写程序计算习题，操作测试仪器进行实验

课程教学在潜移默化中完成知识的传授和能力的培养，只有所有教学环节都按照设置的标准来完成，才能使学生通过课程学习得到相应能力的培养。

学生在课程学习后能够达到的学习效果，一方面通过成绩考核来评价，另一方面可以通过后续课程的学习过程来体现。

2.4　持续发展

课程学习完成后，在后续专业课程的学习中还会应用流体力学原理，如传热学、换热器、叶轮机械原理等课程。在这些课程中还会提及流体流动的知识，可以使学生掌握的流体力学课程知识得到进一步巩固。

2.5　课程设置

工程流体力学作为工程专业中的主干课程，是工程专业学生的必修课。课程内容包括数学和力学基础知识在工程问题中的应用和推广，是基础课和专业课之间的联系纽带。

2.6　教学师资

从事课程教学的教师均需从事与热流动相关的专业工作，并在各自研究领域有一定的研究成果，具有处理工程流动问题的能力。授课教师应具有流利的专业英语表达能力，能够用简单的英文词汇和表达方式将自己所处理的工程问题介绍给学生，增强学生对专业学习的兴趣。

同时，授课教师要能够在课堂上主动创造英语语言学习环境，让学生熟悉自己的英语表达方式和思路。

另外，授课教师还应每周安排一定的答疑时间，用英文与学生交流课程问题，关心学生的专业意向，引导学生进行与热流动相关的专业学习。

2.7　教学设施

教学设施主要包括教具、实验台及其测试装置，主要由教师根据课程内容需要来配置与建设。教师在课堂上的演示除了对毕托管、流动管道、阀门等简单装置的操作外,还可以将企业中常见的设备带进课堂或者在实验室进行演示,如风扇、换热器等。

2.8　制度保障

课程的设置由学院的专业教学指导委员决定,课程教学内容同样也要经过教学管理机构审核,最终形成课程的教学文件,即教学大纲。

参照美国同类课程的教学要求,教学大纲的主要信息包括课程名称、学分、任课教师、助教、讲课时间、讲课地点、答疑时间、答疑地点、考核方式、评分标准、课程内容甚至每节课的讲课内容、教材、参考资料和教学进度等,另外还包括学生通过学习需要掌握的知识要点以及教学中需要培养的学生的专业能力。

教学过程需要与大纲设定的内容和时间对应,直接提醒学生课程教学已经完成的内容、将要学习的内容、完成的实验和进行的测试,间接提醒学生在不同的时间点需要掌握的知识和应达到的能力。

3　工程流体力学全英文课程教学存在的问题、应对措施与效果

3.1　存在的问题与应对措施

工程流体力学或者流体力学课程,即使采用中文讲解,仍然是一门难教难学的课程[3]。与日常生活中常见的热传递、机械结构、材料等不同,流体力学学习的难点首先是全新的概念多,其次要在欧拉观点下进行大量的公式推导,进而需要求解偏微分方程,并对不同的流动现象进行分类等。对于工程力学全英文教学而言更大的挑战来自于恰当的英语表述和正确的理解。学生往往在第一节课后就会要求教师提供与英文教材完全对应的中文教科书和习题集,从学习理解的角度,这是应该鼓励的,但是从全英文课程学习和专业语言环境融入的角度去看,这可能会束缚学生,不利于全英文专业课程的顺利进行。针对上述问题,在全英文环境中可以采用以下措施。

（1）概念学习

课程教学选用的国外原版教材,一般都会有常见的流动现象照片,部分的教材还附有光盘,其中有对大量工程和生活中流动现象的说明和解释。

大部分学生在流体力学课程学习前可能从来没有接触过课程中的专业词汇,如流体(Fluid)、黏性(Viscosity)、欧拉观点(Eulerian Viewpoint)、流量(Flowrate)、流函数(Stream Function)、势流(Potential Flow)、层流(Laminar Flow)、湍流(Turbulent Flow)、边界层(Boundary Layer)等。这些词汇和所涉及的流动现象首先需要用直观方法演示出来,建立感性认识。实际上,这些概念即使给出中文名称,对学生

来说,也是全新的概念。在这种情况下,英文名词和中文名词的理解是一样的。

在以学生为中心的教学模式下,授课教师需要增强对专业的理解,主动参与国际交流,这样才能流利地解释流体力学的基本概念和流动现象。另外,全英文授课教师不是英语语言老师,其授课的目的是传授专业知识,而不是教学生如何使用英语,这样教师也就不会纠结于英语表述的完美性了。

(2) 公式推导

从字面意思看,公式推导是数学课程的内容,所以对有关推导过程的讲解实际上就是对数学函数运算的描述。国内大部分参与海外交流项目的学生对公式运算的英文描述都不陌生。这一部分的难点在于以欧拉观点重新描述问题,然后在控制容积方法下得到新的质量守恒方程(连续性方程)、动量守恒方程和能量守恒方程。其他公式和方式均由这些基本方程演化而来。大多数情况下,公式是不需要学生强行记住的,考试时会列出必要的公式和参数供学生选择,这样可以减轻学生的学习压力。另外,作为工程专业课程,习题的求解过程是有固定模式的,一般需要先列出已知条件(Known)、需要求解的问题(Find),然后再列出求解步骤,包括图示(Schematic)、假设条件(Assumptions)、依据的理论或公式(Physical Laws)、参数(Properties)、计算(Calculations)和结果评价(Comments)。经过每周课外习题和课堂例题的演示(近百道习题),该求解过程会逐渐成为学生求解问题的思路,大部分公式的物理意义也就随之理解了。这是一个水到渠成的过程。

(3) 师生的英文交流

与国外学生相比,国内学生相对内敛,很少会在课堂上主动用英文提问,另外从众心理[4]也束缚了学生的个性,抑制了学生对全英文课程学习的兴趣。教师应尽早提供与学生一对一交流的机会。比如要求每位学生必须到授课教师办公室完成一次一对一的全英文交流。教师可以记录每个学生的信息,了解学生的专业兴趣和就业方向。在一对一的交流过程中,无论英语口语流利与否,学生都会主动交谈。

在大学二、三年级面临专业选择时,大部分学生往往对专业的了解还比较欠缺,他们迫切需要了解专业的就业前景、工作内容、职业发展方向和薪酬。网上、同学、家长间交流的结果往往使学生更加迷茫,在这种情况下,教师的授课态度、专业资质和能力往往会成为影响学生专业兴趣的主要因素。大学生学习动机的激发是以专业目标为导向的[5]。在相互信任的基础上,学生会倾向于选择授课教师介绍的专业,进而也就会主动参与到相关课程的学习中去。

3.2 课程建设的效果

工程流体力学全英文课程标准化建设实施 3 年以来,根据学生的要求不断改进授课方式。由于全英文授课中教师投入的精力很大,所以应进行小班教学,班级学生人数以40人以内为宜。另外由于课程教学方式的改进,留学生计划人数也开始上升,3年已接受欧洲留学生选修18人,学生对课程的满意程度在92%以上(见表3)。

表 3 　全英文课程 3 年教学评价

课程时间(秋)	2011 年	2012 年	2013 年
学生人数(人)	50	54	36
留学生人数(人)	5	4	9
教师评分	93.19	90.66	92.07
课程评分	91.96	86.36	92.84

4 结 语

为了促进高等教育的国际交流,国内高校一方面大力推进 ABET 工程认证,另一方面也在大力推进全英文课程建设。工程流体力学全英文课程是在 ABET 认证标准体系下,根据国内学生和教师特点建设起来的。从建设 3 年的教学效果来看,值得在国内高校中进行推广。

参考文献

[1] 中国工程教育认证[EB/OL].[2014 - 03 - 21]. http://ceeaa. heec. edu. cn/ index.

[2] ABET Criteria for Accrediting Engineering Programs[EB/OL].[2014 - 03 - 21]. http://www. abet. org/DisplayTemplates/DocsHandbook. aspx? id = 3149.

[3] 李小川,田萌."工程流体力学"教学调查研究与改革探索[J].课程教材改革,2012,(23):47.

[4] 石成奎.大学生从众心理成因及其对策[J].学校党建与思想教育(高教版),2006(12):51 - 52.

[5] 姚本先.高等教育心理学[M].合肥工业大学出版社,2005.

FLUENT 软件在本科毕业设计中的应用

／杨晓宏　张欣宇　胡俊虎／

（内蒙古工业大学 能源与动力工程学院）

摘　要：毕业设计工作是本科人才培养方案的重要组成部分。计算传热学（NHT）是采用计算机进行求解的一门传热与数值计算相结合的学科。FLUENT 软件在热流工程问题中的应用成为解决实际问题的有效工具。文章以内蒙古工业大学为例针对本科毕业设计将具有工程应用背景的科研课题凝练为适合数值计算题目，使学生掌握了先进的计算软件，计算结果准确，为培养研究型工程师打下良好基础。

0　引　言

毕业设计是对本科学生整个大学学习过程中获得专业知识的综合检查，是提高学生解决和分析实际问题能力的关键环节，是本科人才培养方案的重要组成部分。内蒙古工业大学是一所全日制理工普通高等本科学校，按照 2012 年国家普通高等本科学校专业目录中能源动力大类的专业设置，已具有热能与动力工程、能源与环境系统工程、风能与动力工程及新能源科学与工程专业（2013 年新设）。所有专业的在校学生按照培养方案，在第八学期配有 13 周的毕业设计环节。这几个专业的主干学科基础课程均配有流体力学（72 学时）、工程热力学（72 学时）、传热学（64 学时）的课程，其中传热学与动力工程技术的各个领域联系非常紧密，对培养能源动力大类学生的工程意识、工程素质和工程实践能力具有重要作用，因而受到学校及学生的特别重视。传热学中热量传递的 3 种方式——热传导、对流换热和辐射换热的知识全部以工程实际应用背景为载体。该课程是后续各门专业课程学习的重要基础，在专业的综合强化设计和工程实践训练中具有举足轻重的地位。

随着现代计算科学和数字计算机及相关软件的快速发展，数值计算日益成为解决实际传热问题的有效工具，数值模拟同实验研究、理论分析的结合是现代传热研究的重要方法。计算传热学又称为数值传热学（Numerical Heat Transfer, NHT），是指通过描述流动与传热问题的控制方程以及相应的边界条件、几何条件建立离散方程，进而采用计算机进行求解的一门传热与数值计算相结合的学科。计算传热学的本质思想是把时间和空间中连续的物理量通过一定的数值方法离散为有限个节点，建立相应的节点方程，并通过迭代的方法获得可以接受的近似解，如温度场。

课程建设　教学方法　教材建设

123

1 本科毕业设计中存在的问题

内蒙古工业大学能源动类毕业生的人数近 5 年来逐年增多,同时毕业设计题目数量的要求也在增多,而教师数量增长缓慢,师生比较低,毕业设计题目在难度、质量方面有所下降,部分偏向于综述类题目,有的甚至连基本计算都没有。另外,与工程实际相结合或体现科学研究前瞻性的题目偏少,即使有,也是导师直接将研究生的课题作为本科生毕业设计的题目,题目难度太大,本科生在现有时间内很难完成。导师由于各种原因没能将题目进行凝练删减,以符合本科生的需要,所以尽管题目涉及内容很前沿,但没有达到效果,既降低了学生的自信心,也挫伤了教师在本科毕业设计中的精力投入。除此之外,扩招后生源素质有所降低,有难度、深度、广度的题目如不加选择或双向选择,盲目分配给学生,则会造成普通学生在现有的时间内不能完成教师安排的任务。目前,内蒙古工业大学正努力建设成为教学研究型大学,其本科生培养模式为"学习与研究",实行人才培养与科学研究同步。而大学教学中,只有毕业设计是科学研究的最佳环节,所以选题时、选"真题"尤为重要,特别是来源于科学研究项目的题目,一定要适合本科生去做。内蒙古工业大学计算机基础课程多在大二开设,到大四时很多学生对计算机编程已经有所淡忘,还要花费一定的时间去深入学习。教育部在 2010 年 6 月出台了"卓越工程师教育培养计划",其中有一项要求高校培养本科生为"研究型工程师",而如何进行研究型培养高校还没有很好的具体方案。

2 FLUENT 软件的应用

2005 年,美国总统顾问委员会在《计算科学:确保美国竞争能力》报告中指出要大力发展计算科学,以保持美国在国际中的竞争实力。CFD 软件中 Fluent 程序可以模拟流体流动、传热传质等复杂物理现象,有限元分析软件中的 ANSYS 软件也可以对热传递的传导、对流和辐射的稳态和瞬态进行线性和非线性的分析。这些软件在工程中得到了广泛的应用,节省了大量的人力物力。流体流动满足质量守恒、动量守恒、能量守恒,其方程组属于非线性偏微分方程,很难有理论解。对于工程技术人员而言,有很多时候不必掌握微分方程的求解,只需使用相关软件对某些传热问题及流动问题进行分析、计算和研究。CFD 软件具有计算准确、界面友好等优点。目前,该计算软件在内燃机、换热器、风力机设计、太阳能光热—光电转换利用等和流体、热传递和化学反应有关的课题中均有使用。内蒙古工业大学本科教学培养方案中没有该课程的设置。近 3 年的毕业设计实践表明,可以在现有的

13 周毕业设计时间内为那些有能力、精力和自身需求的学生提供用软件计算的题目,答辩情况显示,计算结果理想,效果良好,表明本科生也可以使用 fluent 软件进行相对简单的热或流体计算。

3 传热学中"数值计算"的教学内容

在 64 学时的传热学教学计划中,授课占 58 学时,实验占 6 学时,而理论授课中导热、对流的数值计算只讲授 4 学时,内容也仅仅涉及数值传热学的基本概念、数值离散方法、节点方程的建立,对后续使用软件计算,还需补充诸如各种节点方程的建立、离散方程建立的控制容积法和热平衡方程法、离散方程的多项式拟合法、离散方程的收敛性及稳定性、多维非稳态导热方程的全隐格式、源项及边界条件的处理等内容。

4 软件应用的学生对象及要求

本科毕业设计阶段,科学研究教育的核心在于实施个性化教育,由于软件计算题目难度大,既要求有扎实的传热学、流体力学基础,又要学习计算软件,所以教师在给学生分配题目时要有针对性,例如成绩好或已考上本专业研究生的学生,他们有需求、有精力,可以不被毕业时找工作等事情困扰,进入课题快,有求知欲可以给他们分配软件计算题。陶文铨院士曾指出,现代计算软件使用者只是像使用开关一样去操作,而对数值求解的内容却不求甚解。因此在设计过程中应要求学生推导节点方程和质量守恒、动量守恒、能量守恒方程,并熟悉掌握各项意义,同时学习软件。内蒙古工业大学能源与动力学院近 3 年考研调查结果如下:2011 届保送和考上研究生共 58 人,2012 届共 73 人,2013 届共 49 人,入学学校有哈尔滨工业大学、东南大学、中南大学、浙江大学、上海电力大学、上海交通大学、中国科技大学、重庆大学、华中科技大学、南开大学、华北电力大学等多所"985""211"院校,据跟踪调查,热能工程专业的研究生中近 60% 在利用 fluent 软件研究相关课题。这些学生如能在毕业设计时在软件方面得到基本训练,可为后续研究生阶段学习打下良好的基础。

5 毕业生数值计算题目及实例分析(部分)

- 稳态导热的数值模拟计算(基础)。
- 非稳态导热的数值模拟计算(基础)。
- 抛物面槽式太阳能集热器集热元件数值模拟分析(具有科研应用背景)。
- 地板辐射采暖传热数值模拟研究(具有科研应用背景)。

- 热电制冷膜蒸馏系统中半导体温度场数值模拟研究(具有科研应用背景)。
- 旋向入流结构膜组件的理论膜通量计算(具有科研应用背景)。
- 分水盘膜组件膜热容腔温度场数值模拟研究(具有科研应用背景)。
- 太阳能矩形沼气池 U 形加热水管非稳定数值模拟(具有科研应用背景)。
- 基于 Ansys 的槽式太阳能直通式金属-玻璃真空集热管流场模拟(具有科研应用背景)。

以上题目均以国家自然科学基金、内蒙古自然科学基金项目为依托。

实例 1 钢板焊接问题:两块钢板进行对接焊合为一体,对其过程进行导热数值计算。平板上、下与周围有对流,侧面绝热。平板的物性为常数,熔池液态金属的物性与固体相同。设熔化潜热为 L,固体比热容为 c,当固体达到熔点后要继续吸收相当于使温度升高 L/c 的热量,但在这一吸热过程中该处温度不变,分析钢板随时间变化的温度场。钢板焊接模型及模拟结果见图 1。

设在开始的 1s 内有电弧的加热作用。已知 $q_m = 50240000 \ \text{W/m}^2$,$h = 12.6 \ \text{W/(m}^2 \cdot \text{K)}$,$\lambda = 41.9 \ \text{W/(m} \cdot \text{K)}$,$\rho = 7800 \ \text{kg/m}^3$,$c = 670 \ \text{J/(kg} \cdot \text{K)}$,$L = 255 \ \text{kJ/kg}$,$t_s = 1458 \ ℃$,$H = 12 \ \text{cm}$,$\delta = 3 \ \text{mm}$,$r_e = 0.71 \ \text{cm}$。

焊枪的热源作用在钢板上时钢板吸收的热流密度 $q(x,y) = q_m \text{e}^{\left(\frac{-3r^2}{r_e^2}\right)}$。其中,$r_e$ 为电弧有效加热半径,q_m 为最大热流密度。

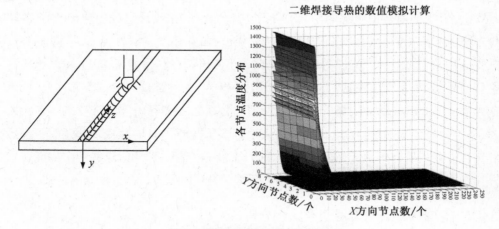

图 1　钢板焊接模型及模拟结果

实例 2 工程应用中采用一种截面积为正方形的钢制管道输送热流体,钢制管道外侧由绝热性能较好的材料包裹,为获得热流体流入管道时的热应力分布,需了解管道沿壁厚方向的温度变化情况。已知:管壁初始温度 $t_0 = 80 \ ℃$,热流温度

$t_\infty = 300$ ℃,表面传热系数 $h = 1163$ W/$(m^2 \cdot K)$,壁厚 $\delta = 0.01$ m,材料的导热系数 $\lambda = 45.5$ W/$(m \cdot K)$,密度 $\rho = 7900$ kg/m^3,比热容 $c = 460$ J/$(kg \cdot K)$。试计算 5 分钟内沿管壁方向的温度分布。其物理模型及模拟温度场见图 2。

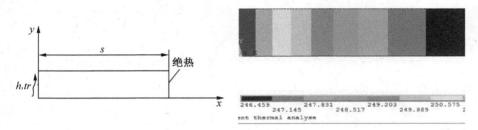

图 2　物理模型及模拟温度场

实例 3　地板辐射采暖工程问题:地板构造层自上而下由地面层、找平层(水泥砂浆)、填充层(豆石混凝土)、保温层(聚苯乙烯,上部敷设加热管)和楼板(钢筋混凝土)组成。加热管位于地板构造层的中部填充层,其产生的热量会向上下两个方向传递,而为了使热量更多地向上传递,便在加热管的下部添加了绝热层。试分析地面为常用大理石、木质地板和化纤地毯的构造层传热状况。

木质地板地面层及模拟温度场见图 3。

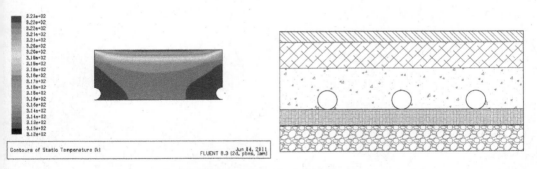

图 3　木质地板地面层及模拟温度场

实例 4　直径为 2 cm 的钢制圆柱形肋片,肋片材料为钢。初始温度为 25 ℃,其后,肋基温度突然升高到 300 ℃,同时温度为 25 ℃ 的气流横向掠过肋片,肋端及侧面的表面传热系数均为 100 W/$(m^2 \cdot K)$,将肋片分为两段,试计算不同时刻的温度分布。

30 s 时肋片温度分布见图 4,50 s 时肋长温度分布见图 5,不同时间层温度随 X 轴变化情况见图 6。

图4　30 s 时肋片温度分布　　　　图5　50 s 时肋片温度分布

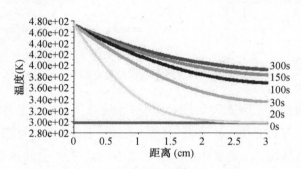

图6　不同时间层温度随 X 轴的变化

　　实例5　槽式太阳能集热器的吸收管选为直通式金属-玻璃真空管,其结构为金属吸收管外套有一个玻璃管,金属管与玻璃管之间为真空区域。集热管的总长为 1 600 mm,金属管的外径为 48 mm,内径为 46 mm,材质为铜。水的入口温度为15 ℃,流速为 0.01 m/s。槽式抛物面聚光器的开口度为1.5 m。太阳辐射强度为 $I = 1 367$ W/m² 。要求分析集热管的出流水温、压力及集热管内部流体流动情况。

　　集热管三维流线和温度分布见图7。

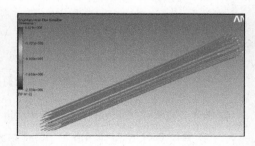

图7　集热管三维流线和温度分布

参考文献

[1] 杨世铭,陶文铨.传热学(第四版)[M].高等教育出版社.2007.

[2] 陶文铨,何雅玲.境外大学生工科专业热工类课程设置[J].高等工程教育研究,2002(2).

[3] 林健."卓越工程师教育培训计划"通用标准研制[J].高等工程教育研究,2010(4):21-29.

[4] 王福军.计算流体动力学分析——CFD软件原理与应用[M].清华大学出版社,2004.

[5] 李进良,等.精通FLUENT6.3流场分析[M].化学工业出版社,2009.

[6] 何宏舟,等.提高"传热学"课程教学质量的有效途径[J].集美大学学报(教育科学版),2009(3):73-76.

基于三维建模的内燃机课程设计教学改革探索

/王锡斌，吴筱敏/

（西安交通大学 能动学院汽车工程系）

摘 要：内燃机课程设计是学生巩固本专业基础理论知识的重要课程。内燃机行业的发展现状和趋势，使得发动机课程设计进行三维 CAD 改革势在必行。采用计算机三维制图进行内燃机课程设计与传统的手工制图课程设计相比，可大大减轻绘图工作量，使学生可以把精力集中于发动机专业知识的掌握和应用方面。采用三维 CAD 迎合了当代大学生的心理特点，可大大提高学生开展课程设计的学习热情和课程设计的效果。课程设计采用三维 CAD 还可以为学生未来的工作和科研增加有力的筹码。

0 引 言

对内燃机及相关专业本科生来说，内燃机结构复杂，零部件众多，课程设计是使学生进一步理解内燃机构造、设计的重要课程。本专业所培养的毕业生，大多会进入相关行业领域进行设计研发工作，也有一部分进一步深造，成为相关专业的硕士或者博士研究生等。随着制造业信息化的发展，CAD，CAE 技术已经在制造业领域的研发中普及，二维和三维 CAD/CAE 等技术也日渐成为工业企业应用的主流技术，在发动机工业领域更是如此。同时，在科研方面，二维及三维 CAD 建模也是许多发动机有关工程计算及数值模拟所必备的预处理环节，如发动机的强度、振动计算，发动机内部的气体和液体的流动模拟和燃烧模拟计算，都需要对发动机或相关发动机零部件的建模做预处理[1-2]。由于课程安排和课时的限制，本科生在课程设计之前主要侧重于理论知识的学习，因而只会简单的二维平面 CAD 制图。如果在课程设计环节开展内燃机零部件的三维 CAD 建模的训练，一方面可加深学生对内燃机构造的感性认识，另一方面还能提高学生的三维 CAD 实际应用能力，有助于其将来从事发动机相关领域的研发设计及科学研究工作[3]。

1 课程设计任务的创新设计

传统的发动机课程设计要求学生采用图板手工绘制发动机整机装配图。这一过程对于学生进一步掌握在专业基础课上学习的发动机构造、设计和原理等方面的内容是必不可少的。在课程设计时，向学生提供发动机主要零部件及装配图的图纸，考虑到绘图工作量，一般采用单缸机或者两缸机。分配课程设计任务时，把学生分成若干组，每组绘制一种发动机，彼此不同。但同一组之间，各同学的任务基本是相同的，不同的只是某些基本的发动机参数，如缸径、冲程、连杆长度等。由于各人绘图任务类似，虽然基本上是各人独自进行课程设计，但不时也会出现抄图的现象，影响了教学效果。根据往年经验，学生认为课程设计就是绘图，手工绘图工作量大、效率低，因而对课程设计热情不高，严重影响了课程设计的教学效果[4]。由于电脑制图在行业内已经普及，学校的课程设计也需要与时俱进，适时改革以适应社会的发展。

对课程设计进行改进和创新，就要在原课程设计的基础上，融入利用电脑进行二维或三维 CAD 制图方面的内容。为此，一方面需要了解学生自身的基础和兴趣所在；另一方面要根据现有的硬件设施情况确定课程设计任务。

1.1 课程设计内容的确定

课程设计前，应确保学生已经学习了发动机构造、原理和设计等课程，也学习过平面 CAD 软件，可以进行简单的二维 CAD 制图，且对于学习三维制图都极有兴趣。课程设计时间为 3 周，根据这种情况，对课程设计的内容和目的进行一些调整，以期通过这些改革，激发学生的学习兴趣，增强其主观能动性，提高课程设计的学习效果，使学生在课程设计中有更多的收获。

美国心理学家阿特金森[5]认为，主体对某一问题的反应倾向的强度是由内驱力强度（需要）、到达目标的可能性（诱因）和目标对主体的吸引力（价值）共同决定的。即当难度越小，目标实现的可能性越大时，目标对主体的吸引力就越小；反之，当难度增大，实现目标的可能性减少时，目标对主体的吸引力就会增大。因此，仅仅让学生简单地重复已经学过的知识，学生都不会感兴趣，而只有在学习那些较为新颖的知识时，学生才会因感兴趣而迫切希望掌握它，学习效果也更好[6]。为此，在课程设计方面加入有一定难度且学生感兴趣的新内容是提高课程设计效果的关键因素。根据这一理论，在课程设计任务安排时，取消图板画图的课程设计方法，统一采用电脑三维制图。掌握三维制图技能对于学生而言很有价值，同时他们没学过三维制图，对其而言是新的东西，且有一定的难度，这两者将激发学生的学习热情。此外，考虑到现代发动机均为多缸机，故可选用一台四缸发动机作为课程设计对象。在采用计算机三维制图情况下，由于可以利用复制粘贴来处理，多缸机绘图工作量与单缸发动机绘图工作量相比增量微乎其微，同时又能使学生了解实际的多缸发动机结构。绘制了各零部件的三维 CAD 模型之后，经过简单操作即可生成二维 CAD 制图，这样也达到了传统课程设计的教学目标。

1.2　课程设计任务的安排布置

传统上在分配课程设计任务时,虽然小组很多,但基本上还是单兵作战,各同学之间不必交流,单独就可以完成。将三维建模应用到内燃机课程设计中,考虑到三维制图远比平面制图难度大,个人不可能完成所有的工作,因而需要对课程设计的安排做一些调整。① 课程设计任务的分配:先从发动机主要零部件的三维制图开始,把所有的同学分成 4 个小组,分别负责活塞组件、连杆组件、曲轴组件和配气机构组件,每一组件都包含多个零件,如活塞组件包括活塞、气环、油环、活塞销、活塞销卡环等,最后还有将各零件装配成活塞组件的任务,这样每位同学的课程设计任务都是不同的。② 由于学生没有学过 PRO/E 等三维绘图软件,故第一周为软件学习时间,让学生掌握三维零件制图、装配等的基本操作方法。③ 各组指定一位小组长,由小组长分配各同学的具体任务,并负责最后的装配。

课程设计的目的一是使学生掌握三维 CAD 制图的方法,二是使学生了解各主要零部件的主要结构和功能等,为今后进行发动机相关的设计工作奠定基础。

2　课程设计过程

课程设计开始前,需要与学生进行沟通,并进行课程设计动员,讲解课程设计的目的、内容和要求。相对于以往以借绘图板、画图为主的课程设计式,采用电脑绘图更能激发学生的学习兴趣。虽然有部分学生并没学过 PRO/E 三维制图,但为了能采用电脑绘图进行课程设计,他们均乐意通过图书馆里的使用教程、网上视频教程进行学习。

课程设计中规定每周两次集中辅导答疑,主要侧重于发动机设计方面,三维CAD 软件应用主要依靠自学。一般不到一周时间,所有的学生都将学会应用PRO/E 软件,并开始绘制三维零件图。除了规定的集中辅导答疑时间外,学生还可以利用其他时间就设计和制图等方面的问题向老师进行咨询。由于条件所限,零件图不全,如配气机构中的气门弹簧、气门导管、挺柱、推杆,曲轴组的飞轮,活塞组的活塞销、活塞环等,都没有相应的图纸。有些标准零件参数可通过查找机械设计标准手册获得,如上述气门弹簧、螺栓螺母等;有些发动机零件如气门导管、活塞销、飞轮等的参数,需要查内燃机设计书和设计手册来确定;而曲轴组中的飞轮的转动惯量须根据发动机标定转速和功率等参数求得,然后确定其结构形式并估算各结构参数,最后进行三维制图。由于各个学生的课程设计任务都不同,最后又要求把各个零件图装配起来,因此各组学生在小组长的组织下,每周要统一进行一次交流,交流内容涉及制图软件的使用技巧、各零件规格及参数的确定等。需要说明的是,这种交流并非是教师的要求,而是学生自己主动组织起来的。

采用电脑制图,制图效率也大大提高,制图与实际的加工过程类似,通过拉伸、切割、钻孔、圆角、倒角等几个命令就可以建立逼真的模型,如果出错修改也更为方便。这时课程设计的主要工作量就不再是制图,而是设计,即根据内燃机设计和机械零件等的理论知识确定各个零件的结构参数,参数一旦确定,绘图就是很简单的事了。而往年的课程设计,绘图工作量大,学生没有时间去认真读图和查找参考资料,基本上都是抄图,虽然课程设计任务很明确,但学生却缺乏积极性,虽安排了课程设计教室和答疑时间,但答疑时很少有同学提问。课程设计结束时,仍有不少学生没有完成制图任务,找种种理由推迟最终答辩。而利用三维建模进行课程设计按时结束,所有学生都能完成各自的课程设计任务。

3　课程设计结果及思考

课程设计结束后,应按时进行课程设计答辩。每位学生应把自己的内容用PPT讲解,同时每个小组组长还应就本组进行课程设计的总体情况和组件最终的装配情况进行汇报。答辩情况表明,该课程设计比较圆满地达到了原定任务要求。学生不仅学会了读图,还能够根据课堂上学到的内燃机构造、设计的理论知识,确定零件的结构参数,掌握发动机零件的三维制图及装配图的制作方法和技巧。

从本次课程设计的整个过程来看,发动机课程设计的内容选取既要考虑到对内燃机专业课程的进一步掌握,又要与时俱进,因此结合行业的发展现状和趋势,采用三维 CAD 进行课程设计势在必行。大学生容易接受新事物,学习能力强,课程设计中的三维制图软件学习,只需短短一周时间就可掌握。由于本次课程设计中,人人都要学习三维 CAD 制图软件,同时每个人的工作内容不同,最后还需要装配,促使学生相互之间加强学习与交流,学会分工协作,培养了他们的交际能力和团队精神,对于今后走上工作或科研岗位大有裨益。采用三维 CAD 制图进行发动机课程设计,可以大幅降低绘图工作量,使学生把主要精力用于内燃机构造、设计等专业知识的巩固上。

基于三维建模的内燃机课程设计改革主要专注于各主要零部件的设计制图,建立了三维模型,在此基础上还可以进一步开展发动机各主要零部件的强度、振动计算等发动机设计方面的重要内容,而这些内容在传统课程设计中是难以进行的,因此本次教改为进一步改进和完善课程设计奠定了基础。

4 结 论

根据将三维 CAD 制图应用到内燃机课程设计教改的整个过程和结果,可以得到如下结论:

(1) 三维 CAD 制图结合了行业的发展现状和趋势,是发动机课程设计改革的必由之路;

(2) 三维 CAD 制图可以大幅降低课程设计的制图工作量,学生可以把精力集中于发动机专业知识的掌握和应用方面;

(3) 发动机课程设计采用三维 CAD 制图,抓住了大学生的心理特点,提高了学生开展课程设计的学习热情和课程设计的效果;

(4) 采用三维 CAD 进行课程设计为学生将来从事工作和科研增加了有力的筹码。

参考文献

[1] 张秀辉,胡仁喜,康士廷. ANSYS 14.0 有限元分析从入门到精通[M]. 机械工业出版社, 2013.

[2] AVL inc. AVL FIRE User Guide v2009. Glaz, 2009.

[3] 沈晓玲,平学成. "机械设计"课程设计的教改探索[J]. 华东交通大学学报,2007(S1):175 – 176.

[4] 丁金福,等. 机械制造技术课程设计教学探索与实践[J]. 实验技术与管理,2009(10):122 – 124.

[5] 约翰·威廉·阿特金森. 成就动机. 1953

[6] 张红. 机械 CAD 教学方法探讨[J]. 科教文汇(上旬刊),2009(2):136 – 137.

内燃机原理课程教学改革的探索

/冷先银,魏胜利/

(江苏大学 汽车与交通工程学院)

摘 要: 内燃机原理是能源与动力工程专业动力机械方向本科学生的一门主干专业课。文章总结了内燃机原理课程的主要内容和目前采用的主要教学方法,针对课程的特点对教学改革提出了一些建议,并介绍了作者在内燃机原理课程教学改革实践中的一些探索。

0 引 言

内燃机和汽车推动了人类物质文明的进步。随着科学技术的发展和节能减排要求的不断提高,现代内燃机产品已经不再是传统意义上的机械产品,而是将机械与电子技术密切地融为一体,成为一种技术密集型的高科技产品。而它的发展远远没有达到顶点,在动力性、经济性及排放物控制方面都在不断地改进[1]。

内燃机原理是能源与动力工程专业动力机械方向本科学生的一门主干专业课。在节能和环保要求的驱动下,近年来内燃机技术快速发展,缸内直喷式汽油机(GDI)、均质混合压缩燃烧发动机(HCCI)、各种清洁代用燃料发动机技术精彩纷呈。因此,内燃机原理这门课程所涉及的教学内容也需要不断更新与发展,这对内燃机原理课程的教学提出了新的挑战[2]。

根据教育学原理,构成课堂教学的有机因素有很多,其中教学目的、教学内容、教学方法这3个方面最为关键,而且在教学过程中,这三大环节相互联系、相互作用。近年来,国内高校在内燃机原理课程的教学方面已经取得了大量成果,积累了很好的经验,但仍需要进一步的发展和完善[3]。为促进内燃机原理课程的教学,作者总结了内燃机原理课程的特点及传统教学方式,结合几年来讲授能源与动力工程专业动力机械工程及自动化方向本科生内燃机原理课程的一些具体体会,对课程的教学改革提出了一些建议,并在课堂教学实践中进行了一些探索。

1 内燃机原理课程概述

内燃机原理是一门研究内燃机中的能量转换和内燃机性能的课程,是能源与动力工程专业(动力机械工程及自动化方向)的主干专业课程。由于知识的相关性,内燃机原理还广泛适用于车辆工程、交通运输、船舶轮机工程、工程机械和农业机械等诸多专业。由于内燃机的工作过程实质上是耦合了湍流流动、液体相变与

課程建設 教学方法 教材建設

扩散、传热与传质、化学反应的能量转换过程,所以其内容涉及传热传质学、工程热力学、流体力学和工程燃烧学等多门学科知识,是一门集理论性、实践性和应用性于一体的综合性课程。

内燃机原理课程的教学目标是通过本课程的学习,使学生认识内燃机工作过程中所涉及的热功转换、流体流动、燃料相变与扩散、燃烧、有害排放物的生成与演化等复杂现象的机理;初步掌握提高内燃机动力性、经济性和降低有害排放的主要方法与基本措施;初步形成应用基本理论解决工程应用中的各种实际问题(如提高能源效率、控制污染物的排放等内燃机性能设计与研究)的基本能力。

2　内燃机原理的教学方法及现状

内燃机原理是一门具有很强实践性的课程,因此在教学中不但需要课堂讲授,而且还要辅助一定的教学实验。

以内燃机原理的课堂讲授为例,传统的教学方式是教师喂、学生吃的“填鸭式”教学方法,即以教师和教材为中心,在课堂教学中通过对典型的内燃机工作过程理论(包括热力循环理论、换气过程、柴油机和汽油机的混合气形成与燃烧、有害排放物的生产与演化等知识点)的讲解,向学生传授内燃机工作的基本原理。这是一种学生处于被动状态下的接受式学习方式,不能充分调动学生的积极性,使得课堂气氛枯燥而沉闷,也影响学生对知识的理解深度和应用水平。

为了改善这一不利局面,近年来,很多高校都力求在教学实践中发展一些新的教学方法。但学生在学习过程中的主动性仍然未能被充分调动起来,被动学习状态始终未能得到根本性的改善。在这种教学模式下培养出来的学生在实际工作中往往缺乏独立分析和解决问题的能力。因此,要提高内燃机原理课程的教学质量,必须改革传统的教学模式,使之与当前社会对能源与动力工程内燃机专业动力机械及自动化方向人才的需求相适应,以培养具有扎实、广博的理论知识和高素质应用性技能的人才。

3　教学方法改革的探索

3.1　把握技术发展,更新教学内容

目前,无论是内燃机工作过程的基本理论还是应用技术,都处于生机勃勃的发展之中。在基本理论方面,出现了均质混合气压缩着火燃烧理论、汽油机缸内直喷燃烧理论、柴油机低温燃烧理论等新的内燃机工作过程理论;在应用技术方面,出现了废气再循环技术、可变气门正时技术、可变气门升程技术、可变截面涡轮技术、

可变进气管长技术以及可变冲程技术等新的应用技术。因此,内燃机原理课程的内容也不应一成不变,而应与时俱进,不断更新,把国际上最新的技术发展动态引入教学中,让学生不断接触到本学科的前沿知识[4]。

在课堂讲授的过程中,首先应针对学生专业特点制定教学目标,围绕内燃机原理的基本理论、基本概念选择合适的教材,在此基础上对讲授内容进行适当的取舍、优化与增补。把教学内容按照掌握、熟悉和了解等不同层次进行安排,力求夯实理论基础,突出专业重点,掌握基本原理,并娴熟地利用基本原理阐释、解析最新技术发展的意义与优势。因此在教学内容的取舍上,应删减部分在内燃机技术中已经基本被淘汰的知识内容,如化油器结构与原理等,补充教材上没有涉及或涉及不深的有关内燃机最新应用技术的内容。

3.2 丰富教学手段,强化教学实践

(1)实行启发式教学,活跃课堂气氛

启发式教学方法有两个渊源,即东方文化渊源和西方文化渊源。东方文化的渊源指的是孔子的启发艺术,西方文化渊源指的是古希腊苏格拉底的"产婆术"。尽管二者在教育目的、思维方式以及问答形式等方面存在差异,如苏格拉底的问答形式主要为老师提问学生回答,通过问题的层层推进引导学生理性思辨;而孔子的问答形式是学生提问老师回答,通过对话探讨人生哲理。但两者之间也存在共性,即通过问答的形式来启发学生的独立思考能力,大有异曲同工之妙。

作者在讲授内燃机原理课程的教学实践中,尝试应用了启发式教学方法,即通过师生之间的问答来培养学生的独立思考能力。因此,在课堂教学过程中采用了提问的形式来实践启发式教学方法。

每次上课前,首先将与课程有关的前期课程的重点、难点进行回顾。回顾的形式主要以提问的形式进行,即设置一个合适的问题,要求学生进行分组讨论,然后随机邀请一名学生代表进行该组的总结性陈述。例如作者在讲授汽油机稀薄燃烧和缸内直喷式汽油机之前,先提出一个问题:"传统的均质混合气当量为何比燃烧的汽油机热效率低?"学生开展分组讨论后,找出了由于要保证当量比而导致节气损失、由于要避免损失而采用低压缩比等关键原因,再由教师进行概括性的归纳与总结。然后顺势引出稀薄燃烧和缸内直喷技术的概念,说明这些新技术的开发正是为了避免或部分地克服上述导致汽油机热效率较低的问题。

这种启发式的教学方式一方面有利于激起学生对前期课程所学内容的记忆与理解,加强对重点知识的掌握,为新课程内容的学习做好铺垫;另一方面也有利于教师及时了解学生对讲授内容的理解与掌握程度,以便于根据学生对相关知识的

掌握情况,在教学中对讲授的新课程内容进行相应的调整。

（2）应用动画技术,实现物理现象可视化

在教学实践中,内燃机原理的课堂教学遇到的一个关键难题是内燃机的核心工作过程,如湍流流动、燃油喷射与雾化、蒸发、扩散以及混合气的燃烧和污染物的生成等,都发生在密闭的气缸内,难以直接观测。因此,关于内燃机工作过程及原理的知识都非常抽象。虽然教材上有一些示意性的插图,但对于大多数学生而言,要正确、全面地理解这些复杂过程仍然比较困难。

在教学中作者尝试应用动画技术,对内燃机工作过程中的一些复杂物理现象进行可视化,利用二维动画制作软件 Macromedia Flash 开发了"柴油机燃油喷射与雾化混合""燃油喷射控制策略在汽油机缸内分层稀薄燃烧技术中的应用""均质混合器压缩着火燃烧过程"等内燃机关键工作过程的示意动画。以"燃油喷射控制策略在汽油机缸内分层稀薄燃烧技术中的应用"为例,通过动画制作,形象地演示了缸内直喷式汽油机在不同工况下的燃油喷射控制策略:在高负荷工况利用进气过程的缸内早喷射在整个气缸范围内形成均质当量比混合气,是为当量比燃烧模式;在负荷很低的工况利用压缩冲程晚期的缸内晚喷射在火花塞周围形成局部浓混合气,而其余空间几乎没有燃油,是为"超稀薄"模式;在中等负荷工况利用进气形成的缸内早喷射形成均质稀薄混合气,在压缩冲程晚期利用缸内晚喷射在火花塞周围形成局部浓混合气,是为"分层稀燃"模式。

通过这些动画技术的应用,使复杂、抽象的工作过程具体化、形象化,从而避免采用成本高昂且具有一定危险性的燃烧实验设备,在降低教学成本的同时提高了学生的学习兴趣,加深了学生对内燃机核心工作过程中的物理、化学现象的理解。

（3）增加工程实践机会,加强对抽象理论的理解

内燃机原理是一门实践性很强的课程,理论知识的掌握离不开实验教学,只有加强实验教学环节,将课堂教学与实验教学有机融合,使之相互促进,才能加深学生对内燃机理论的理解,并掌握内燃机实验的基本操作技能。

由于内燃机原理课程学时数的限制,本课程只能安排 4 学时的实验课。为了增加学生参与工程实践的机会,巩固所学知识,加强对抽象理论的理解,作者尝试从以下几个方面增加本课程的实践教学环节:一是在不增加实验学时的情况下,增加实验项目数。在原有的"柴油机机械效率测定实验"和"汽油机速度特性实验"的基础上增加"柴油机放热率和污染物排放测定实验"和"燃烧弹内柴油喷雾燃烧实验",让学生不但能了解内燃机的性能指标和工作特性,而且能直观地看到缸内复杂的燃烧过程。二是将验证性实验逐步改革成设计性和综合性实验,让学生自

已动手,通过实验深入了解实际的工程现象,寻求解决问题的合理方法与途径。

作者将新增的"柴油机放热率和污染物排放测定实验"定为设计性综合实验。实验时,首先让学生进行柴油机基准参数下的实验,测得燃烧放热率和 NO_x,PM 排放值,然后让学生根据已经学习过的理论知识,调整电控共轨系统的参数,改变喷油定时,再次进行柴油机燃烧和排放测试。最后分析实验结果,撰写实验报告,探讨燃油喷射系统的参数如何影响燃烧放热过程和排放特性,培养学生进行发动机性能优化研究的初步能力。

4 结 语

由于内燃机技术的蓬勃发展,"内燃机原理"课程在教学中应把握技术发展,更新教学内容,丰富教学手段,强化教学实践,应用启发式提问、动画技术可视化展示等教学方法,在有限的教学条件下加强学生对内燃机基本原理及工作过程中出现的复杂现象的认识,为从事相关工作打好基础。

参考文献

[1] 周龙保.内燃机学[M].机械工业出版社,2012.

[2] 孟建,刘永启,刘瑞祥."内燃机原理"课程教学改革与实践[J].中国电力教育,2013(4):90 – 91.

[3] 叶晓明,等.启发式教学在内燃机原理课程教学中的应用[J].科教文汇(上旬刊),2012(5):64 – 65.

[4] 黄荣华,等.改革内燃机原理课程教学模式 着力学生素质与创新能力培养[J].科教文汇(上旬刊),2010(4):80 – 82.

用 Authorware 制作"传热学"多媒体课件:总体设计与实现

／何光艳[1],晁　阳[2]／

(1. 中国矿业大学 电力工程学院能源与动力工程系

2. 中国矿业大学 电力工程学院能源与动力工程实验中心)

摘　要:多媒体课件已成为高校课堂教学的一个重要工具。文章以《传热学》课件为例介绍应用 Authorware 编制多媒体课件的一些心得和编程技巧,其中主要介绍了课件总体结构设计思想以及构建框架结构中使用函数调用、导航图标、框架图标、交互图标的方法。

0　引　言

随着技术进步和教学方式的变革,多媒体、网络化教学成为当前高校课堂教学的主流,对本科和研究生教育产生了巨大而积极的影响。在现有的多媒体教学中,编制多媒体课件、使用以计算机和网络为主体的多媒体教学系统进行教学是最主要的方式。多媒体课件的制作精良与否是高校教师教学环节质量高低的一个重要影响因素。

目前高校教师大多使用 PPT,Authorware 和 Flash 三种软件制作课件,它们都有自己强大的功能和应用。其中 PPT 相对简单,易上手,故使用率最高,但存在的问题也最多,良莠不齐的现象比较严重,如整屏大段的文字,教师照本宣科地念就是最常见的问题。Flash 虽然最初只是一种二维动画软件,但随着其不断的发展逐渐成为三种软件中功能最强大的,它拥有很好的交互功能和网络化应用优势,但毕竟不是专业的多媒体课件制作软件,对课堂教学而言,它的不少功能用不到;再者数学公式无法直接输入,一般的解决办法或多或少影响其矢量缩放的效果。

Authorware 和 Flash 一样都是 Macromedia 公司开发的产品,简单易学,是一款专业的多媒体制作软件。Authorware 在多媒体课件编制上有先天的诸多优势和强大功能,当前的 7.02 版本支持多种媒体文件(包括 DVD 视频文件)播放,可动态加载 XML 文件中指定的外部文件,支持 XML 的导入和输出,支持大的 XML 文件和 JavaScript 脚本运行,增加了学习管理系统知识对象,具有一键发布的学习管理系统功能,拥有完全的脚本属性支持,用户可以通过脚本进行 Commands 命令、KnowledgeObjects 知识对象以及延伸内容的高级开发,支持导入 ppt 和 flash 文件,是相对最适宜用做课件制作的开发软件[1]。

利用 Authorware 进行多媒体课件开发,需要根据具体的课程内容和教学大纲要求,对整个课件做一个总体的设计和规划,并对各个部分按照教学需要进行相关设计,从而开发出符合课程要求、满足教学需要的多媒体课件。因此探索使用Authorware制作多媒体课件的总体设计规划方案和实现技术,归纳出一些基本的原则和要求,具有重要的现实意义和价值。文章以利用 Authorware 开发传热学多媒体课件为例,介绍作者在课件开发中的一些心得和技巧,希望能对其他使用Authorware的教师有所帮助和启发。

1　制作多媒体课件的一些基本原则

传热学是能源与动力工程专业的 3 门专业基础课之一,它在整个课程体系中的重要地位和作用毋庸置疑。从 2000 年起作者就已开始使用自己编写的传热学课件进行多媒体教学。

通过对包括传热学课程在内的多门工科专业基础课程和专业课程的课件编制和实际教学效果的分析和讨论,可以得出要制作出一个优秀的课件需要遵守的几个基本原则。

(1) 注重课件的内容而不是课件的形式

从以前的黑板加粉笔到现在的多媒体教学,教学方式在不断地进步,但这始终是一种辅助性的教学手段,并不能成为教学的目的或者教学本身。多媒体课件是教学中的一种工具,其内容永远要比它的表现形式更重要。所以编制课件,首先要准备好完整、翔实的教案,再根据具体的教学内容、素材来合理编制,不要过度地注重课件的表现力而大量地堆砌图片、动画和视频,夸张或繁杂的表现形式并不可取,反而会削弱教学效果。

(2) 课件整体框架采用模块化结构形式

“模块化”这个概念从建筑业到制造业,再随着计算机技术的发展引入了软件行业并得到大量应用。多媒体课件虽然只是一个小型软件,但对于公共基础课、专业基础课以及多个专业课组成的课程群来讲,模块化设计可以把多名教师的教案讲义以及教学经验积累整合起来,以分工合作的形式完成课件制作,后续的修改增删需要改动的文件少,工作量小。其既提高了课件水平,又缩短了课件制作时间,同时在课件的标准化、通用化、个性化、定制化等方面取得很好的平衡,消除了几方面的矛盾,保证了课堂教学水平的基本一致。

(3) 预先定制通用模板

对于一个专业而言,无论是专业基础课还是专业课,在课件的编制上总是有很多共通之处和一些重复性工作。所以如果课件制作阶段能够预先制定并使用统一模板,就可以最大限度地保证课件在多个方面的格式一致,适合多人按章节分工同时制作,并且大大减少制作阶段的工作量和工作时间。Authorware 本身并没有模板格式的文件,但可以用 Authorware 建立一个文件,按照课件统一格式预先插入相关框架、交互、显示、等待、擦除、导航、决策等图标,并设置好相关属性后将其保存。每次需要编制新的课件文件时直接打开该文件并另存为其他文件后编译,里面的各项图标及属性则可以根据实际需要进行任意修改或增删,而原文件则始终作为一个初始模板保留。为避免模板文件里的内容被修改,可以将其文件属性设为只读。

2 课件总体结构规划

通过相关任课教师的共同参与、讨论,确定了传热学多媒体课件制作的总体设计方案。

（1）课件整体采用模块化结构形式

课件整体采用模块化的"快装"结构形式,将课件分成主界面应用程序和各章节子应用程序两大模块,分别由一个主程序和多个子程序组成。由主程序利用交互功能,通过函数调用方式运行课程各章节子程序,从而进行相关课堂教学。各部分均单独编制,保存为独立的 Authorware 文件,在调试完成后全部编译生成可执行文件。

采用模块化结构形式具有以下几个优点:

① 每一章节均为独立文件,所需要编制的教学内容不多,生成可执行文件不大;

② 利用预先编制好的模板文件编制章节内容,课件编制速度快,工作量减小;

③ 主程序和子程序的编写、修改、调试及运行简单方便,不会因为整体结构的庞杂而出现问题;

④ 可根据需要对章节模块单独进行快捷调整、增删或修改,节省时间。

（2）主程序基于交互图标实现交互功能,并通过函数调用方式运行子程序

教学中首先运行主界面程序,主界面应用程序的交互功能是通过使用交互图标来实现对章节子程序的调用,主要通过热区（Hot Spot）响应或按钮（Button）响应两种方式实现。教师通过鼠标单击其窗口界面里的热区或按钮,利用文件跳转函数,通过函数调用方式运行相应章节子程序的可执行文件,进行课堂多媒体教学。

（3）子程序主体采用框架图标,结合导航、显示、等待等图标根据教师操作响应进行教学

各章节子应用程序主要采用框架图标和导航图标构建具体章节的教学界面。考虑当前多媒体教室投影仪所能支持的显示格式,子程序界面尺寸采用 800pi ×

600pi 或 1024pi×768pi 两种格式。讲授内容的显示通过显示图标和等待图标交替使用实现，运行中由教师单击鼠标或单击任意键操作控制进度。但不采用每次整屏全部显示的方式，而是根据讲解进展情况以单击鼠标或任意键的方式，逐项显示。这样设计更适用于课堂教学，避免电子书或一般 PPT 课件常见的整页翻屏的老套模式，易为学生接受，对学生集中注意力听课有帮助。

（4）根据显示内容的不同和需要选择确定各自的格式和属性

子程序教学界面使用统一、中性的背景色或背景图案。作者编制的传热学课件子程序窗口的背景色统一选定为色调柔和鲜亮的浅黄色，有一定提高注意力的效果，且易为眼睛接受，长时间注视对眼睛刺激小，不容易产生视觉疲劳或因颜色图案过于花哨而分散注意力。

文本、图表和数学公式等内容采用相对固定、统一的几种格式，这样既保持风格一致，也可以减轻编制课件的工作量。诸如章节、标题、图片等不同内容的显示特效单独规定，且应具有固定统一格式或规律变化的格式，并保持其格式前后一致。文本、公式以水平百叶窗式特效为主要显示特效，避免采用各种繁杂的显示特效分散学生注意力，对教学产生不利影响。图表则可以根据不同情况有更多的显示特效选择。文本根据章节名称、段落标题或正文分别采用不同的字体及字号显示，对重点、要点文本使用彩色高亮显示，便于区分，吸引学生的注意力。

显示内容写满屏幕后使用擦除图标擦除后再继续显示，擦除特效采用多种特效形式循环或交替使用，但不要过于杂乱。

（5）根据教学需要加入图片、动画、视频等多媒体素材

传热学教学中所使用的多媒体素材大多为自制，少部分搜集自网络资源，是否使用及如何使用则根据需求确定。动画分三类：一是 Flash 制作的动画，可以无缝嵌入；二是基于简单的帧动画技术在 Authorware 中制作的动画；三是利用 ANSYS 或 FLU-ENT 数值模拟生成的 AVI 动画，比如某对流换热场合的流场动画或者非稳态工况下温度连续变化动画等，使用电影图标播放。传热学课件中主要使用了后两种动画。

3　主界面程序设计

下面以作者编写的传热学多媒体课件为例，说明主界面部分的程序设计。在主界面中主要通过交互图标来实现预定功能，其响应类型采用热区响应。在屏幕特定区域单击鼠标以执行特定的动作，比如显示具体章节内容，或者运行某个章节的可执行文件，或者退出主界面程序。

在 Authorware 7 中打开"传热学"主界面程序文件，其主流程线见图 1。

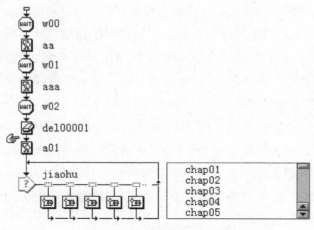

图1 主界面程序的主流程线

设计流程如下:等待 0.5 秒(等待图标"w00",可任意单击键盘或鼠标结束等待)→显示背景图案(显示图标"aa",插入课件片头的背景图像,显示特效选"以相机光圈开放",周期设为 1.5 秒)→等待 1.5 秒(等待图标"w01",任意单击结束等待)→显示课件名称、编者及课件版本等内容(显示图标"aaa",显示文本内容,特效选"垂直百叶窗式",周期设为 1 秒)→等待 5 秒(等待图标"w02",任意单击结束等待)→擦除之前所有显示内容(擦除图标"del00001",特效选"由外往内螺旋状",周期设为 1 秒)→显示主界面(显示图标"a01",特效选"逐次涂层方式",周期设为 0.5 秒)→程序暂时终止,等待用户响应(交互图标"jiaohu",特效无)

主界面上显示出章节名和退出图片,交互图标里共设有 11 个分支(chap01 ~ chap10 和 exit),各分支对应热区区域(图中虚线所划方框)见图 2。

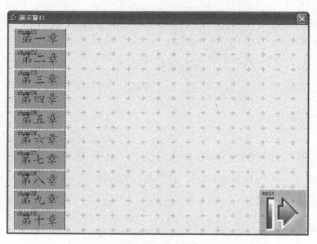

图2 主界面及各热区对应位置示意

前 10 个分支(从分支"chap01"到"chap10")分别对应在各自热区单击鼠标后的相应流程(分别执行群组图标 chap01 ~ chap10),第 11 个分支"exit"对应在该区域单击鼠标后的相应流程,在这里执行一个计算图标"exit",其功能是退出并关闭"传热学"课件主界面程序。计算图标中通过调用 Authorware 自带的系统函数 quit()即可实现,其具体语句为"Quit(0)"。

运行主界面程序,如果在"第一章"文字区域单击鼠标,则进入交互图标第一个分支,执行群组图标"chap01"里的内容。群组图标"chap01"的流程线见图 3。

其设计流程如下:显示第一章章节标题(显示图标"hh01",特效选"Random Rows",周期设为 1 秒)→程序暂时终止,等待用户响应(交互图标"jiaohu01",特效无)。

交互图标"jiaohu1"有 4 个分支,交互模式仍采用热区响应,所对应热区区域如图 4 中虚线方框所示。

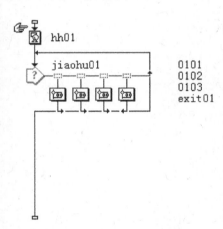

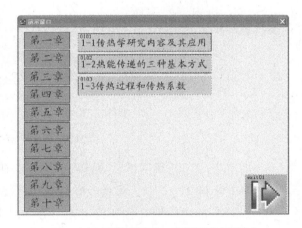

图 3　chap01 群组图标流程线　　　　图 4　交互图标"jiaohu1"设定热区区域

运行主界面程序状态下,如鼠标单击"0101"热区,则执行第一个分支里的群组图标"0101",里面只有一个计算图标"yunsuan0101",在该计算图标中使用了一个文件跳转函数"JumpOutReturn",在 Authorware 文件与其他可执行文件之间实现跳转,具体见图 5。

图 5　群组图标 0101 及计算图标 yunsuan0101

计算图标里具体语句为 JumpOutReturn（"heat0101.exe"），该语句激活"heat0101.exe"这个指定的外部文件，并且在外部文件运行后，原先运行主界面程序的可执行文件或 Authorware 程序继续在后台运行，外部文件退出后将返回原主界面程序[2]。

通过此计算图标，若在"1-1 传热学研究内容及其应用"文字附近区域内单击鼠标，则运行已编译生成的第 1 章第 1 节的可执行文件"heat0101.exe"进行该章节的教学。

值得注意的一点是，所有编译生成的可执行文件以及运行它所需要的一些 Authorware 系统文件，在安装到多媒体教室计算机中时，应该全部安装在同一个文件夹内，这样在主界面程序中调用其他可执行文件时能在当前路径下找到该文件，否则在文件跳转函数 JumpOutReturn 的参数中必须给出完整的路径名，如 JumpOutReturn（"D:\heat transfer\heat01 01.exe"）或者在最初编辑主界面 Authorware 文件时用热键"Ctrl + Shift + D"打开文件属性，在"交互作用"选项卡中的搜索路径里指定一些路径，如指定搜索路径多，中间用分号";"隔开，见图 6。

图 6　搜索路径设置

如单击"0102"热区，则执行第二个分支，激活指定的 heat0102.exe 外部文件，进行第 1 章第 2 节教学。具体设置与前一分支类似。

如单击 exit01 热区，则执行第四个分支，在其计算图标"exit01"中使用了另一个文件跳转函数——内部跳转函数"GoTo"，具体语句为 GoTo（IconID@"a01"）。

Authorware 遇到 GoTo 函数时将程序跳转至指定的图标处，并从该图标处继续运行程序[2]。执行语句 GoTo（IconID@"a01"），则跳回到如图 2 所示的主界面处（显示图标"a01"所对应内容），重新进行教学章节的选择，比如可以单击"第二章"文字区域，调出第二章各节标题，选择进入第二章某小节的教学。

使用 GoTo 函数实现跳转时，Authorware 将擦去当前图标与跳转图标之间的显示内容，并恢复各类分支结构。注意参数"a01"所指定的图标名必须唯一，否则会出现错误[2]。

GoTo 函数可实现任何图标之间的跳转，非常好用。但是，正如其他高级语言那样，GoTo 语句不符合结构化程序设计的要求，因此，一般应尽量避免使用 GoTo

函数。

4 章节子程序设计

Authorware 有很多强大的功能可以应用于交互式应用程序的制作,无论是让程序执行一个特定的部分,还是让使用者根据需要或者随意进行前后翻页的浏览操作,或者让程序根据某个条件自动跳转,Authorware 都可以轻松实现。

根据章节子程序的功能要求,作者使用框架图标来建立页面系统,而一系列用于交互控制的导航图标已经内置在框架图标内部,可以很轻松地根据使用者的选择实现定向跳转。

以"传热学"第三章第二节教学文件"heat0302.a7p"为例,其流程设计窗口见图7。框架图标"kj"内部的结构实际是一组导航控制,通过这些导航可以控制挂接在框架图标(见图8)下的页面(图中 page01,page02 等群组图标)之间的转移。

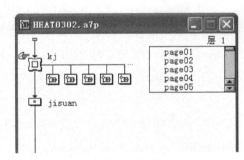 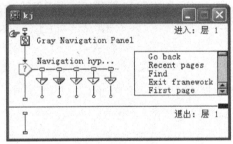

图7 章节子程序流程设计窗口　　　　图8 框架图标窗口

在程序进入各个页面浏览前,Authorware 将首先执行入口部分的内容。默认情况下,Authorware 在入口部分放置了一个控制面板,面板上的按钮供用户对页面浏览进行交互控制。由于其正好符合对教学的要求,所以作者没有做大的改动,只是将控制面板的位置调整到了显示窗口的右下角。

显示图标"Gray Navigation Panel"在子程序窗口显示控制面板外形(见图9a),交互图标"Navigation hyperlinks"采用按钮响应模式,在控制面板上密集放置了8个按钮(见图9b),按钮上还有形象的标志,便于使用者了解其功能。默认的这8个按钮的功能按从左至右、从上到下的顺序,分别是"返回已查阅的最后一页""显示用户查阅的所有页""打开查找对话框""退出框架""进入第一页""进入前一页""进入下一页""进入最后一页"。

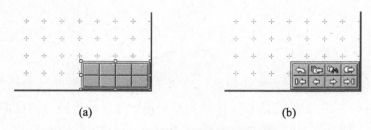

(a)   (b)

图9　控制面板外形及设置效果

执行完入口部分内容后,Authorware 自动执行第一页的内容,也就是流程线上框架图标右侧第一个分支中群组图标"page01"中的内容,然后,使用者通过控制面板自由浏览各个页面的内容,直到退出浏览。

为了方便教师使用遥控笔进行课堂讲授,而不用通过鼠标单击"进入下一页"按钮方式顺序浏览后续页面"page02""page03"等内容,除最后一个分支以外的每个分支中的群组图标在其流程线最后均添加一个删除图标和一个导航图标,如图10a 所示第一页的"del01"和"next01"。

教师在讲授过程中通过遥控笔单击翻页键(其效果等同于单击鼠标),执行完显示图标"b08"后,进入等待图标"w08",程序将暂停,待教师讲解完该处知识点,然后通过敲击键盘任意键或单击鼠标继续执行后面的流程。一旦获得交互响应,程序继续执行下一个图标(删除图标"del01"),先将之前群组图标"page01"中所有显示图标内容清除,为第二页教学内容显示做准备,然后执行导航图标"next01",其图标属性如图10b 所示,程序进入下一页演示。这样教师就可以仅通过遥控笔流畅地完成教学,而不需返回讲台操作鼠标。

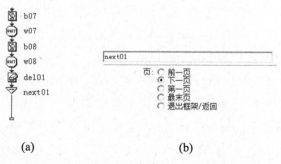

(a)   (b)

图10　框架图标页面自动顺序浏览设置

对于框架图标的最后一个分支中的群组图标,则在其流程线最后添加一个导航图标,将其属性设置成如图10b 所示的最后一个选项"退出框架/返回",实现退出浏览。

退出浏览后，Authorware 将页面浏览中所有显示内容自动擦除，并中止页面中的交互，再执行出口部分的内容（图 8 框架图标窗口下半块区域"退出"部分），这里目前为空，故而转到"heat0302.a7p"的主流程线上继续执行下面的计算图标"jisuan"，调用 Authorware 系统函数"quit（）"退出并关闭第三章第二节教学窗口，回到主界面程序。

此外，也可把主流程线上计算图标"jisuan"挪到图 8 所示框架图标的出口部分，效果和前面是完全一样的。

5 总 结

要想制作出一个好的多媒体课件，难度并不小，不是掌握了一般计算机基础知识及应用软件的人员就可以轻松完成的。大学高等教育中所使用的多媒体课件绝大部分是由教师自行编写和使用的。由于个人精力和时间的限制，多数教师也不可能精通多媒体课件制作软件和动画制作技术。希望文章能够对正在学习和使用 Authorware 的教师有所帮助和借鉴，让更多的教师基于 Authorware 软件的强大功能，开发出优秀的多媒体课件，从而更好地为教学服务，提高教学质量，达到良好的教学效果。

参考文献

［1］陈昭.多媒体制作教程(1) Authorware［M］.希望电子出版社,2000.

［2］吴洪坚,等.Authorware 5.0 高级开发手册［M］.华中理工大学出版社,2000.

关于"传热学"教学改革的实践与思考

／赵长颖,王 倩,王平阳／

（上海交通大学 机械与动力工程学院）

摘 要:文章介绍了上海交通大学机械与动力工程学院针对传热学所进行的教学改革及采取的主要措施,其中包括打造传热学模块,实现本硕博课程贯通;强化过程考核,培养学生的自主学习能力;实践环节引入包括自主实验相应数值模拟的"Project",实验由学生自主设计、搭建、测量和分析,并把教师科学实验室引入学生的实验环节,提高学生自主创新和独立思考能力;中英文分班平行授课,满足不同层次学生需求。通过上述教改措施和实践,提高了这门课程的"性价比",促使学生愿意付出更多的时间和精力,激发了学习热情,增强了学习主动性,可为国内高校类似课程或专业的教学提供参考和借鉴。

0 引 言

传热学是能源与动力类学科传统的三大核心专业基础课之一。随着近些年大专业的融合和学科的交叉,也成为机械、材料、电子等其他相关专业的重要基础课程之一[1],在专业课程体系建设中具有承上启下的作用。然而,如何使得传统课程的教学焕发生机,如何体现大学教育的本质、与世界一流大学教学体系接轨以及强化学生独立思考、协同合作的能力,进而培养出世界一流的学生,是摆在所有传热学教师面前的一道难题。目前,已有不少传热学教师提出了自己的看法[2-4]。

从本质上讲,传热学是一门实践科学,实验在整个教学体系中占有重要地位,是培养学生独立思考和解决工程实际问题能力的关键一环。因此,上海交通大学机械与动力工程学院在教学体系改革的基础上,狠抓实践环节,提出并实施了一系列的改革措施,可以为国内高校其他类似课程或专业的教学提供一些参考和借鉴。

1 教改主要措施

1.1 打造传热学模块,实现本硕博课程贯通

学院根据学校推出的"本硕博课程贯通计划",以本科生的"传热学"课程为基础,建设了传热学教学模块,包括传热学、高等传热学、热辐射传热、微尺度流动与传热等5门课程,并设立专门的模块负责人。通过模块负责人与授课老师的共同探讨,确认不同阶段的传热学课程所包含的教学内容和教学方法。通过本硕博课程的贯通,一方面可以避免授课内容的重复,有效形成知识体系和网络;另一方面可以满足

不同学生的选课需求,如学有余力的同学,完全可以在本科阶段选修硕士、博士课程,而基础薄弱的硕博学生,也可以选修相对基础的本科课程,进行针对性的加强和补充。

1.2 强化过程考核,培养学生的自主学习能力

在传统的教学模式中,大多以期末考试的成绩来考核学生的学习情况,因此催生了很多学生"临时抱佛脚"的应考心态,难以调动学生在平时学习中的积极性。本次教改加强了教学中的过程考核环节,期末考试成绩不再作为评价学生学习的唯一指标,从而有效地激发了学生的学习意愿,提高了教学效果。如图1所示,教改前的成绩组成80%来自期末考试;教改后期末考试只占总成绩的40%,其余成绩来于 Project、随堂测试和作业等过程环节。

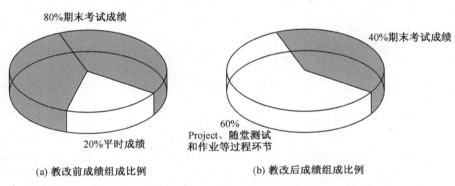

(a) 教改前成绩组成比例　　　　　　(b) 教改后成绩组成比例

图1　教改前后成绩组成比例对比

在国内传统的教学方式中老师上课讲得很细,作业题目通常小而多,但大多都是一些课上所讲内容的强化,学生课后利用较少的时间就能完成了。而在国外,教师布置的课后作业往往是综合性的,学生需花费大量的时间去阅读、思考、设计和计算方能完成,所以学生为完成作业连续通宵达旦也不足为奇。中国的课外作业在于强化对概念理解,而国外的课外作业在于强调对所学知识的独立综合运用能力,两者各有优势。中国学生基础扎实,但创新思维及综合运用能力欠缺;而国外学生的基础没有中国学生扎实,但在创意设计及实际综合应用方面具有优势[5]。因此,在本次教学改革中,着重强调培养学生分析问题和解决问题的能力,降低学生对教学内容死记硬背的要求,考试过程中允许学生携带一张写有主要公式的A4纸。

此外,本次教改将原来100人左右的大班改成了30人左右的小班,便于组织小组讨论和活动,有效增强了学生和老师的互动,也调动了学生学习的自主性和积极性,使教学效果有了很大提升。

1.3 实验课程由学生自主设计,提高学生独立思考和协同合作的能力

传热学实验教学是学习过程的一个重要环节,是培养学生分析和解决工程实

际问题能力的主要手段。传统的实验课程都为演示性实验,即教师在实验台上讲解和演示实验过程,学生进行模仿和实践。本次教改学院投入 130 多万元,摒弃了演示性实验和测量仪器老旧的实验,研制和/或购置了一大批现代化的实验系统和测量仪器(部分仪器见表 1),将传热学实验改为学生自主实验,为 Project 的顺利实施提供了保障。同时,学院为每位学生提供 200 元左右的 Project 实验费用,以便学生购买实验所需材料或加工自己设计的实验件。

表 1　本科教学实验中心所能提供的条件

1	水	常温 ~ 60 ℃、常压 ~ 0.5 Mpa
2	风	常温 ~ 60 ℃、速度 0 ~ 10 m/s
3	红外热像仪	− 40 ℃ ~ 500 ℃,320 × 240
4	热线风速仪	0.1 ~ 30 m/s; − 20 ~ 60 ℃
5	加热炉	常温 ~ 280 ℃,400 mm × 400 mm × 450 mm
6	数据采集系统	热电偶 16 通道,100 Hz/通道,8 通道测压强和流量,200 kHz/通道
7	热电偶制作和校验系统	− 60 ℃ ~ 300 ℃

传热学教师为 Project 设计了非常细致的规则,如选题、评分标准、文献调研、实验设计方案、中期检查等,并专门开发了自主实验预约系统和虚拟实验系统。题目的来源有 3 个主要途径,即学生自主确定、教师科研内容、传热学前沿研究。学生以小组为单位,每个小组由 4 ~ 5 人组成。如果实验中心的设备或仪器无法满足需要,则教师科研实验室可供参加 Project 的学生使用,且教师可与研究生一起开展实验工作。图 2 所示为参加 Project 的学生在展示实验过程。

图 2　在教师科研实验室进行的 Project

Project 的考核除了需要提交报告外,还需要进行现场演示,所有成员需采用 PPT 作口头报告(见图 3),阐述实验选题依据、方案设计的合理性、数据分析和数值模拟结果以及自己在实验过程中

图 3　学生进行 Project 汇报

的作用和贡献。

自主实验极大地提高了学生的独立思考和动手能力,同时学生的团队合作能力、沟通协调能力、口头表达能力等各个方面都得到了锻炼和加强,对于学生综合素质的提高具有重要作用。经常会听到学生汇报时说:"这门课程是我们上大学以来学得最为辛苦却收获最多的一门课程!"

1.4 中英文分班平行授课,满足不同层次学生的需求

由于国际交流合作的深入进行和学生对英语学习能力需求的提高,本科生的传热学和研究生的高等传热学都分别设立了中文班和英文班,平行授课。英文班的授课选用英文教材,全程采用英语教学,同时面向留学生和中国学生开放,例如来自美国普渡大学的本科生即可参加传热学英文班的学习。通过留学生与中国学生同堂上课的形式,促进了不同国家学生之间的文化交流。

2 教学效果评估

学生的反馈评价是教学效果评估的重要方面。通过对比教改前后的学生反馈,发现实施教改后不仅来自学生的正面反馈增多,而且增强了学生和老师之间的互动,学生愿意就学习和实验过程中遇到的问题主动与老师进行沟通,形成了良好的教学氛围。同时,通过对学生的调查发现,通过英文传热学的学习,学生掌握了大量专业英语词汇,为将来进入工作岗位或进一步深造打下了良好的基础。此外,学生普遍反映改革后的传热学实验更能调动他们的学习积极性和创造性,他们对这种全新的实验模式和考核模式都表现出了极大的热情和兴趣。相比于单一采用实验报告进行考核的传统方式,改革后的实验和考核模式更能全方位地提高学生的综合素质,也与当今社会对高层次人才的需求相符合。

3 结 语

上海交通大学机械与动力工程学院针对传热学课程的教学实施了一系列的教学改革措施,将传热学的教学进行模块化管理,加强过程考核,增加自主实验内容,并采用中英文平行授课,不仅满足了不同层次学生的学习需求,并且激发了学生的学习和创新热情。同时也应看到,新的教学模式对授课教师提出了更高的要求。

参考文献

[1] 杨世铭,陶文铨.传热学(第四版)[M].高等教育出版社,2006.

[2] 李友荣,等."传热学"课程教学改革研究与思考[J].中国电力教育,

2010(32):66 - 67.

[3] 王秋旺,陶文铨,何雅玲.从国外传热学教材谈起[J].中国大学教学,2000:38 - 39.

[4] 赵忠超,周根明,陈育平."传热学"教学方法的探索与实践[J].中国电力教育,2009(2):38 - 39.

[5] 赵长颖.人才培养与学术平等[G]∥徐飞,学者笔谈.上海交通大学出版社,2013.

"传热学"教学中的一个教学与科研相结合的实例

／王　军,夏国栋／

(北京工业大学 环境与能源工程学院,传热强化与过程节能教育部
重点实验室,传热与能源利用北京市重点实验室)

摘　要:文章介绍了德国教育改革家洪堡所提倡的"教学与科研相结合"的思想及其现实意义。以此为基础,结合作者在"传热学"教学过程中将国际前沿的研究课题引入课堂教学的实例,详细说明了能源动力类课程教学与科研的关系,阐释了教学与科研相结合的思想和现实意义。

0　引　言

"传热学"这门课程作为能源动力类专业本科生的四大专业基础课之一,是本专业学生奠定专业基础、掌握专业知识技能的必修课,也是学生获取相关专业知识的主要渠道之一,其重要性不言而喻。"传热学"课程的教学质量对于学生发现问题和分析解决问题能力的培养以及科研素质的养成都具有重要的作用。作为专业课和专业基础课的任课教师,不仅要具有扎实的专业知识,掌握必要的教育理论与技能,更要注重教学内容的科学性和感染力,始终紧密结合本专业国际前沿研究方向的知识,而不是简单地重复枯燥陈旧的课本知识。只有这样,专业课程的教学效果才会事半功倍。

1　"教学与科研相结合"的思想及其现实意义

现代高等教育制度起源于德国。19 世纪初,在德国著名的教育改革家洪堡的倡导下筹建的德国柏林大学,第一次将科学研究引入大学,并明确提出了"教学与科研相结合"的办学指导方针。这一办学理念彻底打破了中世纪大学以培养人才为唯一使命的传统办学模式,并使得教学和科学研究并列成为高等教育的基本职能[1]。受德国高等教育改革的影响,欧美的其他大学也开始纷纷学习柏林大学"教学与科研相统一"的做法,进行高等教育改革,并取得了很大的成功。

根据洪堡"教学与科研相结合"的思想,教学与科研是相互促进、互为依存的。一方面,科研是教学的基础。教学是富有创造性的活动,尤其是高等教育教学,更加强调教学方式的启发性、互动性和创造性。这种创造性仅靠改进教学方法和教学经验的积累远远不够,只有大学教师自己的科研水平提高了,才能把最前沿的科研成果反映到教学内容中,向学生展示本学科发展的新动向,提出本学科尚未解决

的科学问题;同时,只有具备足够的科研经验,才能为学生提供有价值的指导和帮助。另一方面,教学也可以带动科研。任何一个学科前沿的研究方向,尤其是热点的研究课题,都不是凭空出现的"空中楼阁",而是与学科自身的知识结构体系和生产技术发展需求紧密联系的。大学教师的科研活动也应该立足于教学,不断对自己的知识体系进行重构,只有这样,才能始终站在本学科科研的国际前沿,才能让学生经常接触到本学科发展的脉搏,并在课程的学习过程中真切体会到新知识、新观点和新技术出现的来龙去脉,体验到从事科研工作的乐趣[2]。

时隔两百年,洪堡的"教学与科研相结合"的思想对于当今高等教育的教学仍具有现实的指导意义。高等教育的第一项职能即为培养人才,而且是要培养能够促进社会发展和科技进步的高级专门人才。这不仅要求高校学生掌握某一学科领域的基础知识、专门理论,更要能够在本专业范围内具备深入探究和分析解决问题的能力。在高等学校把教学与科研结合起来,是培养大学生学会学习、学会探索新知识和提高知识再创造能力的重要措施。一方面教学与科研结合能给学生提供全面发展智能的环境和条件,使学生在课程的学习过程中有机会探索知识,进行创造性学习。另一方面,科学研究培养了学生的事业心和严谨的治学态度,以及从事科研工作的道德品质和协调合作的组织能力[1]。

我国的高等教育发展虽然起步比较晚,但是很多高校早就开始重视"教学与科研相结合"这一原则,但是能真正做到将教学与科研有机结合起来的高校并不多。可以说,"教学与科研相统一"在我国仍处于起步阶段[3]。

下文将结合北京工业大学环境与能源工程学院大三年级"传热学"课程中关于一维稳态导热问题的相关课程内容和教学经验谈一谈作者对如何在"传热学"课程中实践"教学与科研相统一"这一原则的一些看法。

2 "教学与科研相结合"的教学实例

在常见的"传热学"教材当中,大平壁的一维稳态导热问题从课程内容上来讲,相对比较简单,但对于学生练习求解导热微分方程,理解稳态导热过程中热流、热阻以及热阻的串联原理等而言非常关键。这部分内容是"传热学"教学中比较基础,也比较重要的一个环节。

对于大平壁的一维导热过程,如果忽略平壁材料热导率随温度的变化,那么通过简单地求解一维导热微分方程,可以得出以下结论:平壁内部的温度分布是一个由高温热源到低温热源的简单直线分布[4,5]。这是"传热学"课堂讲解中必不可少的一部分内容,也比较容易理解。但是,对于大多数的实际工程材料来说,其热导率都是依赖于温度的函数,而且在后续专业选修课程以及毕业设计环节如果涉及导热问题,必然需要考虑到材料热导率的温度依赖性。因此,有必要在课堂教学中适当引申部分关于变热导率情形下一维稳态导热问题的知识。

2.1 变热导率情形下的稳态导热

如前所述,大多数工程材料的热导率都是温度的函数,并且这一依赖关系往往比较复杂,工程实际应用中常通过查表的方法来获取材料的热导率。不同材料热导率随温度的变化差异很大。为了使教学内容简单化,可以假设材料热导率与温度的依赖关系是单调的,并且可以用 $\kappa = \kappa_0 (T/T_0)^s$ 来近似给出。这里,κ 为热导率,T 代表材料的温度,S 为幂律指数,κ_0 和 T_0 分别为热导率和温度的参考值。

在实际教学中可以引导学生思考这样一个问题:如果材料的热导率与温度的关系是单调增加的,那么平壁内部的温度分布还是不是简单的直线? 如果不是直线,那么应该是什么样的曲线?

在提出这样的问题之后,可以按照下面的思路来引导学生深入地思考问题,并逐渐体会和理解稳态导热过程,加深其对相关知识的理解和认识:① 从一维稳态导热的角度考虑,大平壁内部的热流一定是一个常数,否则,能量就不可能守恒。平壁内部温度分布为直线就意味着平壁内沿导热方向的温度梯度为常数,如果热导率是随温度变化的,根据傅里叶导热定律,热流密度值(即热导率与温度梯度的乘积)就不可能为常数。所以在变热导率情形下,平壁内部的温度分布不可能还是直线。② 还是以热流密度在平壁内部为常数作为出发点来考虑,如果热导率随温度升高单调增加,那么在高温端热导率相对比较大,高温端的温度梯度就只能相对小一点,以保证热流密度为常数;而在低温端,热导率较低,此处的温度梯度必然就会比较大。因此,对于材料热导率随温度单调增加的一维稳态导热,大平壁内部的温度分布就会呈现为一条相对于直线凸起的曲线(如图1中虚线所示)。③ 利用同样的分析方法可以分析得到,在材料热导率随温度升高单调减小时,平壁内的温度分布是一条相对

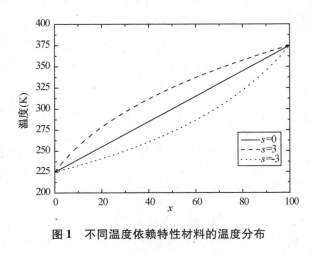

图1　不同温度依赖特性材料的温度分布

于直线下凹的曲线(如图1中点线所示)。

2.2 热二极管效应

除了上述引申内容之外,还可以逐步引导学生理解变热导率情形下的稳态导热过程与热二极管效应(传热学研究的前沿方向之一)的结合过程。

该种组合材料是将两种具有完全相反温度依赖特性的材料对接起来的。比如,左边材料的热导率是随温度升高单调增加的,而右边材料的热导率则随温度升高单调减少。这里,为了使得讲解的内容简单而又不失科学性,需要强调忽略界面的热阻。分析讲解可以按以下的步骤逐步深入:① 如果左端处于高温热源端,右端处于低温热源端,即热流沿从左向右的方向流动。此时,因为左端材料热导率随温度升高单调增加,所以左端材料的热导率相对较大(因左端温度较高)。同时,右端材料(其热导率随温度升高单调减小)处于低温端,所以,其热导率也比较高。如果不考虑界面热阻,这一整体组合材料的导热性能就处于比较高的水平。② 相反地,如果把高低温热源互换,即考虑热流从右向左的传递过程。此种情况下,左端材料处于低温端,其热导率低一些,右端材料处于高温端,其热导率也比较低。那么,将高低温热源互换,就会使得组合材料整体的导热性能明显降低。③ 结合考虑前面两种情形,对于这种组合材料来说,如果热流的方向是从左向右,其整体导热性能就高;如果热流方向是从右向左,其整体导热性能就低。这种现象十分类似于电学中的二极管器件,在一个方向上导电,而在相反的方向上不导电。所以,上面分析的组合材料可称之为热二极管,即在一个方向上是热的良导体,而在相反

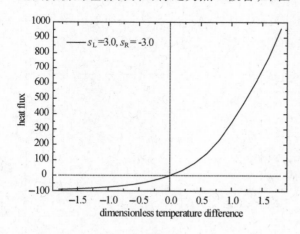

图 2　热二极管效应

的方向上导热性能很差。图 2 所示即为按照这样的思路计算的热二极管效应。其中,热流和温差都为无量纲数,正方向(无量纲温差为正)的热流值明显高于反方向的热流值。这一现象是近几年国际传热学研究的一个热点,上述实现热二极管效应的原理是由加州大学伯克利分校的 C. Dames 教授在 2009 年提出的,对此他也做了深入的研究[6]。

这一部分内容一方面是"传热学"课程教学内容的一个延伸,没有涉及太复杂的内容,大多数学生都能够理解;另一方面热二极管也是当今传热学研究前沿方向

之一。此内容可以作为一个很好的"教学与科研相结合"的实例,有利于开拓学生的视野,培养学生对科学研究的兴趣,锻炼学生的科研思维能力。

2.3 根据学生个人的兴趣因材施教

在北京工业大学大三年级"传热学"课程的教学过程中,发现两位同学对热二极管颇感兴趣,并且能够在老师的指导下主动地通过查阅相关的中英文文献对这一课题进行相关研究,他们自己申请并获批了一项"北京工业大学星火基金项目"。目前,这两位同学已经完成了前期的文献调研工作,建立了相关数值计算的模拟程序,取得了一定的科研成果,并已开始撰写研究论文。对于这两位大三年级的学生来说,通过这样一个过程,锻炼了自身的文献查阅能力、科研思维能力、论文写作能力和组织能力。

3 结 语

科研与教学相结合的模式是现代高等教育发展的必经之路。目前,虽然有很多高校都在尝试这种模式,但往往顾此失彼,很难做到真正的有机结合。我国的高等教育在科研与教学相结合的方面仍然落后于西方国家。文章结合作者在实际教学中将前沿的科学问题引入教学过程,并引导本科生进入科研领域的实际经验,阐释了"教学与科研相结合"的思想和现实意义,并希望这个实例可以成为能源动力类课程中教学与科研相结合的引玉之砖。

参考文献

[1] 傅树京.高等教育学[M].首都师范大学出版社,2007.

[2] 潘文利.从育人的角度论大学教学与科研相结合——来自洪堡"教学与科研相结合"思想的启示[J].湖南农业大学学报(社会科学版),2004,5(3):45-48.

[3] 刘艳丽,张 恒,汤兆平.计算机类课程教学与科研相结合模式初探[J].时代教育,2012(17):4-6.

[4] 戴锅生.传热学[M].2版.高等教育出版社,2011.

[5] 杨世铭,陶文铨.传热学(第四版)[M].高等教育出版社,2006.

[6] Dames C. Solid-State Thermal Rectification With Existing Bulk Materials [J]. *Journal of Heat Transfer*, 2009(131):61-301.

提高"传热学"课程教学质量的探讨

／施 伟／

（上海海洋大学 食品学院制冷空调系）

摘　要：传热学课程具有内容多、公式多、理论性强的特点，课程内容的系统性较差、重点分散。文章针对上海海洋大学"传热学"教学的现状，研究了提高课程教学质量的方法，主要有精选内容、突出重点、理论联系实际、用好多媒体手段、加强题库建设等。

传热学是研究热量传递过程规律的一门科学，传热学课程是热能动力工程及相关专业的重要专业基础课程之一，在专业课程体系中有着极为重要的地位，是连接基础课和专业课的桥梁。传热学也是一门与工程实际联系紧密、应用性极强的专业基础课程。学好传热学对于培养学生的工程意识和提高学生分析解决工程实际问题的能力有很大的帮助。文章针对上海海洋大学热能与动力工程专业和建筑环境与设备工程专业传热学课程教学的现状，研究尝试提高传热学课程教学质量的一些方法。

1　传热学课程的特点及"传热学"教学概况

作为一门经典课程，传热学理论的发展已有近百年的历史，其理论框架也已基本定型。它以能量守恒定律为基础，以热量传递基本定律为主线，研究三种不同的热量传递现象即热传导、热对流、热辐射，以及在此基础上以换热器为研究对象的复合传热现象。各部分内容既联系密切，又具有相对独立性。课程内容多杂而零散，缺乏系统性和连贯性。课程中涉及的方程、公式、图表和经验性准则关联式较多，使学生对课程内容的理解和掌握产生一定的困难，同时也让一些教师产生一种传热学难上，内容太多太杂，重点难把握的感觉。

传热学课程具有较强的理论性，一些基本概念需要通过数学公式来表达，其物理意义也需要用数学语言来描述。传热的基本定律也大多表现为一个简洁的数学公式，传热过程基本方程的推导要借助于微积分等数学工具。同时，传热学又具有较强的工程应用性，其所要研究和解决的问题都是工程实际中普遍存在的问题，把复杂的工程实际传热问题转换为一个数学问题需要提出很多假设性的条件，这就要求学生具有较强的抽象思维能力和物理分析能力。

上海海洋大学自1958年制冷专业成立之初就开设传热学课程，迄今已为4个专业（热能与动力工程、建筑环境与设备工程、制冷空调、轮机工程）共41届、2000

多名本科生开课。1982 年起学校为研究生开设了 3 门不同类型的传热学课程,培养硕士生 60 多人。近年来,课程教学中普遍存在的问题就是学生觉得传热学难学,做作业时不知如何下手。

2　提高传热学课程教学质量的有效尝试

2.1　精选教学内容,突出课程重点

上海海洋大学选用的是陶文铨和杨世铭编著的《传热学》最新版(第五版)教材,与前几版教材相比,第五版教材内容更为丰富,增加了许多学科前沿的内容,如微尺度传热等。而近几年学校在"注重基础,淡化专业"教改思路的指导下,不断修改教学计划,要求老师精讲课程内容,给学生留出更多的自主学习时间,每学分的学时数也由 18 调整为 16,传热学的学时数保持在 56 学时 3.5 学分。课程学时数虽然减少了,可是教学内容并没有减少,教学要求也没有降低。针对这一矛盾,学校精选了课程内容,注意突出重点。在传热学课程的课堂教学中,重点介绍稳态导热(包括平壁、圆筒壁、肋壁的导热)、集总参数法、导热问题数值计算的原理和方法、对流换热的准则关联式及其应用、热辐射基本定律及辐射换热计算(包括角系数计算、灰表面空间换热计算)、换热器的热工计算等内容,而对于非稳态导热的分析求解、对流换热边界层微分和积分方程组的建立及求解等部分内容,则尽量简化公式推导过程,侧重于介绍假设条件的提出、方程的结构分析、相关公式的应用等。在具体授课时,宜采用课堂讲授与自学相结合的方法,课堂教学中应实行精讲多练。

传热学中数学公式多,公式的推导过程复杂,特别是对流换热部分,其内容以边界层理论为基础,应用不少流体力学知识推导出了许多数学公式。在处理这部分教学内容时,应注重培养学生的建模能力,而不是数学公式本身的推导。如果课堂上花大量时间推导数学公式,往往模糊了学生对公式本身的理解。因此,课堂教学中,应简化对传热公式的数学推导过程,突出对公式本身结构的分析和对公式中各项物理意义的理解,并了解公式的应用条件、应用范围、应用方法等。通过增加课堂练习,使学生熟悉公式的应用,进而加深对传热理论的理解,逐步掌握用传热学原理分析和处理工程实际问题的技巧。

另外,在授课时对于例题的讲解不应局限于教材,应选取那些难度应适中,能较好地涵盖重要的知识点的典型例题,争取做到举一反三、融会贯通。例题的讲解会占用较多的课堂时间,但对重要的知识点如不讲例题,学生在碰到实际问题时往往会束手无策。对于一个例题有多种解法时,如有些可通过解析公式得到结果,也

可通过查阅图表得到结果,每种方法都应该讲解,并可对通过多种解法所得的结果进行比对,让学生知道实际工程中允许一定程度的误差。在课后的作业环节,对于重要的知识点,应该让学生多做练习。由于传热学课程公式多、概念较抽象,只有通过多做练习,才能深化理解,真正把握其内涵。

2.2 理论联系实际,启发学生兴趣

传热学的基本概念比较抽象,但传热学的每一条定律和公式都有着实际应用背景,在课堂教学中,可以从分析身边的传热问题入手。例如,在讲授"传热学"概述时,可举些生活中与传热学相关的例子,如为什么不同材料的茶杯在倒入相同温度的热水后,手握茶杯会感觉到不同的温度;为什么铝壶在烧开水时,如果壶中的水烧干,壶底很快就烧穿,而有水的时候怎么烧都没事。通过这些例子的讲解,以增强学生学习传热学的兴趣,调动学习的积极性,学以致用。

在传热学课堂教学中还应讲究授课的艺术,同一知识点通过不同的方式讲解会起到不同的教学效果。如在讲解临界热绝缘直径时,可以结合蒸汽管道的保温实践,先提出"圆管的外面加上保温材料一定可以发挥保温作用吗?"这样的问题进行讨论;再通过分析,指出保温效果与圆管自身的直径大小有关:当直径小于某值时,在圆管外面敷设保温层不仅不起保温作用,相反还会增加散热,并由此引申出传热学中的"临界热绝缘直径"的概念。这样,通过启发式、讨论式讲解,活跃课堂气氛,使学生对临界热绝缘直径有比较深刻的印象。

2.3 用好多媒体教学手段

在有限的学时数内要保质保量地完成传热学的教学任务,达到较好的教学效果,必须借助多媒体教学手段。多媒体教学有两个突出的优点:一是课堂信息量大;二是可以通过图片和动画,把教案做得更生动。但教学实践发现,在一些数学公式和理论推导较多的场合采用纯多媒体教学的效果并不理想。由于纯理论的东西难于做出生动有趣的画面,公式推导的衔接不方便,缺乏连贯性,学生接受和理解较为困难,课堂教学效果不好。因此,多媒体技术作为辅助手段,在介绍传热学工程应用、需要通过大量图片来展示一些设备并了解其工作原理时,可以发挥其优势。而对于公式的推导和例题的讲解,采用板书的方式有助于使过程条理清晰,前后呼应,收到较好的教学效果。

2.4 加强题库建设

传热学是一门应用性很强的课程,为了更好地学好传热学,必须让学生进行一定数量习题的训练。传热学的习题非常丰富,除了教材每章配设的思考题和习题外,市面上还有各种各样的传热学题解。在浩瀚如海的习题中需要挑选一定数量

有代表性的习题让学生练习,使学生较好地掌握各章知识点又不至于有太重的课业负担。为此上海海洋大学收集了大量的资料,建立了传热学试题库和试卷库,用于学生平时练习,考试时的试卷也可从库中随机抽取,真正做到考教分离。为使学生更好地综合使用传热学各章知识解决实际工程中的传热问题,学校还通过给学生布置小论文的方式,把几个学生组成一个小组,让他们自行查阅资料,分析计算,有时还需要编制程序上机调试。小组各成员可以分工合作、互相讨论,起到了较好的教学效果。

随着科学技术的不断发展及工业生产的不断进步,有关传热学的基础理论也在不断完善,传热学的应用领域在不断扩展。为了更好地提高传热学的教学质量,需要任课教师不断地钻研教材,改进教学方法,提高授课艺术,同时也需要参加相关的科研活动,不断提高业务能力和水平。

参考文献

[1] 杨世铭,陶文铨.传热学[M].4版.高等教育出版社,2006.

[2] 何宏舟,等.提高"传热学"课程教学质量的有效途径[J].集美大学学报(教育科学版),2009,10(3):73-76.

[3] 黄金."传热学"教学改革探讨[J].广东工业大学学报(社会科学版),2007(S1):72-73.

浅谈提高"工程热力学"教学效果的几点体会

／高　虹,张新铭,刘　朝,李明伟,刘娟芳,郑朝蕾／

（重庆大学 动力工程学院低品位能源利用技术及系统教育部重点实验室）

摘　要: "工程热力学"作为热能动力工程专业最重要的专业基础课之一,一直存在着学生难学、教师难教的问题。文章针对课堂教学实践中发现的问题进行了分析,结合课程特点、学生情况、信息时代最新变化,对如何改进课堂教学、提高教学效果提出了一些建议。

工程热力学是以研究热能与机械能之间相互转换规律为主要内容的一门学科[1],是热能与动力工程专业的专业基础课。对能源动力类专业的学生来说,工程热力学与传热学流体力学并称能源动力专业基础课程"三驾马车",其在能源动力课程体系中的重要作用不言而喻。

1　课程特点

1.1　概念多且抽象

在工程热力学中,有着许多基础的、经典的概念,而这些概念又有众多的分支和延伸。例如,在热力学中,功是除了热之外的另一种系统与外界相互交换的能量。关于功的分支概念很多,如膨胀功、技术功、流动功、推挤功、净功等,学生常常分不清应用场合。再如,等熵过程和绝热过程这两个概念,学生很容易混淆。由此可以看出,本课程中的概念不仅多,更关键的是十分抽象,看不见又摸不着,学生不但很难深入理解,还很容易混淆、混用各种概念,难以对整门课程形成体系化的把握和运用[2]。

1.2　公式多且应用条件复杂

尽管工程热力学的核心内容就是热力学第一定律和热力学第二定律,但由此衍生出的公式很多,且对于不同的具体问题又有不同的表现形式。例如,热力学第一定律描述的是能量守恒定律,笼统地看似乎清楚明了,但其表现形式却是多种多样的,有应用于闭口系的,也有应用于开口系的。开口系的热力学第一定律表达式应用于换热器、汽轮机、喷管、压气机等时,又都有不同的简化形式。学生在学习这些公式的时候,常常记忆困难,或者只记住了公式,却没弄清应用条件,需要解决问题时无从下手。

1.3　内容多、难点多

工程热力学主要包含以下几部分内容:热力学基本定律、工质的热力性质和各

2014年全国能源动力类专业教学改革研讨会论文集

种热工设备中能量传递、转换的热力学过程。这3部分内容互相渗透,即每一部分的内容不仅与其他部分的知识紧密关联,还有自己相对独立的结构体系,同一类问题对应不同的概念和数学表达式。而且,本课程中使用了大量数学知识,如"热力学的一般关系式"这一章在推导基本关系时就大量运用高等数学的相关知识。学生常常感觉课程的内容又多又难,产生畏难情绪,囫囵吞枣,或者在学习过程中顾此失彼,混淆概念,难以扎实掌握,更谈不上灵活应用。

2 提高教学效果的几点措施

2.1 整合和优化教学内容

修订教学大纲后,工程热力学教学内容保持不变,但课程课时相对减少,二者形成了突出的矛盾。面对这个问题,教师必须在教学内容的组织上进行调整和优化,使教学内容精简的同时保持课程基本理论的严密性和系统性。

一是要抓基本打基础。工程热力学的内容可概括为基本理论和工程应用知识两大部分,其中基本概念、两大基本定律是研究能量转换的基本理论,在课程内容的安排上应放在重要位置,而工程应用部分则是从工程观点出发,应用基本理论探讨各种热力设备中能量有效利用的基本途径和方法,具有一定的共性,可以触类旁通,因此可根据专业要求和学时情况做出适当的压缩,这样不但重点突出,而且不会影响对课程内容的系统掌握[3]。

二是要区别对待数学关系式推导。工程热力学的关系式推导比较多,如在课堂上详细讲解推导过程则要占用大量课时,而采用电子教案快速讲解公式推导则效果不佳。因此,对课程中数学关系式推导的内容要进行精心挑选与提炼。例如,对于开口系的热力学第一定律表达式,课堂上重点推导稳态流动的表达式,而对于非稳态流动的表达式可以通过电子课件的演示进行简单讲解,这样可以强调对重点公式的理解,掌握关系式的意义和应用,让学生抓住重点,学会科学的思维分析方法,并能够理论联系实际。

2.2 适当运用多媒体课件

运用多媒体课件不仅可以丰富教学内容,而且可以让一些抽象、生涩的概念和内容变得形象、直观,易于理解。但是运用多媒体辅助教学时,信息量通常都很大,学生需要用一定的时间来了解并接受相应的内容。因此,播放多媒体课件时每个画面需要有适当的停顿,让学生有时间去熟悉、消化其中的内容与知识,然后再开始讲解[4]。

另外,应该将多媒体教学手段与传统的板书与讲解有机结合。多媒体教学只能作为一种辅助传统教学、充实课堂内容、调动学生积极性的教学手段。过多使用多媒体课件会使学生只关注画面的变化和相应的声音效果，而对所讲授的内容有所忽视；不使用多媒体课件又会使课堂教学过于死板，尤其像工程热力学这门课程，理论占的比重很大，学生常会感到乏味、无趣。因此，如何正确、适度地使用多媒体课件，使它真正成为传统教学方法的辅助手段，是大家探索和研究的目标。在初次讲授基本概念、重要理论以及推导重要公式的时候，应该侧重板书，留给学生更多思考和跟进的时间。而在随后的复习性回顾、重点知识浏览、公式推导再现等教学环节中，应该更多地运用多媒体教学，一是可以节约教学时间，二是可以让学生在较短的时间内迅速回顾和搭建知识体系。

2.3 合理安排课程进度，调动课堂气氛

讲授新内容之前，主讲教师应对上次课程的重点内容进行提问或温习，以帮助学生加深记忆，进一步掌握重点内容，同时查漏补缺。另外，可以通过归纳总结，让学生清楚每个章节侧重解决的问题，厘清本章内容与前后章节的关系，并明确本章在热力学研究内容中的作用。通过每次的课堂提问和章节小结，把看似零散的概念和公式联系在一起，帮助学生形成工程热力学的整体理论和具体应用的清晰脉络。

师生间的课堂互动在工程热力学课程教学中尤为重要。在教学过程中，要合理设置问题情景，启发学生积极思维，在学生响应的过程中观察其对知识的掌握情况，根据需要调整讲授的进程或者重点，做到有的放矢。这种方式可以吸引学生的注意力，促使学生思考，加深其对课堂教学内容的印象。

2.4 保护和鼓励学生的求知欲

在课堂教学中，要鼓励学生问问题，引导学生思考。对于爱问问题，尤其是爱问"刁钻问题"的学生，要多鼓励他们向老师提问。现代科学本身有许多是未知的，书本上的知识也未必都是正确的，老师的讲授更是有可能存在瑕疵甚至谬误，所以有求知欲强的学生，才会有不断进步、精益求精的老师，这就是所谓的教学相长。而且，许多新思路都是在学生的提问中产生的，这种思考不但培养了学生自身的创新能力，而且对本学科的发展和进步都有巨大的推动作用。

2.5 注重理论联系实际

学生在学习"工程热力学"时常常会有一些疑问，例如，"我学热力学有什么用？""我今后的工作或学习会遇到热力学问题吗？""现在生活中的问题我能运用热力学的知识解决吗？"对于学生的问题，教师在教学中应特别注重理论联系实际，比如在绪论环节的教学中，先给学生介绍火力发电装置等主要热力系统，帮助学生

2014年全国能源动力类专业教学改革研讨会论文集

建立最初的蒸汽动力循环装置的概念,并且促进其对后续热动专业知识的热爱;在讲解湿空气时,通过比较空气的相对湿度,解释雾、霾、露等自然现象的形成原因等。

2.6 适当借助社交网络手段

不管是教师还是学生,都身处飞速发展的信息社会,每个人都是社交网络的一个结点和一个参与者。教师应该充分把握青年学生的心态、兴趣点、关注点,将社交网络作为课堂教学的延伸、丰富和补充。比如,可以通过建立工程热力学微信群的方式,将微信群作为"第二课堂",发布"工程热力学每周一题""给工程热力学经典理论点赞"等,让学生积极参与,在轻松的互动中提高兴趣、加深理解。

2.7 任课教师不断充实自己

任课老师应对与热力学相关的前沿科技有充分的了解,只有这样才能在讲课过程中举例恰当,并激发学生参与科学研究的兴趣。教师在提高自身水平的过程中,可以多借鉴欧美国家的教学经验。欧美国家的高校教材经过不断更新和完善,具有较强的系统性和实用性。很多优秀教材不仅习题丰富多样、讲解清晰、章节安排灵活、插图生动、能反映当前工程实践的最新进展,而且在章节编排顺序、基本内容讲解、解析方法介绍和内容选取等方面也有很多值得借鉴之处。在备课时任课老师应多参考书籍,有选择地汲取其中的营养,取长补短。另外,任课老师还要大量阅读与热力学有关的前沿科技论文,并将内容介绍给学生,激发他们主动参与科学研究的意识[5]。

3 结 语

如前所述,工程热力学作为一门非常重要的专业基础课,具有内容多、理论性强、概念多且抽象、公式多、应用条件复杂等特点,在教学时,应不断地改进完善,同时注重培养学生的学习兴趣,把基础理论与工程实践较好地结合起来,不断提高教学质量,使学生能够通过学习真正达到教学大纲中的要求,在学习知识的同时,各方面的能力也得到相应的培养和提升。

参考文献

[1] 曾丹苓,等.工程热力学[M].3 版.高等教育出版社,2002.

[2] 吴晓艳,杨学宾."工程热力学"的教学改革初探[J].中国电力教育,2011(21):157 – 159.

[3] 陈梅倩,陈淑玲,张华."工程热力学"课程教学方法的研究与实践[J].中

国电力教育,2008(1):80-82.

[4] 孙颖,等.工程热力学的多媒体教学实践[J].佳木斯教育学院学报,2012(7):181.

[5] 于靖博,董丽娜,赵兰英.工程热力学与传热学课程教学改革与实践[J].广州化工,2013(11):259-260.

[6] 王华.对高职工程热力学教学改革的几点尝试[J].安徽电气工程职业技术学院学报,2012(3):115-118.

"传热学与换热器"课程的建设与改革

／李志国／

（淮海工学院 理学院新能源科学与工程系）

摘 要：传热学与换热器原理与设计是能源动力类专业的两门主要课程，二者紧密联系，相辅相成。如何将二者整合为一门课程，实现教学过程和内容的优化是现今缩短课堂教学时数这一教学改革形势下面临的新问题。文章从分析两门课程的特点和现状出发，探讨了优化整合的措施，提出了新课程的教学方法和教学改革措施。

0 引 言

传热学是高等院校能源动力类专业的重要专业基础课，主要研究热量的传递规律；换热器原理与设计是其后续的专业主干课程，主要介绍工程实际应用中重要的换热设备的原理与设计方法。在以往的教学中，淮海工学院理学院的课程设置是将两门课程分两学期单独开设，紧密衔接，总共 112 学时，但随着不断进行的大学教学改革的推进，课堂理论教学时数需减少。如何在保证教学质量的前提下，优化整合两门课程、建设新课程是新形势下必须考虑的问题。2011 年级开始，学院新能源科学与工程专业实施了"卓越工程师教育培养计划"和"能源动力类"重点专业建设，减少了理论课时，加强了实践环节的教学，对专业培养方案进行了比较大的修改。据此，结合学院新能源科学与工程专业的人才培养目标和专业特点（重点是太阳能的光热利用），在课程设置模块的修改中将两门课程合并为一门课程"传热学与换热器"，学时数为 80，含实验 8 学时。

1 两门课程的特点

传热学是一门应用性很强的基础课程，着重研究热量传递的规律和方法。这门学科的发展历史虽长，但仍是一门发展中的实用性较强的工程学科。3 种传热方式分别受不同物理定律的制约，3 种基本传热方式自成体系，有很多"物理模型"仍处于研究阶段。所以，该课程内容的连贯性和系统性较差，表现为基本概念繁多、图表和经验公式及半经验公式多且杂乱、重点分散等，学生掌握起来有比较大的困难。

换热器原理与设计是传热学的后续课程，重点介绍实用性较强的换热器基本理论、设计方法及相关的设计资料和制造工艺。传热学的最后部分也有关于换热器的内容,简要介绍了换热器的类型和热设计的基本理论,未涉及具体的换热器形式的特点、应用场合以及不同换热器设计的步骤、阻力设计、结构设计等,而换热器原理与设计以这些内容为主,并结合工程实际介绍了具体的设计步骤,对学生掌握实际的换热器设计有很大的帮助,能提高学生的创新思维能力和工程素质。

2 课程的建设与改革

鉴于两门课程的特点、实用性和对能源专业的重要性,在缩短课时的新形势下,我们探讨了这两门课程的整合问题并进行了新课程的建设与相关的教学改革。

2.1 整合课程内容,优化课程结构

从课程内容的角度,将传热学涉及的 3 种不同的热量传递方式融合在一起,先简单介绍 3 种传热方式及传热过程,在绪论中通过生活实例引出导热、对流、辐射以及传热过程的基本概念,使学生对传热学和换热器有基本的认识;然后对不同的传热机理分别进行深入介绍,讨论 3 种传热方式各自的基本规律;到课程教学的后半段综合不同的传热方式对传热过程进行深入的探讨,以换热器这一工程实用的换热设备为对象,研究传热学在工程中的应用。也就说,将整门课程分成四大模块进行分模块教学(见图 1)。这种结构上的整合、优化,能使学生在更高的认知层面上进一步综合应用传热学知识去解决问题,掌握换热设备的设计原则及设计步骤。

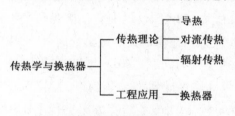

图 1 传热学与换热器课程模块

学院采用的教材仍为杨世铭、陶文铨著《传热学》(第四版),但对其教学内容的结构进行了调整。将教材第十章中关于"传热过程控制"部分的内容提到前面,讲完每个传热方式的传热机理、规律之后就介绍其强化削弱机理和工程实际应用,从而使前面模块的内容体系更加完整,讲授更具有条理性、逻辑性,学生可通过对比、比较 3 种传热方式讲授步骤的异同点,更加深刻地认识传热学的基本理论。以 3 种传热方式的综合应用为问题,引入换热器的概念,将《换热器原理与设计》第一、二章的内容整合到《传热学》第十章中,介绍换热器的类型、特点,分析换热器设计的步骤、原理。然后再按不同换热器形式补充讲解、具体介绍设计过程中应掌握的内容。

2.2 改革教学方法与手段

如今高等教育的任务是培养面向 21 世纪的高素质人才,只有实现教学现代化才能顺应时代要求,而现代化教学中的一个重要环节就是教学手段和教学方法的

现代化。

在传热学和换热器的教学过程中,将教学内容和学生实际紧密联系,巧妙地采用各种行之有效的教学方法,激发学生的学习兴趣。如讲解绪论部分时,选择学生熟知的生活传热现象作为引入点,创造逼真的教学情景,使学生感受到传热的"无处不在",进而增强学习传热学与换热器的兴趣,采用发现式、启发式、问题讨论式、比较分析等多种形式的教学方法,调动学生学习的主动性、自觉性。如在讲授肋片的导热时,先提出问题"为什么很多换热设备的表面常有凸出的部分?",合理设置问题情景,通过课堂上的一问一答、讨论的问难质疑方式,引入肋片概念,进而分析肋片导热的机理和对换热的影响。如讲到多层材料的导热时,通过对比计算来分析所提出的"实际管道保温层材料的包覆应先敷设哪种材料后再敷设哪种材料才能有较好的保温效果?""是不是所有管道敷设的保温材料越厚保温效果越好?"等问题,以引起学生的注意,用理论的分析启发学生积极思考,调动学生学习的积极性和主动性。

传热学的教学应当采用多媒体教学和传统教学相结合的方式,根据教学内容的不同选择最为合适教学手段。利用多媒体中的图片、动画和视频可以轻松地将课程中的一些抽象术语、概念、定理生动地以实体展示或者模拟直观地传递给学生,使学生了解生活中的传热学、换热器知识,自然地将学习与生活联系,清晰地在脑海中构建传热的现实模型,理解深刻,记忆牢固。如换热器的教学部分,通过换热器的实物图和换热器换热过程的动画模拟,使学生清楚地认识换热器,了解各种换热器的特点,深刻理解和掌握各种换热器的工作过程和工作原理。同时,结合实际的换热过程,通过板书讲授换热器的设计过程,使学生真正做到学以致用。

在能源动力类专业建设网站上传本课程的教学大纲、教学课件等教学资源,使学生能够通过网络提前对该课程进行了解、预习和课后的习题模拟复习,更好地掌握新课程的内容体系和知识点,在不增加课堂教学时数的情况下提高教学效果。

2.3 改革考试和评分方式

学院对传热学与换热器课程的考核成绩评定方式进行了改革,在传统的依靠平时成绩和期末闭卷考试成绩的基础上,对课程成绩评定进行了优化整合。因为传热学的公式多且多为经验公式,内容松散,而换热器的重点在于掌握设计的原则和方法,所以改革后的成绩评定除平时表现、考勤外,还包括以下内容:① 期末考试。期末考试为半开卷形式,老师在 A4 纸张上给出需要的图、表,空白部分由学生自己抄写需要的任何内容,如公式、概念、解题步骤等,这样学生可以在掌握简单、基础内容的基础上将重难点、不需要记忆的公式和自己无把握的东西记在上面,提高复习效率和考试效果。② 课程设计。在学习课程内容的基础上针对老师给出的实际任务进行换热器课程设计,上交课程设计任务书。③ 相关的课内实验。这样能够有效地综合评定学生对该课程的掌握程度,真正起到评价作用。

3 结 语

将传热学与换热器原理与设计两门课程整合为一门课程,是新形势下淮海工学院理学院教学改革的必由之路。结合新能源科学与工程的专业特点,学院在保证教学质量的前提下针对如何整合课程进行了以上探索,对新课程的建设与改革采取了一定的措施,但这还远远不够。更好地优化课程、提高课程的教学效果、全面评价学生的成绩是我们继续努力的方向。

参考文献

[1] 杨世铭,陶文铨.传热学[M].4 版.高等教育出版社,2006.

[2] 章学来,施敏敏,汪磊.多媒体在传热学教学中的应用[J].中国电力教育,2009(5):67 – 68.

[3] 张鹏,等.浅谈素质教育与传热学教学改革[J].中国校外教育,2011(4):91 – 92.

[4]余建祖.换热器原理与设计[M].北京航空航天大学出版社,2005.

"工程流体力学"研究型教学理念与实践

／刘向军／

（北京科技大学 热科学与能源工程系）

摘 要： 工程流体力学是高等院校能源动力类专业的专业基础课程。顺应国家对能源动力类专业本科人才培养的新要求，开展工程流体力学的研究型教学十分必要。文章介绍了北京科技大学目前针对能源动力类专业开展工程流体力学研究型教学的指导思想和教学理念，并以黏性流体多维流动为例详细介绍在教学过程中的实施方法，供同行参考。

0 引 言

工程流体力学是高等院校能源动力类专业的专业基础课，是本专业本科生学习专业课程、掌握相应专业知识以及在专业领域进一步深造的基础课与必修课[1]，在能源动力类本科生培养计划中占据重要地位。目前国内外教育形势不断发生变化[2]，国家对能源动力类专业本科人才培养也不断提出新的要求，流体力学学科本身也在不断发展，如何顺应这些变化与要求，培养出优秀的有潜力的高素质人才，是一项需深入研究的课题。

由于21世纪对人才的知识、能力和素质要求不断提高，世界各国的高校正逐步改变人才培养战略，推进研究型教学改革。北京科技大学制定了"由点到面、循序渐进"的战略方针，启动"百门研究型教学示范课工程"，其热科学与能源工程系针对能源动力专业本科生开设的工程流体力学课程于2012年被列入校研究型课程建设行列。然而对于什么是研究型教学，不同学科、不同学者有着不同的理解。有的学者把研究型教学界定为某种具体方法；有的学者界定为某种具体的教学模式；有的学者界定为一种教学设计；有的学者则界定为一种教育教学的思想和理念。作者从事能源动力类专业工程流体力学教学工作多年，本着培养高素质有潜力的能源动力类专业人才的目标，经过摸索与实践，对能源动力类专业开展工程流体力学研究型教学有了一些体会与收获，望与同行共同探讨。

1 工程流体力学研究型教学理念

开展工程流体力学研究型教学，根本目标是保持本课程教学理念的先进性，培养能源动力类专业优秀的有潜力的高素质人才。即结合本课程的实际教学要求将"研究探索"的理念融入教学内容、教学方式与手段以及考核等各个环节，以培养在流体力学领域怀有"研究探索"精神、具有"研究探索"思维、拥有"研究探索"技能和可完成"研究探索"专题研究的高水平学生为目标。其具体教学理念和指导思想如下：

（1）重视思维训练，强调基础扎实。教学的重点在于培养学生建立流体力学的思维方式以及运用流体力学的基本理论解决实际问题的方法和思路，注重理工科素质与能力的培养。

（2）教学内容"纵横打通"。在纵向，渗入研究生高等流体力学部分概念与内容；在横向，打通工程流体力学与其他专业课程的联系，将工程流体力学的课堂教学置入能源动力类专业学科广阔的发展背景中，将能源动力类专业相关学科的最新研究进展引入课堂教学。

（3）整合教学内容，改革教学方法，设置研究专题，改变考核方式，将"研究探索"能力培养贯穿于教学的各个环节。

2 研究型教学内容与措施

在上述指导思想下，任课教师重新优化整合教学内容，改革课堂教学方式，设置研究型教学专题，并尝试对考核方式进行改进，建立了针对能源动力类专业本科生的工程流体力学研究型教学模式。

在教学内容方面，目前工程流体力学包括 8 章的内容，课程安排方面应明确课程主线，由自然科学最基本的牛顿第二定律，质量、能量与动量守恒定律出发[3-4]，由简到繁、由易到难展开全书内容，帮助学生在较高的自然科学层次上理解与掌握流体力学。除第 1 章流体力学的基本概念外，其余 7 章的内容都可以作为流体力学基本理论与方程的特例与专题，但同时又将流体力学的基本概念和理念贯穿其中。为开展研究型教学，将后 7 章的教学内容重新整合，将每章的教学内容划分为思维篇、技能篇和应用篇，明确在思维理念、公式概念理解记忆和应用各方面必须达到的要求。例如在第 3 章"流体运动的基本概念和基本方程"中，提炼出"微元分析""连续性""守恒性""输运性"等开展流体力学研究的基本理念与思维方式，将推导与掌握"连续性方程""伯努利方程""动量方程和动量矩方程"作为基本技能，将"皮托管""文丘里管""虹吸"等作为应用，合理分配学时，课堂教学以思维培养为主。

在教学过程中，传统的教学过程是老师"教"，学生"学"。经过多年教学研究探讨，作者认为较先进的教学方式是课堂教学以学生为"主导"，教师为"引导"。针对流体力学的教学内容，在教学过程中，作者尝试还原与重现科学问题的发现与解决过程，将教学过程变为师生共同探索研究的过程。例如在雷诺数的引入中，首先提出问题与研究目标，在课堂上重现雷诺实验的内容，让学生置身于雷诺当年面对的数据和问题中,一步步否定与肯定,进而自己得到雷诺数的表达式。又如,在讲述完伯努利方程后,给出实验条件和目标,要求学生自己尝试测量流体的流速,在老师的启发下,部分同学能很快给出皮托当年测量河水流速的办法。目前这一教学方法在部分内容的授课过程中取得了很好的效果。

设置专题研究是实现研究型教学的一个重要实施步骤。一般在第一节课时,任课教师就将专题研究作为一个大作业布置给学生,随着授课的进行,和学生一起探讨,帮助学生选题。任课教师每年根据实际情况选取其中一个做专题报告,其余供学生选择,学生可在上述范围内进一步深入选题或自由选题,2～3人一组查阅资料并根据需要进行计算和简单的实验工作,撰写小论文和制作PPT,在班级内做专题报告。学有余力的同学可根据其意向和兴趣,坚持后续研究或提前进入课题组学习与研究。

在考核方面,目前专题报告成绩占最后总成绩的20%。为鼓励学生尝试专题研究,计划逐年增加专题报告和小论文成绩占总成绩的比值,并对特别优秀的同学给予期末免考的权利。

3 教学实例

下面以工程流体力学第6章"多维黏性流体流动"为例,对研究型教学的具体实施进行介绍。

本章共10节内容,教学要求如下:熟练掌握不可压缩黏性流体的运动微分方程、边界层的动量积分方程及应用;掌握库特流、圆管内充分发展段内层流流动的分析推导;掌握边界层的基本概念及层流边界层的微分方程;理解平板层流边界层、平板湍流边界层及平板混合边界层的分析推导;了解曲面边界层分离、卡门涡街、物体阻力及阻力系数的概念。本章计划学时12学时。在前面所述的研究型教学理念指导下,目前教学过程按以下6个步骤实施:

① 教师讲授过程中提出问题,用动画引出黏性流体多维流动问题,同时明确本章的知识点与具体要求。例如在2012年度教学时,主讲教师提出的问题是"一个矩形的平板淹没在水中匀速拖动,是长边向前拖动省力还是短边向前拖动省力?"很多同学当即想当然地给出了答案,主讲教师随即指出这是多维黏性流体流动问题,进而点出推导黏性流体多维流动运动方程的基本思路,布置大作业要求每个学生自己推导过程,2名学生制作PPT,此部分1学时。

② 以学生为主体,推导与学习黏性流体多维流动运动方程并进行应用。2名学生制作PPT,课堂上讲授黏性流体多维流动运动方程的推导,教师点评,并引出几种典型的层流流动,学生讲2个,教师讲2个,此部分共3学时。

③ 采用直观教学手段,引入边界层所有相关概念。边界层的概念比较抽象,教师利用 Flash 制作动画,将多种情况下边界层的形成过程直观地显现了出来。图 1 所示为平板混合边界层形成过程中的一个画面,此动画将来流经过一平板在壁面处形成的边界层及其结构形象地显现了出来。借助此动画短片,主讲教师用很简单的几句就可将边界层、边界层的结构、层流边界层、紊流边界层、边界层的厚度等概念清楚地表述出来。图 2 和图 3 分别是黏性流体流过二元翼型以及圆柱的流动动画中的一个画面,这两个动画短片将各种流速的黏性流体流过不同物体及同一物体不同张角得到的不同流动情况下,曲面边界层、边界层分离、涡街、黏性阻力、形状阻力、升力等概念直观地表达了出来,同时要求学生推导边界层微分方程,此部分以教师讲授为主,共 1 学时。

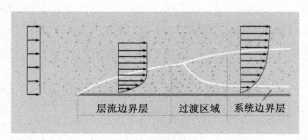

图 1 平板混合边界层

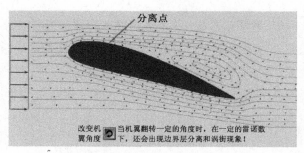

图 2 黏性流体流过变张角二元翼型

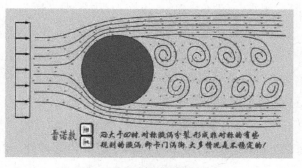

图 3 黏性流体绕流圆柱体

④ 学生和老师共同推导边界层的方程。引入边界层概念后，为定量研究边界层问题，回答教师所提出的问题，需对边界层进行定量描述。在课堂上，师生共同推导层流边界层的微分方程（数量级分析法）、边界层的动量积分方程，并介绍平板层流边界层求解思路，此部分以教师讲授为主，但要求学生课前以自学相应内容，课堂要求师生互动，教师引导学生学习，此部分2学时。

⑤ 学生和老师共同推导平板层流边界层、平板湍流边界层及平板混合边界层的定量求解过程，回答最初提出的问题。应用推导所得的边界层动量积分方程，根据题意给出定解条件，对最初提出的问题进行求解，对比计算出在水中沿长度方向拖动矩形板和沿宽度方向拖动矩形板所需的拉力。通过该教学过程，学生的疑问消除，其对流体力学方程的应用也有了明确的认识，此部分为2学时，以教师讲授为主。

⑥ 学生结合能源动力工程实际问题，进行专题报告，介绍多维黏性流动、边界层的实际应用。多维黏性流动和边界层问题在能源动力工程实际问题中应用很多，主讲教师指导学生在此领域选题做专题研究，撰写小论文，并组织2~3组同学制作PPT在课堂讲解，学生讨论，此部分2~3学时，历年来是学生评价花时间最多、最感兴趣、收获最多的部分。

4 结 论

通过整合教学内容，改革教学方法，设置研究专题，改变考核方式，将"研究探索"能力培养的理念贯穿于工程流体力学教学各个环节。上述尝试对开发学生潜力、培养学生能力有重要作用，对学生本课程的学习和后续专业课程的学习及今后从事科学研究起到了很好的激发和引路作用。

虽然目前工程流体力学研究型教学取得了一些成就，但在具体实践中发现其还存在一定的问题：① 部分同学积极性不高，在本组研究中不做贡献；② 目前工程流体力学针对大二学生开设，部分同学选题有困难或课题涉入太浅；③ 专题报告的评分及最后考核的公平性尚待进一步探讨。

参考文献

[1] 潘文全.工程流体力学[M].清华大学出版社,1988.

[2] 宋彤宇.中国教育适应WTO的着眼点[J].广西青年干部学院学报,2002, 12(2):26-27.

[3] 刘向军.工程流体力学[M].中国电力出版社,2007.

[4] 章梓雄,董曾南.黏性流体力学[M].清华大学出版社,1998.

"流体力学"课程中互动式教学方式的探索与实践

/邹正龙/

（中国矿业大学 电力工程学院）

摘　要: 课堂教学是教学工作的主要形式,改善课堂教学的效果是提高教学质量的重要方面。"流体力学"是许多工科专业的技术基础课,理论性较强,学生普遍认为较难学习。开展互动式教学,建立和谐的师生关系,把教师的主导性和学生的主体性结合起来,营造生动活泼的学习环境,实现和谐的课堂氛围,是实现"流体力学"教学目标、提高教学效果的一条有效途径。

教学过程是师生双向互动的实践活动,不是教师单向传授知识的过程,而是学生主动学习的过程,即要确立学生在教学活动中的主体地位。教学过程不仅是一个对知识进行简单认识、识记的过程,也是一个师生相互交流、相互启发与相互促进的过程,是"教学相长"的过程。

教育的根本目标是培养人才。教师要在传授知识的过程中,注重对人的培养,授人以渔,以传授学习的能力和方法为主,使学生真正成为学习的主人。

互动式教学的中心思想就是要充分调动学生学习的主观能动性,积极思考,参与到教学的过程中来,发挥学生在教学过程中的主体作用,使其成为教学活动的主体。

"流体力学"是许多工科专业的技术基础课,理论性较强,学生普遍认为学习比较难。如何才能增加本课程的吸引力,提高学生在学习时的积极性和学习效果,作者结合互动式教学方法进行了实践与探索。

建立在互动式教学基础上的学生自主学习,并不是孤立无助的自学,而是在教师指导下的有主见的主动学习;建立在互动式教学基础上的教学活动是一个不断反馈、不断修正、不断提高的过程。

学生是具有主动性的人,他们的认知过程是在教师指导下进行的,如果学生没有学习的主动性,教学活动就会失败。所以学生的积极参与是关键,没有学生的积极参与,就无法实现教学互动。而学生的参与则需要教师的引导和教学的组织。

在教学过程中,教师不仅要传授知识,实现对课堂教学过程的单向控制,更要营造一种相互信赖、平等沟通的教学氛围。在教学活动中教师的主导作用是决定性的因素。教师要在教学中激发学生的学习兴趣,提高其参与教学活动的积极性,使其成为学习的主人,从而逐步培养学生学习的主动性、创造力与独立学习的能力。

如何才能让学生积极地参与到教学活动中来呢？

第一，要让学生有明确的学习目的。学以致用是商品经济环境下的价值取向，具有较强的功利性。教师在教学活动中要理论联系实际，一切从实际出发，明确所学知识的实际用途，让学生明确所学知识的作用及其在今后职业生涯中的重要性，这样学生的学习才会有目标和动力。

第二，教师的讲课艺术或者教学设计是增强学生学习兴趣、吸引学生听课注意力、提高学生学习主动性的有力保证。教师不仅要熟练掌握本门课程内容，而且还要在课堂教学内容的组织安排上、各种教学环节的设计上、各种教学方法和手段的运用上以及课堂教学全过程起引导与掌控作用。

教师的主导作用主要体现在以下三个方面：

（1）课前准备——教学过程的精心设计。这是讲好一堂课的关键。教师要有精心准备的教案，要组织安排好每节课的教学环节，不仅要熟练掌握所讲的教学内容，还要确定以何种方式和方法进行讲授，并且准备充足的典型案例以便进行课堂讨论，来提高学生对理论知识的感性认识。

教师在上课前就要设计好课程的主要过程，例如怎样开讲、讲什么、如何提问、提问什么、如何讨论、讨论什么、讨论中的关键点是什么、要得出什么样的结论等。只有课前准备得充分，讲课过程中才能牢牢地抓住学生的注意力，让学生紧跟教师的思路，一步一步地得到结论。

这就要求教师平时就对本课程的专业素材有所积累，并及时丰富和更新教学案例，不断地完善教学过程和技巧。当然如能结合一些适当的表演手法和幽默、风趣的语言就更好了。

（2）课堂互动——轻松活泼的学习氛围。课堂的互动形式主要有心灵的互动、语言的交流、文字的交流等。

讲课过程中教师要随时关注学生对教学活动的反馈，最敏感的反馈点就是学生的眼神和表情。通过互动教师可以了解学生对所讲授内容的关注程度和接受程度，以便及时调整讲课的进度和节奏，或者通过调整讲课的方式来吸引学生的注意力，使学生从内心里与之互动，跟着教师的思路走。

通过提问和设问可以了解学生的学习情况以及学生对所学知识的掌握程度。"设问"是启发式教学的主要手段，即老师提出一个问题，在一定时间的停顿后，由老师自己给出答案或者由全体同学集体回答。这既可以调动学生进行主动思考，又可以减少课时的浪费，还可以活跃课堂气氛。

"提问"是最常用的一种方法，包括课前"提问"和课中"提问"。在提问时，教师要学会等待,在等待中加以点拨和引导,同时也要让没有被提问到的同学学会耐心等待和聆听。

课前提问经常是带有复习性质的,教师在设计提问时,应注意上节课的重点、难点问题,同时一定要注意与本节课有联系的相关内容,这样可以使提问有承上启下的作用。有时提问还可以涉及一些用作铺垫的相关基本知识,从面上让学生了解各课程之间的联系,既能提高学生的学习兴趣,又能为相关课程的讲述做好铺垫。

在选用互动内容时,要从学生所熟悉的实际事例出发,这样才能增强对学生的吸引力,使其积极地参与到课堂教学的互动过程中。一般情况下是在多数学生可能会回答的"知识点"进行"互动",这样可以建立学生的自信心,提高学生参与的程度,也可以活跃课堂气氛,放松紧张的情绪。如果所提问题过于复杂或难度较大,大多数学生都答不出来,就会出现冷场的情况,这样的互动效果就达不到活跃课堂气氛的目的。

课中提问是检验学生听课情况的有效方法。在讲课过程中教师可突然停下来让学生回答与所讲授的教学内容相关的问题,既可把学生的注意力引回教学过程中,又能检查教师的教学效果。

例如,在讲述定常流动这一基本概念时,首先让学生回答"什么是定常流动",这是一般的同学都会的问题,既可让学生行动起来,又能检查学生是否进行了预习和及时复习,培养学生养成"学而时习之"的良好习惯。

然后根据定常流动的定义,给出几个事例,请学生来判断是否为定常流动。给出的例子必须是平时生活中常见的,这样才能吸引学生的注意力,从而引起学生的兴趣,使得学生能牢牢掌握定常流动这一基本概念,即流场中的运动参数不随时间变化的流动是定常流动。此外,还可以让学生根据其平时的观察,说一说所看到的一些流动现象,并作出判断,再引导其他学生进行讨论。

再进一步,当系统中的流动参数未知时,如何来判断流动现象是否是定常流动呢?可选用打点滴这一生活中常见的例子作为讨论题,让学生讨论在未知流动参数的情况下如何判别某一种流动现象是否为定常流动,其结论是什么,或者判断的依据是什么。

在打点滴这一现象中,瓶中的液面是不断变化的,因此有部分学生会认为是非定常流动;但是在系统的观察窗口中液滴又是均匀下滴的,因此又有部分同学会认为是定常流动。这样,教师就可引导学生进行辩论,引导学生透过现象找本质,在这一系统中找出判别定常流动的依据。

教师在课堂教学中,只有创设一些能引起学生认知冲突的问题进行讨论,才能实现师生、生生之间有效的互动,才能让学生积极参与到教学活动中来。通过思维参与,鼓励学生勇于提出问题,敢于质疑,使学生的认知发生质的飞跃,真正体验到学习的意义。

要讨论的题目一般应该在课前就交给学生,让学生进行充分的准备,然后在课堂上展开讨论。教师应注意讨论题目的难易程度、学生的熟悉程度、是否有唯一答案以及如何引导学生的思维方向以及如何控制时间,等等。论题要密切结合实践,加强学生的关注度,也可以进行一些简单的课堂辩论或者演讲比赛等,让学生在活跃的气氛中学有所得。

通过布置课后作业,教师可以了解学生掌握知识的程度。但目前学生中抄作业的现象比较严重,作业已失去检查学生学习情况的效能。课后作业可以与课堂讨论和课堂提问相结合,来考察学生的学习情况以及对知识的掌握情况。

(3)教师的主导作用是实现互动教学目标的关键。在备课时,教师一定要设计好各个教学环节,用自然的教态去抓住学生的心,要合理利用多媒体设备,吸引学生的注意力,为学生创设情景、营造宽松和谐的课堂氛围,让学生在知识的海洋里自由翱翔,成为知识的主人,去享受知识带给他们的快乐。

在讲课以及课堂讨论的过程中,教师要更多地在引导、点拨、激发学生的内在学习动力上发挥作用。要明确学生是学习的主体,必须坚持教师主导与学生主体相结合的原则,多一些归纳,少一些演绎;多一些启发,少一些说教;多一些鼓励,少一些批评。应注重培养学生思维上的批判性和创新性,还可以选出部分章节让学生来讲,培养学生的自学能力和综合素质,进一步增强学习的自觉性。

要重视师生互动,鼓励学生积极参与。

一般情况下,"互动"不是随机的,而是在备课时就设计好在什么地方"互动",在什么时间"互动"和怎样"互动",同时也要考虑怎么开始"互动",怎么结束"互动"。

要在关键的、重点的地方"互动",这样才能引起学生充分的注意,使他们对这个重点、关键的问题有一个比较深刻的印象,有利于知识的掌握。

在难点的地方"互动"可以引起学生的深入思考,他们中的大多数人会运用自己的知识去寻找答案,这就充分地调动了学生思维的积极性。学生可能一时找不到思考的路径和答案,但是这样做有助于难点的讲解和学生对难点的理解。

要"互动"在教学热点上。选择大部分学生熟悉,最好是热点、关注度比较高的问题进行"互动",有利于学生大胆提出自己的观点。

要"互动"在教学重点上。教学重难点关乎学生素质能力的培养。教师必须吃透大纲和教材,把握重点、难点,使选择的互动问题具有重要价值,同时采用多种教学手段激发不同层次学生的兴趣,使学生在思维的碰撞中学到知识,培养其分析和解决问题的能力。

要"互动"在教学疑点上。"疑是思之始,学之端。"思维是从疑问和惊奇开始的。爱因斯坦指出:"提出一个问题,往往比解决一个问题更重要。"所以,教学中应抓住学生容易生疑和出错的知识点设计互动问题。对于疑点,学生往往比较敏感,围绕疑点问题开展互动,可以激发学生探索的欲望,使学生开放思想,增强创新的活力。

总之,一个有效的教学情境,必须是真情实境,这样才能紧扣学生心弦。在学生的学习过程中,教师只有高度重视了情境的创设,学生的思维才会被激活,才会主动对新知进行探索,在对教学问题的探索和思考中才会有所发现,从而产生新颖、独到的见解,创新能力、创新意识才会得以培养和提高。

"流体静力学"教学中提升学生数理思考的提问设计

／何　川,龙天渝,潘良明,陈　红,叶丁丁,叶　建,廖　全／

（重庆大学）

摘　要：现代教育学讲究以学生为主体的自主式学习,想办法让学生对数学和物理的思想、逻辑及方法产生兴趣,无疑是提升他们数理能力的重要途径。结合"流体静力学"的数学表达式设问,可有效改变学生对数学的看法,激发其结合数学表达思考实际工程问题的兴趣。

0　引　言

"流体力学"是能源动力学科的重要专业基础课,也是多年来学生认为最难学好的课程,不仅涉及的概念众多,而且用到的数理知识也很多,而后者往往是工科大学生的短板。为了帮助学生学好"流体力学",除了在课堂上要将概念讲解得清晰、讨论得明确外,还要想办法提升学生对数学和物理学的感悟。

现代教育学讲究以学生为主体的自主式学习,想办法让学生对数学和物理的思想、逻辑及方法产生兴趣,无疑是提升他们数理能力的重要途径。

"流体静力学"部分所含的知识本身比较简单,从学习知识的角度,让学生自学完全可以达到教学目标,但一般学生很难在其中体味到数理魅力,因此,我们计划这部分内容由老师课堂演绎并用设问的方法引导学生感悟。

1　由学生熟知结论的推导设问入手,引发学生对数学表达的重视

关于流体中某点静压强各向等值的数学推导,教学过程中一般不做推演,留给有意愿的学生自学。在应用连续性假说将微元体上各个端面的作用力按平衡方法推导出静止流体中的力平衡关系式 $f - \dfrac{1}{\rho} \nabla p = 0$,此时一般的学生是不大理解的。这时转入讨论液体在重力作用下处于静止状态的情形,设液体的密度为 ρ,自由液面上的压强为 p_0,如图 1 所示。

在此情况下, $f_x = 0$, $f_y = 0$, $f_z = -g$。

流体平衡微分关系可写成

$$\mathrm{d}p = -\rho g \mathrm{d}z$$

积分得：

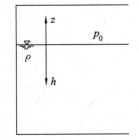

图1　液体在重力作用下处于静止

$$p = -\rho g z + C$$

将直角坐标系的原点选在自由液面上,即在 $z = 0$ 的自由表面上,由 $p = p_0$,得 $C = p_0$,则该静止液体中的压强分布规律为

$$p = p_0 - \rho g z$$

若用自液面向下的浸入深度 h 代替向上的 z 坐标,即令 $z = -h$,则可将该静止液体中的压强分布规律写成

$$p = p_0 + \rho g h$$

这是中学时曾学过的表达式,见到此式大部分学生都会心地点点头。这时,不要急于讨论应用,而是提出一个问题:"刚才的积分有什么条件?""单值性!"数学好的学生马上回答出,其他学生跟着附和。"好!那单值性在这个具体的工程问题中是什么意思呢?"由此可引导学生对水平面是等压面的三条件进行分析。课堂上增加这样一段讨论,不仅可引发部分学生的思考,也可以有效地活跃理论推导造成的乏味枯燥的氛围。

2 对看似完全抽象的积分表达式设问,引发学生对实际事物的分析

利用压强分布关系导出静止液体对曲面物体表面的作用力的两个分力:$F_x = \rho g \int_A h \mathrm{d}A_x$ 和 $F_z = \rho g \int_A h \mathrm{d}A_z$,在讨论了两个积分的几何意义之后,再次提问"这样的积分有什么条件?"进而引发学生对单值性及一一对应关系的工程含义、单值表面的概念及利用压力体计算竖直方向作用力的计算步骤进行分析讨论,使学生对数学表达与工程概念的关系产生一定的兴趣。

3 对物理定律设问,引发学生对物理原理及其应用条件的思考

接下来,课程讨论进入高潮,用压力体的方法证明阿基米德原理后,提出问题"阿基米德原理是怎么来的? 依据是什么?"无须做实验,仅凭一些简单的微积分常识,就能利用连续性原则推导出阿基米德原理,这说明理论分析在学术及工程上都有着重要的作用。这时,部分学生还存在"不过如此,还不是和阿基米德原理一样"的想法。接下来,提出小球水封的作用力计算问题,出现理论分析与阿基米德原理不一致的情况,从而增强学生的判断力。

所举水封问题如图 2 所示,矩形水箱底部开有直径为 d 的小孔,现用小球封住小孔,小球的半径为 r,水箱

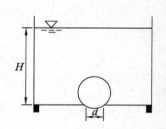

图 2 小球水封问题

内盛水的水位高为 H，要求计算小球所受到的水的作用力。

用垂线穿球面，将水箱内的球缺表面分为上半球面 abc 与下半球台面 $adec$ 两段单值曲面如图 3a 所示。

对于上半球面，作出其分压力体如图 3b 所示，因水在球面上方，且压强为正值，该分压力体对应的作用力向下。

对于下半球台面，作出其分压力体如图 3c 所示，因水在球台面下方，且压强为正值，该分压力体对应的作用力向上。

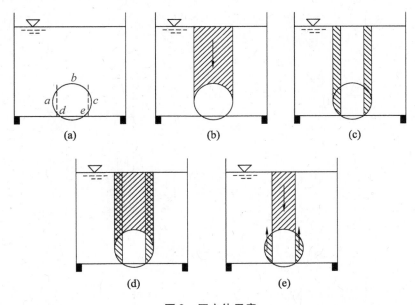

图 3　压力体示意

将两个分压力体合成如图 3d 所示，发现有部分体积重合，但所表示的方向相反，其所表达的作用力相互抵消，将该抵消的部分去掉，得到总压力体如图 3e 所示，总压力体各部分作用力的方向也标于图中。

记总压力体中作用力向下的部分体积（圆柱减去球冠）为 V_{p1}，作用力向上的部分体积（小球中心去掉小孔直径的洞）为 V_{p2}，小球受到水箱中液体的作用力大小为

$$F = \rho g (V_{p1} - V_{p2})$$

方向向下。这显然与阿基米德原理所得的计算关系 $F = \rho g V_{球缺}$ 不同。

接着，将水箱底部连接另一容器，容器中水位与水箱水位的高度差为 h，如图 4a 所示；再分析这种情况下小球所受到的水的作用力。在这种情况下，水箱露在与另一容器相连的水中的球缺表面受到来自该容器内水的作用，其对应的压力体

如图4b所示,所代表的作用力方向向上。将这部分压力体与前面水箱内的球冠表面对应的压力体相加,合成情况如图4c所示,得到的总压力体分为两部分,即直径为d、高度为h的圆柱及半径为r的小球所受压力,方向均向上。这时,小球受到的水的作用力大小为

$$F = \rho g \left(\frac{\pi}{4} d^2 h + \frac{4}{3} \pi r^3 \right)$$

方向向上。

学生可以看出,正是水面上方多出来的部分作用力,才使得旁边注水足够高时,小球被顶起,而依照阿基米德原理是不能将小球顶出的。

至此,学生们多少能领悟出一些理论的魅力。

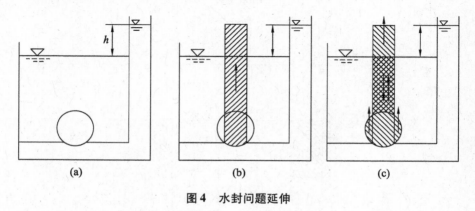

图4　水封问题延伸

4　对看似普通的数学表达设问,引发学生对数学表达寻求物理意义的思考

作为尾声,再次回到静压强的平衡关系式

$$f - \frac{1}{\rho} \nabla p = 0,$$

$$\mathrm{d}p = -\rho g \mathrm{d}z$$

积分得:

$$p = -\rho g z + C$$

这一次的问题是"这个积分有什么物理意义"。以此引导学生由力平衡经功能原理得到能量关系表达式。

对于这样的课堂演绎和讨论,学生的评价是"看来,数学表达的每一个步骤都是有讲究的"!

5 结 语

在数学推演很多的流体力学课程中,有意识地对数学表达设计提问,可有效地引发学生对数学表达及其与工程实际问题相联系的思考,帮助他们提升数理思维能力。

参考文献

[1] 钱明辉.研究性教学——发展性教师的内在教学理论[M].科学出版社,2007.

[2] 何川.流体力学(少学时)[M].机械工业出版社,2009.

课程建设 教学方法 教材建设

热动专业"工程流体力学"课程教学改革的探索

/韩玉霞,田　瑞,王佳力/

（内蒙古工业大学 能源与动力工程学院）

摘　要：文章针对内蒙古工业大学热动专业"工程流体力学"教学过程的特点,结合教学实践,从教学观念、教学方法和手段以及课程评价与考核方式的改革等几方面进行了一些探索,以期进一步提高教学质量,培养学生的创新能力和解决实际工程问题的能力,达到良好的教学效果。

0　引　言

"工程流体力学"是热能与动力工程专业的重要技术基础课程。合理、高效地进行本课程的教学,可使学生掌握流体运动的基本规律与原理,学会必要的流体力学分析、计算方法,掌握一定的流体力学实验技术,培养学生分析、解决实际问题的能力,为学好后继课程、从事专业技术工作打下坚实的基础。文章针对内蒙古工业大学热动专业"工程流体力学"教学过程中教学观念、教学方法和手段以及课程考核体系的改革与更新进行了一些总结和探索。

1　教学观念的转变

1.1　教学现状

"工程流体力学"是热能与动力工程专业重要的技术基础课程,学生普遍反映该课程理论推导多,基本概念难以理解,与高等数学联系紧密。学生容易产生空洞、枯燥、乏味、厌烦的学习情绪,再加上现在的大学生普遍自制力差,课前不预习,课后不复习,作业靠抄袭,考试靠突击,所以作为教师要注重教学观念的改变,帮助学生走进课程,激发学生的学习兴趣。

1.2　教学观念的转变

教学目的应该由单纯追求考试成绩向培养学生应用能力和创新能力上转移,由学生被动地学习向以学生为主体,"教"与"学"紧密结合、良好互动的现代学习理论上转移。课程教学中教师不能单方面孤立地完成教学内容,或者只领着"跟得上"的学生走,单纯追求学生的过级率,而忽略了学生实际应用能力和创新能力的培养。教师要明确学生是课程学习的主体,要充分调动其积极主动性。教学中应该密切注意所有学生的课堂反应,及时调整讲课速度,变换教学方法,尽可能让学生参与讨论,积极思考,尤其是对于存在畏学、厌学情绪的学生,教师应该给予更多的关注。通过教学实践发现,这部分学生不是完全听不懂,只是缺乏学习的主动性,他们希望得到老师的重视。有教师就把经常坐在后几排的学生安排在第一排听课,而且有意地让这些学生多参与课堂讨论,逐步消除这些学生的畏学、厌学情绪,提高学生的学习主动性,取得了很好的教学效果。

2 教学方法和手段的更新

2.1 采用多样性的教学方法,激发学生的兴趣

学生在学习流体力学的过程中,通常会出现畏惧心理或兴趣不足的现象。因此,采用多样化的教学方法,可活跃课堂气氛,激发学生的兴趣:① 设疑式教学。精心选取日常生活和自然界中的现象,通过描述和分析现象提出问题,围绕问题展开学习内容,提高学生参与的程度。例如,由电厂润滑油系统油温不能过高也不能过低的例子分析液体黏性随温度的变化规律;由自然界龙卷风和深海旋涡的现象引出有旋流动;由消防水龙头引出动量方程;等等。流体力学的许多概念是抽象的,因此对流体力学的学习更需要丰富的想象力。教师可通过设计有特色的思考题,尽可能调动起学生的想象力。比如,诗句"抽刀断水水更流"描述的是流体的什么特性?"大漠孤烟直,长河落日圆"是对稳态流动过程中流线还是迹线的形象描述?对于某些问题在给出详细的理论推导之前,留给学生一定的时间对题目进行思考,然后根据学生的实际反映情况进行有针对性的讲解,调动学生思考的主动性。比如,"流体沿弯曲管道流动时,内侧的流速高还是外侧的流速高"这一问题就可以在讲解之前让学生联系生活实践进行思考,然后再给出完整的理论推导。② 课后小结,课前串讲教学法。每一章节教学完成后,要求学生进行自我归纳总结,整理思路。每节课利用 5 分钟左右的时间将上一节课的内容进行串讲,尽量采用提问、引导思考的方式进行复习。这样可以提高学生的自学能力,增强其学习主动性。对于"工程流体力学"这类概念性强、理论推导较多的课程更要注重及时梳理总结。③ 可以将部分章节留给学生自学。布置一些有关该课程前沿的教学问题让学生自学,目的是培养学生的自学能力,让学生通过各种途径查找相关资料,寻找类似问题进行练习或通过实验解决,激发学生的学习热情,扩大学生的视野。④ 紧密联系电厂实际,优选部分综合应用性强、有一定难度的习题作为作业,促使学生将理论与实践相结合,解决一些工程实际问题。比如,电厂调试过程中做冷态实验时会采用皮托管测量炉膛一次风、二次风的风速,结合该工程实例详细讲解皮托管原理及应用,可以收到良好的教学效果。

2.2 重视实验教学,提高学生的实践能力

实验教学是"工程流体力学"课程不可缺少的环节。目前内蒙古工业大学理论教学与实验教学是分开进行的,任课教师很少进入实验室,而且由于学生人数增加、实验设备有限,常常会出现部分实验滞后的现象,造成理论与实践脱节。另外,"工程流体力学"实验多为演示性和验证性实验,学生大多是模仿老师进行重复性试验,缺乏创新能力的培养。为此学校进行了如下改进:① 学生独立阅读实验指导书,并尽量独立完成实验,教师可以在实验过程中提供必要的指导。② 开放实验室,让同学自行设计实验内容,确定实验方案,完成实验及报告。学校目前设有开放实验室但是使用率较低,这就要求教师进行积极的引导,创造实验条件,培养学生的创新能力。③ 适当建立流体计算模拟环境,引导同学应用 FLUENT 等流体计算模拟软件,实现模拟实验。

2.3 多媒体教学与传统板书教学方法结合使用

多媒体技术为表现复杂的流动现象提供了先进的手段,尤其是适量的工程实际图片及媒体素材的应用丰富了课程的信息量,增强了学生对流动现象的感性认识,加深了对基本概念的理解,提高了学习兴趣,收到了板书教学所无法达到的效果。一些流动现象,如层流、紊流、流线、迹线、边界层、卡门涡街等采用多媒体进行展示,教学形象、生动、具体、直观。但是本课程又涉及较多的基本公式推导和数学计算,此时采用板书比较易于学生接受。基于上述原因,本课程采用板书与多媒体课件相结合的方式进行授课,取得了良好的效果。

2.4 积极采用双语教学

作为高校大学生应该具备阅读与学科相关的外文资料的能力,在"工程流体力学"的授课环节中加入了部分英文教学内容,如重点学科术语的英文形式、部分英文练习以及部分章节利用英文授课。这样在完成必要的教学内容的同时,提高了学生对于阅读学科英文资料的能力。但双语教学时一定要注重教学内容的选取,本着适量、适度的原则进行。

2.5 创造信息化的教学环境

借助学校的网络教学平台,搭建网络教学框架,使学生可以借助网络平台与教师交流,及时答疑,还可以进行配套模拟题的练习,与其他同学或老师展开网络讨论等,从而满足各种需求层次的学生的要求。同时,还可以通过微信群、QQ 群等信息平台和学生资源共享,随时随地实现互动教学及研究。网络使教学在空间与时间上得以延伸,增强了趣味性和时效性。

3 完善课程考核体系

加强平时考核力度,变期末一次终结性考试为教学全过程的考核,从而使学生获得知识、能力、素质等全方位的考核。考核内容主要包括以下几个方面:① 课堂提问、作业。教师结合学生发言的次数与发言的质量、提出问题与总结问题的能力等记录,予以评定;教师认真批改学生作业,并对每次作业打分,计入总成绩。② 出勤率。要密切关注学生平时的出勤,考勤不是目的而是教学手段,把出勤率计入总成绩是为了督促学生,帮助学生端正学习态度。③ 实验能力。根据学生实验过程中的表现及实验报告的内容,考核学生实际动手能力,并计入总成绩。鉴于教学目标的改革应进一步提高实验成绩所占的比重。④ 期末考试。这是使学生对所学知识进行梳理、总结、巩固和提高的重要环节,是对学生的综合考核。转变过去一味追求难题、怪题的思想,在期末考核中适当增加综合应用型题目的数量,加大对基本概念和基本研究方法的考查。

4 结 语

"工程流体力学"课程是面向工程应用型人才培养的课程,所以教学核心始终是学生综合应用能力及创新能力的培养。通过近年来的课程改革与实践,作者以激发学生的自主学习兴趣为目标,积极转变教学思想,改革教学方式和方法,在充分发挥学生的积极性与主动性等方面做了一些探索,以期进一步提高教学质量,达到良好的教学效果。

参考文献

[1] 李小川,田萌."工程流体力学"教学调查研究与改革探索 [J].中国电力教育,2012(23):47.

[2] 刘建龙,王汉青,寂广孝.激发学习兴趣 提高流体力学教学效果[J].中国电力教育,2008(20):60.

[3] 吴根树,刘妍,于薇.流体力学教学改革与实践[J].北华航天工业学院学报,2011,21(1):42 - 43.

[4] 李岩,孙石.《工程流体力学》课程教学改革与实践[J].科教文汇(中旬刊),2008(11):88 - 89.

"工程热力学"中应用互动式教学模式的几点体会

／张　颖，何茂刚／

（西安交通大学 热流科学与工程教育部重点实验室）

摘　要: 互动式教学模式应用于工科专业基础课的教学中已有多年，其良好的教学效果已为众多高校教师认可。文章针对"工程热力学"的课程特点，从教师与学生互动、教学内容与教学对象互动、理论知识与工程实践互动、教材内容与当前先进科学技术互动、课内与课外互动五个角度论述了"工程热力学"应用互动式教学模式的几点体会。

0 引 言

联合国教科文组织编写的《学会生存——教育世界的今天和明天》一书对教师角色作了这样的描述:现在教师的职责已经越来越少地传递知识，而越来越多地激励思考;教师必须集中更多的时间和精力从事那些有效果的和有创造性的活动，互相了解、影响、激励、鼓舞[1]。要适应这种转变，教师应由传递者转化为促进者，由管理者转化为引导者[2]，打破传统意义上的灌注式的"教师教"与"学生学"，使师生逐渐形成互教互学的"学习共同体"。即构建一种和谐平等的师生共同发展的互动教学关系，使教师由知识传授者逐渐向学生的合作者、引导者的角色转变。目前，国际上已将师生互动水平作为教学过程中衡量高等教育质量的指标之一[2]。

"工程热力学"与"传热学"、"流体力学"是动力工程及工程热物理专业必修的三大专业基础课。三者不仅是后续专业课学习的基础，也是学生以后从事涉及动力工程及工程热物理相关领域研究、创新的必备知识。然而，"工程热力学"一直以来都存在难学难教的问题，主要原因在于课程概念多且抽象，如热力系统的划分（开口系、闭口系、绝热系、孤立系、简单可压缩系）、热力状态及过程（平衡态、准平衡态、准平衡过程、非平衡过程、可逆过程）等;公式多且应用条件复杂，如热力学第一定律应用于不同系统、不同过程下的表达式，各种热力过程中状态参数、功和热量的计算式，热力学一般关系式等;内容多且分散，又具有极强的应用性，如热力学基本定律及其各种表达形式、工质（理想气体和实际流体）的性质、热力过程和循环（包括压气机、喷管、内燃机循环、燃气轮机循环、蒸汽动力循环和制冷循环）[3-7]。因此，"工程热力学"向来被视为本专业最难"啃"的骨头之一。

针对"工程热力学"的课程特点，要改善教学效果、提高教学质量首要任务就是激发学生对课程的兴趣，提高学生的学习积极性，启发学生进行自主思维。那

2014 年全国能源动力类专业教学改革研讨会论文集

么,如何才能实现呢?大量教学实践工作证明,互动式教学模式在这一点上具有公认的显著优势。因此,文章将对互动式教学模式应用于"工程热力学"教学谈几点作者的体会。

1 互动式教学模式概述

互动式教学是从现代教育理念出发,以满足学生的有效求知和市场经济条件下社会对人才的需要,促进教师自身水平与教学效果的提高为目的,通过教与学全方位地相互沟通和促进达到上述目的的教学形式[8]。互动式教学模式将有效地打破高等教育中存在的单纯以教师为中心或以学生为中心的两种教学模式的束缚。互动中的师生之间不仅仅是简单的主客体关系或手段和目的的关系,而是互为主体的人与人间的关系[9]。教育哲学家 Mart in Buber 认为,教育过程中师生双方是主体间的"I and you"关系,而不是把双方看作是某种物品的"I and it"关系。师生间这种关系是一种互相对话、包容和共享的互动关系[10]。互动式教学在教学双方平等交流探讨的过程中,实现不同观点的碰撞交融,进而激发教学双方的主动性和探索性,激发教师的教学热情,唤起学生的思维灵感。互动式教学与传统的教学形式相比,主要有以下5个显著的特点:① 师生双主体互动;② 师生情感交融;③ 师生间紧密合作;④ 教学效果与质量有效提高;⑤ 教学相长有效提升[8]。

2 "工程热力学"应用互动式教学模式的体会

下文结合作者几年来从事"工程热力学"教学活动所积累的些许经验和感悟,从教师与学生之间的互动、教学内容与教学对象之间的互动、理论知识与工程实践之间的互动、教材内容与当前先进科学技术之间的互动、课内与课外之间的互动五个角度对"工程热力学"应用互动式教学模式进行阐述。

2.1 教师与学生之间的互动

互动教学主要表现为师生互动,即教师与学生双主体之间的互动。主体互动是互动式教学的基础和关键,离开主体互动,其他互动形式就成了无源之水、无本之木,既丧失了根本,也失去了用处[11]。在教学过程中,教师首先应该有意识地将自身角色向学生的合作者、引导者转变;其次,应该充分尊重学生在教学活动中的主体地位,注重激发学生对课程的兴趣和学习主动性。例如,在"工程热力学"绪论部分的讲授过程中,教师一般首先会介绍这门课程的性质是"讲授热能与机械能相互转换基本理论和系统循环规律,以提高热能利用率"。那么,为什么要提高能源利用率呢?众所周知,节能和环保是社会、经济可持续发展的两大主题,学生自然也会从各种渠道获得这方面的认识。因此,教师应该首先从能源的定义、分类,能源利用的发展阶段,能源消耗与人们生活、社会发展的关系,能源与环境,世界各国的能源现状等角度进行系统的讲述。讲述过程中,结合学生自身的体会,对于可参与性较强的知识点,给学生足够的发挥空间,使其能够积极地参与讨论。最终,师生双方形成共识:有必要学习能量转化与传递过程的基本规律和原理,进一步提高能源的利用率,从而缓解目前紧张的能源与环境问题。

2.2 教学内容与教学对象之间的互动

一般而言,"工程热力学"的基本教学内容是确定的,教师应该根据不同的授课内容和特点,安排不同的授课方法和形式。

(1)授课方法举例

气体动力循环是"工程热力学"中学生第一个接触到的实际循环。教师首先应该让学生学会分析实际循环的方法,即熟练掌握"实际循环—理想循环(物理建模)—数学描述(数学建模)"的分析方法和步骤。这种解决问题的思路学生在物理课程的学习中应该已经接受过训练了。教师可以选择以多媒体动画演示的方法将实际循环过程展示给学生,首先让学生对气体动力循环(如内燃机循环)有一个直观的认识,然后重点对循环各组成部分的特点加以分析,并将物理、数学建模过程中要用到的理想气体热力过程等前述知识提示给学生。课堂上给学生留 10 分钟左右的时间,让学生自己尝试完成上述问题的物理建模、数学建模过程。最后,以提问的形式,让几名学生描述一下各自的分析过程和结果,而教师将讲述重点放在解决学生建模过程中产生的问题上。这样既可以充分发挥学生的主观能动性,引导学生思考问题并运用已学知识解决实际问题,又可以了解学生对前面基础知识的掌握程度并发现其运用过程中出现的问题。

(2)授课形式举例

"压气机"这一章的教学目的是要让学生学会在 $T\text{-}s$ 图上表示压气机的耗功(在 $T\text{-}s$ 图上表示技术功相比于在 $p\text{-}v$ 图上表示要复杂得多)。要在 $T\text{-}s$ 图上表示压气机的耗功,需要反复用到热力学第一定律表达式、理想气体性质及热力过程等许多前面学过的知识。因此,这个知识点的讲述不适宜采用 PPT 的形式(PPT 授课方式尤其不适用公式推导环节),而应该采用传统的板书授课方式,一步步给出详细的推导过程。上述授课方法和形式的合理利用,将有助于启发学生主动思考,引导学生积极参与,实现教学内容与教学对象的互动。

此外,课堂讲授还应该给学生留出适当的思考空间。教师应考虑思考空间留在哪里,留多大,怎么留。

2.3 理论知识与工程实践之间的互动

基本理论知识只有在实践应用中才能逐渐熟练掌握和灵活运用。"工程热力学",顾名思义,主要解决的是工程领域的热力学问题。在授课过程中,教师应该有意识地引导学生学会应用热力学知识分析、解决工程中的实际问题,甚至生活中的热力学问题,做到学有所用。然而实际应用能力恰恰是现代学生严重缺乏的能力[12]。在授课中往往会发现这样一种现象:学生最感兴趣的是某个知识点的应用背景介绍,而讲述知识时却往往变得"昏昏欲睡"。造成这种现象的原因在于,应用背景介绍像是在讲故事,学生不仅容易接受,还能丰富科普知识。尤其是列举生活中的例子时,往往还能产生共鸣。而课程知识往往具有一定的难度,需要学生紧跟教师的授课节奏,不停地思考、理解、消化,因而容易让学生"乏味"。因此,教师应该思考如何将工程实践和生活实例有机地结合起来,合理地选取课程背景素材,使之不仅能够让学生了解课程的工程背景,还能诱导学生在其中发现课程相关的问题,主动地在课程知识体系中寻找答案,这样,教师的授课就变成了"解惑",容易与学生产生共鸣。

此外,授课过程中还应穿插适量的具有一定应用背景的例题与习题,尤其是综合性的题目。避免出现童钧耕教授在其论文中举的例子"计算得到汽轮机喷管出口截面上工质流速仅每秒十几米而不觉其错误[12]"这种情况的出现。

2.4 教材内容与先进科学技术之间的互动

近代工程技术的发展给本科热工课程教学带来了巨大的变化。例如,20年前的本科生教材很少涉及熵分析方面的内容,而现在这个状态参数已经被广泛接受并用来分析设备过程的能量利用情况。然而,近年来出版的教材中对新技术概念的介绍极少[13]。能源动力类专业的高校教师,同样也是热力学相关领域的科研工作人员,在授课过程中要有意识地承担起向学生传递新概念、新技术的责任,适时地将诸如燃气-蒸汽联合循环、燃料电池、热电冷联产、超临界热力循环、工业余热利用领域的有机朗肯循环等先进的科学技术传递给学生。这样不仅能够丰富现有的课程知识体系,激发学生的兴趣,还能培养学生的创新思维能力。

2.5 课内与课外之间的互动

互动教学的场所不应仅限于课堂之内,还应该延伸至课外。课外互动是互动式教学模式的重要组成部分,是课堂互动的有效补充。就授课环节而言,课外互动主要包括师生课间交流和每周一次的课后答疑。教师应该充分利用这些与学生面对面交流的机会,引导学生将自己关于课程内容的体会充分地表达出来,并适时对其进行评判和补充,使学生融会贯通课程内容。同时,教师也可在这样的交流过程中,发现学生学习中普遍存在的问题,将这些问题在课堂上有针对性地加以解决。此外,教师还能了解到某些知识点(尤其是重点、难点)从学生的角度是如何理解的,从而有针对性地改进教学方法,积累授课经验,提升讲课水平,提高教学质量。课外师生交流可以拉近师生间的距离,融洽师生间的关系,也有助于教学质量的提高。

另外,教师还应该引导学生将课程知识应用到实践之中去,鼓励学生积极开展课程相关的科研创新活动,使学生真正做到学以致用,同时还可培养学生发现问题、分析问题和解决问题的科研能力。

4 结 语

将互动教学模式引入"工程热力学"的教学实践中,能够有效地激发学生的听课热情和积极性,并启发、引导学生思考,使其更加高效地学习。同时,也将有助于引导学生提高创新能力。而教师在这样一种互动式的教学活动中也会有所受益,诸如学生的新奇想法等,这将有助于教师更好地、创造性地改进以后的教学工作。

参考文献

[1] 联合国教科文组织,国际教育发展委员会.学会生存——教育世界的今天和明天[M].教育科学出版社,1996.

[2] 袁驷.改进教学模式 切实提高教学质量[J].中国大学教学,2009(1):11-13.

[3] 沈维道,童钧耕.工程热力学[M].4版.高等教育出版社,2007.

[4] 何宏舟,邹峥,丁小映.提高"工程热力学"课程教学质量的方法研究[J].中国电力教育,2002(4):65-69.

[5] 张国磊,杨龙滨,李晓明.提高"工程热力学"课程教学质量的方法探讨[J].中国电力教育,2008(22):39-40.

[6] 吴世凤.工程热力学课堂教学改革的几点体会[J].教育教学论坛,2012(S2):64-66.

[7] 吴晓艳,杨学宾."工程热力学"的教学改革初探[J].中国电力教育,2011(21):157-158.

[8] 吕爱民,姚军.高校工科互动式教学的探讨[J].中国石油大学学报(社会科学版),2006,22(6):100-104.

[9] 叶子,庞丽娟.师生互动的本质与特征[J].教育研究,2001(4):30-34.

2014年全国能源动力类专业教学改革研讨会论文集

［10］ 李瑾瑜. 关于师生关系本质的认识［J］. 教育评论,1998(4):34 – 36.

［11］ 赵国龙,朱明贤. 论高校思想政治理论课互动式教学的"互动"范畴［J］. 教育探索,2008(4):47 – 48.

［12］ 童钧耕. 工程热力学课程教学改革的几点看法［J］. 中国电力教育,2002(4): 70 – 72.

［13］ 何雅玲,陶文铨. 对我国热工基础课程发展的一些思考［J］. 中国大学教 学,2007(3):12 – 15.

"工程热力学"教学方法改革的几点意见

/毛晓东,曾　文,朱建勇,赵国昌/

（沈阳航空航天大学 航空航天工程学部）

摘　要:课程教学方法改革是提高教学质量、确保人才培养和学科建设的关键。"工程热力学"作为能源动力类专业的主要专业基础课,在教学过程中存在若干问题。文章结合作者的教学经验,对"工程热力学"教学方法改革提出了几点意见。

0　引　言

"工程热力学"是能源动力类专业的一门重要专业基础课程,其教学与研究的主要对象是热能与其他形式能量之间的转换关系,尤其是与机械能之间的转换规律。在本专业的知识体系中,"工程热力学"具有十分重要的地位和作用,同时也是后续课程的基础。在长期的教学过程发现中,"工程热力学"具有概念多且抽象、内容多且分散、公式多且应用条件复杂等特点。如果在教学过程中不能很好地解决以上问题,则学生学习起来难度很大。教学方法改革是提高教学质量的有效措施,也是培养优秀人才的必要手段。文章针对"工程热力学"课程特点和能源动力类专业背景,对课程教学方法改革提出了几点意见。

1　重视基本概念和理论

"工程热力学"主要研究热能与机械能相互转换的规律,其内容大体可分为基础理论和工程应用两大部分。基础理论部分主要包括基本概念、热力学定律、工质的热力学性质和热力过程,这些内容都有机地结合在一起。热力学第一定律和第二定律是整个课程的精髓和纽带。热力学第一定律是"工程热力学"的基石,揭示了各种形式能量在传递和转化过程中必须遵守的数量守恒普适定律,从理论上说明了第一类永动机不可能实现的原因。它是引导学生进入"工程热力学"的前提,许多基本概念均由此引出。热力学第二定律解决了热力过程的方向、条件和限度,特别是熵概念的引入,对热力过程的分析具有不可替代的作用。

根据课题组多年的教学经验以及对期末试卷的分析,发现学生之所以学不好、学不懂"工程热力学"这门课程,最重要的原因就在于对基本概念掌握不扎实,对基本理论理解不全面、不透彻。大部分学生知其然,不知其所以然,或者只其一,不知其二。然而,只有准确掌握"工程热力学"的基本概念和基本理论,才能更好地理解各种热工设备的工作原理和热力循环,并对具体问题进行准确的分析计算。因此,在教学过程中,必须特别注重对基本概念和理论的讲解。

1.1 概念的引入

任何概念的引入,都有其明确的目的性。而概念本身也必然对应具体的物理含义。在授课过程中,必须要对概念的来龙去脉解释清楚,如为什么要引出这个概念,概念本身对应什么物理含义或现象,引出这个概念的目的和作用是什么,等等。例如,"平衡状态"概念描述了热力系统的一种物理状态,引入此概念其根本目的在于能够用一组"确定的"状态参数来表征系统的状态,即对系统进行数值量化。如果系统处于不平衡状态,无论是内部不平衡或是外部不平衡,系统的状态参数都处于不断的变化过程中,因此就不能用确定的状态参数描述系统的状态。又如"焓"概念的引入,它是表征流动工质所具有能量的状态参数。对于开口系统,焓具有明确的物理含义。但是对于闭口系统而言,焓就仅仅是一个数值,不代表任何物理特征。"工程热力学"中大部分概念的定义,都存在明确的目的和物理含义。因此在教学中应注重从目的或物理现象入手,而不是直接推出概念本身,这样可以使学生更简单、更透彻地进行理解和掌握。

1.2 概念间的关系

概念多是"工程热力学"的特点之一,但是概念之间并不是相互独立的。首先,很多概念间存在着各种类型的联系。例如,"准静态过程"概念是"平衡状态"概念的延续,它是为了解决"状态"和"过程"之间的矛盾,使工质既可以完成热-功转换过程,又保证过程中每一状态点都有明确状态的参数。又如"焓"概念,它是工质在"热力学能"概念的基础上,附加了另一部分保证工质流动所具有的能量。其次,要注意概念间的区别,防止学生混淆。比如"状态参数"和"过程参数"的概念,很多学生区分不清。状态参数只与工质所处状态相关,而过程参数则取决于具体的热力过程。又如"绝热系统"和"孤立系统"的区别,前者只须没有热量传递,而后者在前者的基础上,还需要一个质量传递为零的附加条件。因此,在教学过程中引入一个新概念的时候,要帮助学生建立新知识和已有知识的联系,从而形成完整的知识体系。

1.3 公式推导

"工程热力学"课程中公式多且杂,大部分学生选择死记硬背,并没有搞清楚公式的具体使用条件。此外,很多繁杂难记的公式,比如具体热力过程中功和热量的计算公式,都是通过一些简单的基础公式推导而来的。因此在授课时要注重对这类公式推导的讲解。一方面可以方便学生记忆,另一方面也加深学生对基础概念和热力过程本质的理解,逐渐培养学生根据实际工程问题,建立数学模型并进行推导求解的能力。

2 重视实际案例,开展启发式教学

高等教育心理学研究表明,当学习内容与学生已有知识和生活经验相关时,能激发学生学习和解决问题的兴趣。

2.1 从生活实例入手

在教学过程中,应紧密联系生活实例,以生活实例引出具体问题,最终归结到理论概念。如讲到"水蒸气性质"时,举例"为什么高压锅内的食物容易煮熟,而高原上却不易煮熟";讲到"湿空气性质"时,举例"为什么会有结雾、结霜、结露等自然现象""在寒冷的冬季,为什么进入室内时眼镜上会结雾";讲到"热力学第一定律"时,举例"在封闭的室内,打开冰箱门能否降低室内温度"。通过将基本概念和理论与熟悉的生活现象相联系,可以提高学生的兴趣,促使学生思考。

2.2 以工程案例结尾

"工程热力学"作为一门工程基础课,其最终目的是回归工程实践,解决具体的工程问题。因此在授课过程中,必须结合学生的具体专业,引出与理论相关的具体工程问题,培养学生利用所学知识分析、解决具体问题的思路和能力。比如针对飞行器动力工程专业的学生,提出"为什么航空发动机涡轮进口前温度越高越好"这一问题,使学生能够利用气体动力循环相关知识进行分析。以"某型飞机尾喷管设计"作为工程案例,提前使学生了解具体工程设计的流程和计算分析方法。而针对热能与动力工程专业的学生,可以提出"为什么要使用热电合供""为什么要使用蒸汽-燃气联合循环"等问题,帮助学生理解气体动力循环和蒸汽动力循环的特点以及能源合理利用的基本思想。在讲完"水蒸气性质"的相关知识后,可布置"水蒸气热力性质查询软件"大作业,在学生彻底掌握水蒸气相关知识的基础上,培养其利用技术手段(如编程语言)解决工程问题的能力。

设置贴近学生生活、富有吸引力的情境,提出结合专业情况、具有思考价值的工程问题,这都要求教师了解学生原有知识基础和能力,掌握专业发展的最新动态和热点问题,并有全面、深刻、独到的见解。

3 重视实验教学,深化实验教学改革

实验教学是"工程热力学"教学的重要组成部分,也是培养学生实际动手能力、加深学生对所学知识理解的重要步骤和方法。出于客观条件的限制,大部分学

校开设的"工程热力学"实验课较少。如沈阳航空航天大学只开设了"二氧化碳临界状态观测及 $p-v-T$ 关系测定实验"和"喷管中气体流动特性实验"两个实验共 4 个学时。实验课时少,涉及知识点少,远不能涵盖本课程的重点内容。实验教学设置中存在的各种问题,直接导致中国当代大学生眼高手低、动手能力弱的现实问题。因此高等院校必须重视实验教学,同时在实验内容、实验形式以及考核方式等方面深化教学改革。

3.1 重视实验教学

中国的应试教育,使学生自小便形成了重理论轻实践的思维定式。进入大学后,应从学校、教师、学生三方面对实验教学给予充分的重视。学校方面,应提供充足的专项资金支持,用以实验设备的购入、实验条件的改善和实验项目的增加;教师方面,应提高对实验教学重要性的认识,适当改进教学逻辑,将实验现象、实验目的、实验验证等内容穿插进整个教学过程当中;学生方面,应通过思想动员、制度奖惩等手段,重新使其认识到实践的重要性。

3.2 改进实验形式

通常课程的实验教学分为验证性实验和综合设计性实验两大类。对于验证性实验,由于实验结果明确,做不做以及如何做对学生掌握知识帮助不大,不利于学生实践能力的培养。因此可将其改为观摩性实验,只需让学生有视觉上的感性认识即可,由此可节约大量的实验设备成本。

相反,应着力增加综合设计性实验的学时和内容。在实验前只告诉学生实验目的和必备的实验设备,让学生自行设计实验步骤并进行结果处理分析。比如为加深对气体热力过程的理解,可以让学生设计一个闭口系统的实验,进行气体定容、定压、定温以及定熵等基本热力过程,测量有关参数,掌握这些热力过程的变化规律。通过这类实验,学生不但能够进一步掌握所学的理论知识,而且培养了实验技能、方法,锻炼了动手操作能力,提高了分析问题和解决问题的能力。

此外,在实验过程中,应合理地进行实验团队划分,并选定组长。通过团队内部讨论,确定小组成员的分工合作情况。通过团队实验形式的不断改进,可以培养学生的团队协作意识以及团队组长的领导协调能力。

3.3 完善考核体系

实验成绩作为"工程热力学"课程总成绩的一部分,所占比重通常较小。以沈阳航空航天大学为例,实验成绩仅占总成绩的 5%,直接导致学生不重视实验的情况。因此必须重视实验考核,建立更科学的考核体系。可以参考大学物理实验的做法,即采用独立考核制度对实验部分进行单独考核,只要一项实验内容未做或整体考核不合格,课程直接重修。

4 结 语

"工程热力学"作为一门非常重要的专业基础课,关于如何开展教学改革,不断提高教学质量,很多前辈和同行都做出了有益的探索和研究。作者结合前人的研究成果和课题组多年的教学经验,提出了教学改革中的几点意见,希望与同行交流和分享。

参考文献

[1] 段雪涛,刘春梅,王学涛.工程热力学课程教学改革探讨[J].制冷与空调(四川),2009,23(3):103 - 105.

[2] 江海斌,吴晓艳.工程热力学实验教学改革探索[J].中国电力教育,2013(34):152 - 153.

[3] 冯国增,等."工程热力学"教学过程中大学生综合素质培养的研究和实践[J].制冷与空调,2012,26(1):90 - 92.

[4] 张国磊,杨龙滨,李晓明.提高"工程热力学"课程教学质量的方法探讨[J].中国电力教育,2008(22):39 - 40.

[5] 马立."工程热力学"教学中的几点认识[J].制冷与空调(四川),2005,19(2):84 - 85.

[6] 秦萍,袁艳平,毕海权.工程热力学传热学教学改革及教学法研究[J].制冷与空调(四川),2012,26(6):614 - 617.

[7] 耿凡,王迎超."工程热力学"课程的研讨式教学改革[J].中国电力教育,2013(5):76 - 77.

[8] 孙志高."工程热力学"课程建设的思考[J].长春理工大学学报,2011,6(1):131 - 132.

"工程热力学"绪论课的教学设计

／张国磊,李彦军,宋福元,李晓明,杨立平／

(哈尔滨工程大学 动力与能源工程学院)

摘 要:文章针对"工程热力学"课程与教学过程特点,探讨了绪论课在课程教学体系中的重要作用,并结合教学实践提出了绪论课的教学设计,通过行业需求、应用举例、学习方法等分析总结,激发学生学习兴趣,提高教学整体效果。

0 引 言

"工程热力学"是动力工程及工程热物理学科的专业基础课程,课程体系支撑了能源电力工程、汽车行业、机械工程、航空航天工程、新能源利用等诸多行业及领域的基础研究,课程地位十分重要。同时,"工程热力学"课程教学内容有如下特点:概念繁多,容易混淆;公式众多,难于记忆;内容抽象,不易理解。一直以来,"教"与"学"两个角度普遍认为"工程热力学"课程的知识难于理解,很难讲透和学明白。因此,无论从课程基础地位还是课程教学特点剖析,"工程热力学"课程都应作为能源动力类专业教学改革的首选对象,进行热力学课程教学方法研究,切实提高教学效果势在必行。

作为专业基础课程,绝大多数高等学校将"工程热力学"课程安排在第二学年开设,该课程是学生最早接触的专业基础课,因此能否学好这门课程不但直接影响到后续专业课的学习效果,同时也影响到学生对上好专业课的兴趣和信心。

作为课程教学的第一课,热力学绪论课一方面需要向学生全面展示"工程热力学"课程的重要性及基础地位,另一方面要充分调动学生的学习兴趣,激发学生学习的动力,因此绪论课的教学设计显得尤为重要。文章总结"工程热力学"课程教学实践经验,结合热力学理论研究发展及应用现状,提出"工程热力学"绪论课应注重教学环节,旨在探讨提高课堂教学效果的方法。

1 绪论课教学设计

绪论课中需要阐明热力学发展简史以及目前发展及应用现状、热力学课程特点及主要研究内容、课程的有效学习方法等重要内容。

1.1 热力学发展及应用背景

绪论课应重点阐明热力学应用现状,使学生在了解本门课程的同时,产生浓厚的学习兴趣。

热现象是人类最早接触的自然现象之一,而热力学的建立与快速发展始于工业革命。众多传统工业行业的机械化程度与热力学研究进展密不可分,电力行业的发电设备、交通行业的内燃机、航天航空行业的燃气轮机、化工行业的换热设备等各种关键设备的应用性能都直接由热力学发展程度决定。在当前的国民经济重要行业中,热力学继续扮演着举足轻重的角色。

而当前国际能源紧缺状况日益严峻,节能减排被越来越多的国家重视。在新兴的绿色能源、清洁能源应用以及高效动力循环的研究应用中,热力学同样充当了先行者的角色。

因此绪论课中应介绍自然界中已开发的各种能源,重点是燃料化学能(热能)以及太阳能、风能、水能、地热能、核能、生物质能、海水潮汐能的利用情况及其对国家经济发展、社会进步、环境保护的重要作用,结合当今世界节能减排、低碳经济宏观发展趋势,使学生明白能源与动力行业是传统行业,也是朝阳行业,热力学的研究古老而又充满活力。

通过将热力学理论与行业需求相融合,使学生充分了解"工程热力学"所服务的行业及行业发展前景,紧紧抓住学生的注意力,引起学生强烈的兴趣。

1.2　热力学课程特点及主要研究内容

热力学是工业应用的基础学科,其对于工业的指导作用等同于建筑群的地基,决定了建筑的可行性及整体高度。这是热力学知识最大的特点。

热力学知识的另一个特点是教学内容繁多。"工程热力学"的教学内容包括基本概念、热力学第一定律、气体和蒸汽的性质、气体和蒸汽的基本热力过程、热力学第二定律、实际气体的性质及热力学一般关系式、气体与蒸汽的流动、压气机的热力过程、气体动力循环、蒸汽动力装置循环、制冷循环、理想气体混合物及湿空气、化学热力学基础等。

从课程教学内容上看,"工程热力学"课程呈现给教师和学生的是其繁杂、多样的一面,但究其根源,不难发现"工程热力学"课程具有很强的系统性。

"工程热力学"首要的教学内容是基础定律,这是"工程热力学"课程知识的基础;而热力学研究的是热能与其他形式的能量之间相互转换的规律,所采取的方式是利用工质状态的变化计算能量转化和传递的效率,因而热力学课程中就需要对工质的性质进行研究,从而引入了工质性质及热力过程的教学内容。"工程热力学"理论应用于工程实际,必然依附于一种能够连续运行的能量转换形式——热力循环(或逆循环),这样又将各种基本循环形式带入了课程教学。

2014 年全国能源动力类专业教学改革研讨会论文集

经过这样的分析梳理,就能够将"工程热力学"中看似凌乱无序的知识有机地结合在一起,在绪论课教学过程中,应将热力学知识的脉络清晰地呈现给学生。

1.3　热力学课程学习方法

在绪论课中,教师应对课程学习方法进行说明。

热力学知识点较多,且具有很强的连续性,前一部分的学习效果可能会影响到后一部分的学习。因此,在学习中应及时解决碰到的问题,避免问题越积越多,到期末时,根本没有足够的时间去梳理解决,只能采取突击方式,学习效果很差。

"工程热力学"经典教材较多,教材上的例题及课后思考题具有极强的代表性,对于学生理解理论具有很好的辅助作用。因此应该要求学生做好课后思考题并及时复习课堂教学内容,这也是有效学习热力学的方式之一。

1.4　讲究授课方式

不同的教师在实际授课过程中所采取的授课方式千差万别。在授课中教师应就以下几方面给予重点关注。

(1) 语言要通俗易懂,不宜满口术语

高校教师普遍存在的一个教学问题就是把学生当成一个行业内较高水平的专业人员,但事实上教师自认为是行业内最简单的术语,对初次接触专业知识的学生而言可能根本不知道是什么意思。他们在接受知识的过程中,需要一些时间来消化理解这些术语。因而在绪论课教学中,一定要确保语言通俗易懂,要以最形象的方式让学生明白每一个新的行业术语,帮助学生顺利进入课程学习。

(2) 将宏观总结规律运用到具体问题

任何新知识的引入,都需要结合已有的知识提出,并做好足够的铺垫。

"工程热力学"主要应用宏观方法进行研究,有时也直接引用微观热力学的分析结果,因而课程知识更多的是从宏观现象中总结规律和结论,缺少必要的理论基础。例如热力学第一定律、热力学第二定律等都是没有经过严格证明的宏观总结定律,这也从客观上加大了该课程的教学难度。

因此在进行课程内容讲述时,应尽量由实例引出若干有趣的问题,让问题具体化、形象化,利于学生接受。如热力学第二定律的不可逆性,就有很多生动的例子可以引用。

(3) 善于应用多媒体教学手段

多媒体教学是一种有效的教学手段,它可以将教学内容生动地展示给学生。通过图形、动画演示视频等手段,增强直观性,利于学生对教学内容的理解。

在绪论课中,应将教学内容按层次列出,辅以视频(或动画效果)演示,对于各工业行业中热力学知识的实际应用,则可以通过系统示意图或动画表现出来,比如发电厂工作过程、内燃机工作过程等,使抽象的概念变得形象生动,易于理解。

2 结 语

"工程热力学"是传统的基础课程,开设相对较早,众多从事"工程热力学"课程教学的同仁已经就课程教学进行了深入的研究。以上所述的教学方式是作者结合自身教学实践提出的,旨在总结教学经验,希望能够为同行提供参考,对提高"工程热力学"的课程教学质量有所帮助。

参考文献

[1] 王志军,高保彬,宋文婷."工程热力学"绪论课的重要作用及其课堂教学设计[J].教育教学论坛,2012,45(9):237–238.

[2] 王海霞,毕文峰.工程热力学绪论课教学研究[J].中国冶金教育,2011(3):21–22.

[3] 沈维道,蒋智敏,童均耕.工程热力学[M].4版.高等教育出版社,2007.

动力工程"测试技术"现代化教学方法探索

/曲永磊,张 楠/

(哈尔滨工程大学 动力与能源工程学院)

摘 要:动力工程专业"测试技术"是一门综合性学科,兼有理论与实践并重的特点,学科的飞速发展对课程的教学提出了挑战。传统的教学模式已不能适应这些变化,只有结合其发展特点,利用现代化教学方法才能有效提高教学质量,并为学生从事相关领域工作打下良好基础。文章结合作者近年来的教学经验,在分析该课程特点的基础上,针对课程的教学内容和教学方法展开讨论,以求为课程的发展带来积极作用。

0 引 言

众所周知,现代测试技术是一门综合性科学技术,它涉及的知识面广,理论性和实践性都很强,并与人类的生产生活、甚至文明的发展密切相关,而其应用的一个主要领域就是动力工程。随着国内外电子信息技术、自动化技术和计算机集成技术的快速发展,测试技术对于控制生产节奏、降低生产成本,尤其是在监控领域所起的作用都是不可替代的[1]。现代动力装置的主要特点是高运行参数(如高温、高压、高频振荡)和复杂的变工况运行环境,这些因素对测试系统的应用提出了更高的要求,同时也促进了测试技术的发展,这意味着测试技术的教学应该不断创新,才能适应行业的发展速度。

作为动力工程领域一门重要的专业基础课程,测试技术以培养学生了解动力机械相关物理量测量原理和测试方法,掌握测试技术主要理论,并能将其熟练应用到实际工作中的能力为教学目的。动力工程领域的测量范围涵盖了声、光、力、热、电等基本物理量,测量内容包括温度、压力、位移、速度、流量、功率、振动、噪声等,主要理论包括测试系统组成与功能、误差理论与分析、传感器工作原理等,这些内容也反映出了课程体系的庞杂性。本课程为即将进入专业知识学习的学生开设,在专业培养过程中起到承上启下的作用。鉴于课程特点和多种因素制约,在目前的教学过程中存在着一些问题亟待解决,文章针对这些问题进行讨论和分析,结合专业特点和国内外先进经验,对课程教学改革提出一些建议,以促进本门课程的发展。

1 教学现状分析

"测试技术"课程主要包括测试理论和传感器两大部分,长期以来课堂教学侧重理论知识讲授,课堂信息量多且单调,而少量的实践性环节也是根据教学内容开设的验证性实验[2]。这是国内高校动力专业"测试技术"课程的基本情况,相对而言,与国外高校差距较大,主要体现在以下方面。

1.1　教学内容与教材

教学内容以理论为主,侧重教材内容的讲解,在有限的课堂环节内很难对业界前沿内容进行介绍,也无法有针对性地将讲授内容串联在一起,使学生建立起一个完整的知识体系。国内动力机械"测试技术"的教材虽然版本众多,但其主要内容均源自20世纪中后期的一些老教材,对内容的更新不够,即便再版,也体现不出业界的最前沿技术。

1.2　教学手段与方法

教学方式以课堂授课讲解为主,缺乏与学生之间的互动环节,缺乏必要的交流;教学手段单一,不能发挥现代化教学手段的优势。这些情况综合起来,使得课堂氛围比较呆板,学生主动学习兴趣不高,教学效果不理想。

1.3　学生创新能力的培养

如前所述,教学大纲中配置的实验环节多为验证性实验,学生处于应付、被动接受的状态,不能主动地去完成一些有目的、有针对性的实验,更无法将理论和实践结合起来,起不到培养学生创新能力的作用。

1.4　其他客观因素

根据调研,国内高校各个领域的测试技术课程普遍存在着课时较少的现象,而要在有限的课堂学时内完成庞杂的理论体系的讲解,其结果只能是讲得范围广而深度不够,最终导致学生听不懂、记不住、连贯不起来。考试形式单一,基本采用期末闭卷理论考试为主,辅以平时实验报告,其结果是将学生束缚在理论教材上,不能与实际相结合。

由上述问题的描述可知,对现有教学模式进行改革,在有限教学条件下探索高效的教学方法已经迫在眉睫。

2　教学内容的筛选与优化

作为教学的主体,"测试技术"教学内容在教学过程中至关重要,需要授课教师反复斟酌进行筛选,其基本的要求是要涵盖教学大纲的全部内容,同时也要理清知识脉络、突出重点内容,另外还要适当地增加新技术、综述的教学环节,使学生在课程学习的过程中,始终能够把握测试技术的最新动态,了解测试技术的发展趋向,为培养学生的综合应用能力打好基础。

2.1 合理安排课时，突出重点

据统计，国内高校的现代测试技术课程课时均比较紧张，在40～60学时之间，除去实验教学环节，实际课堂授课课时甚至不足30学时。由于测试技术涉及的理论内容宽泛，因此如何在有限的学时内安排教学内容是影响教学效果的直接因素。处理好这一矛盾的关键之一是理清知识脉络，突出重点问题：课程第一部分包括测试的基本理论、误差理论、测试仪器动静态特性等，这些内容理论性较强，而学生又有一定的基础，可以概要地介绍；常用传感器的基本工作原理与特性是课程的第二部分，在整个教学进度中起着承上启下的作用，应作为讲解重点；课程第三部分是各种动力机械常用物理量的测量方法，介绍过程中应侧重于仪器的实际应用，目的是使学生学以致用。

2.2 鼓励学生自主学习

由于测试技术涉及的前导性课程较多，包括数理统计学、信号分析、物理学等，而这些内容在相应教学章节中可能还会重复出现，因此应该考虑在讲授如误差理论、传感器信号传递函数、传感器基本工作原理等内容时，预先了解学生对先导课程的掌握情况，如大部分学生掌握较好，则可以简要介绍或对基础知识在本课程中的应用做出解释。同时，还应该把学生具有一定理论基础的内容整理出来，利用各种现代化手段，将其建设成开放式教学平台，如网络课堂。在讲授相关理论章节时，可以要求学生在课下通过网络课堂完成有关内容的自学，这样一方面可以节省课堂有限的教学时间，另一方面也满足了教学要求，但应注意不要过多增加学生的课外负担。

2.3 授课内容的筛选

在内容的时效性和适用性方面，任课教师平时要注重对前沿知识的积累和更新。由于"测试技术"是一门交叉性很强的学科，与之有关的任何知识的更新和发展都能促进其快速发展，如纳米技术的出现使得现代传感器功能越来越全面，电子技术的进步不断提升着测试仪器的动态特性，对误差理论的深入研究使得测量精度不断提高。由此可见，"测试技术"的发展是日新月异的，为了使学生学到的内容不至于与实际应用产生太大的脱节，任课教师一方面必须不断收集整理学科前沿的最新知识，在适当的环节将其引入课堂，作为对教材内容的必要补充，激发学生学习的兴趣。另一方面，对于在实际应用中已经过时或淘汰的知识，应予以剔除。在一些新版教材中，仍然沿用了一部分20世纪中期出版的老教材的内容，如依靠人眼识别的灯丝隐灭式最高温度计，由于光电技术的发展该仪器早已被红外测温仪取代，这显然体现不出知识的适用性，不适合再介绍给学生，应考虑在教材更新时删除。

3　教学方式与方法的创新

"测试技术"是一门综合性学科,其知识体系庞杂且分散,内容和概念繁多,学生普遍感觉学习起来比较困难,甚至枯燥。为了解决这一问题,需要从教者采用合理的教学方式,运用多样化教学方法,使课堂变得生动有趣,又满足教学需求,从而激发起学生学习的兴趣,为学生自主学习打下基础。

3.1　从实际问题出发,引入"案例式"教学

"测试技术"的基础是理论,但是其最终目标是实践与应用,也就是说学习的目的是为了解决实际测试过程中的问题。本着这一思想,在实际教学中应该引入"案例设计与分析"的环节,即"案例式"教学。这一教学方式在国外高校的许多课程中已经被广泛采用,国内部分高校也已经开始将其引入"测试技术"或类似其他课程的教学,且收到了良好的教学效果。

"案例式"教学方法的基本流程如下:① 结合实际工程应用,提出问题;② 学生准备材料,提出解决方案;③ 分组讨论,分析方案优劣与可行性;④ 教师总结、评价。首先,在设计问题情景时,教师应根据教学大纲和学生的能力情况,规划好学习的重点、难点,设计的问题应将基础知识糅合在其中并能够引起学生的兴趣,最终引导学生自然地进入预定的学习领域并且达到预想的目标[3]。设计问题时考虑学生已有的理论基础,不至于使学生感到无从下手。提出问题后,将学生分为若干小组,每个小组成员通过自主学习,查找相关资料,提出各自的见解,并相互讨论,从而找到问题的解决方法或者针对问题提出一个设计方案。通过这个环节,学生既加深了对基本理论的理解,又培养了独立思考和综合分析的能力,学习的积极性和主动性都得到了提高。课堂上,每个小组要选派一名代表将本组的问题分析和解决方案向教师汇报,并接受同学和教师的提问。每个小组汇报完后,教师对一些共性问题进行详细的解答、分析,并在适当的引导下,激发学生进一步积极思考和总结。

"案例式"教学方法属于互动式授课方式,是对学生主动学习的积极引导。它首先要求任课教师具有深厚的理论基础和丰富的实践经验,提出的问题不能空而大,必须要有具体的目标和可行性。另外,也要求学生具有一定的理论基础,如此才能将理论与实际相结合,在学习过程中加深理解。这种教学方法的优点在于目的明确,可以激发学生学习的兴趣,提高课堂效率,而难点在于教师对于各个环节的掌控,要做到"少而精",而不是"多而浅"。

3.2　多媒体课件、网络化教学平台的建设

在教学方面,多媒体技术以计算机技术为核心,采用文字、数据、图形、影像、音频和视频等不同的媒体,将教学内容生动而直观地展现在课堂上,为教学活动提供多样化、可交互的操作环境,它和网络技术一起改变了教学的传统模式[4]。

"测试技术"的许多内容适合以多媒体课件的形式展示给学生,如传感器基本工作原理及实际应用情景,或者针对特定动力机械的综合测试台架的介绍等。在讲授这部分内容时,生动的多媒体课件将使课堂气氛变得活跃,也能使学生更感兴趣。采用多媒体课件还要注意与传统授课方式的有机结合,对于复杂公式的推导,传统板书的形式更有助于学生的理解和记忆。

多媒体课件的特点是信息量大而且生动,但相对而言不方便学生记笔记,也不利于课后的复习。为了弥补这一不足,应该建设网络化教学平台或课程网页,将电子教案、多媒体课件、课程学习指导材料、教学重点、思考题、习题、课程题库等内容在课程网页中充实完善,用以辅助教学,强化多媒体教学的效果。

3.3　实验教学的创新

由于授课理念的差异,国内高校的"测试技术"实验课程多为验证性质类,学生根据老师的安排,对实验基本内容有了大致了解之后,只要按部就班地完成各项操作即可。这种机械呆板的学习过程抑制了学生创新思维的培养,学习效果也不理想。为了改善这种情况,应该搭建形式更为灵活、功能更为全面、便于培养学生创新能力的虚拟化实验平台。现在许多工程软件均能用于虚拟化实验,如 MAT-LAB,LABVIEW 等。举例来说,在学生掌握了信号的动态特性后,可以要求学生利用软件自行制作一个信号源,再施加到某个具体的测试环节,然后对输出信号进行分析,这是传统实验环节不能实现的。此外,还可以针对特定的测试环境,要求学生自行设计一个创新性的实验环节,更好地巩固所学知识。

4　结　语

作为一门理论与实践并重的专业学科,"测试技术"在动力工程领域有着重要的作用,是每一名从事该专业的技术人员必须掌握的课程。而为了使每一名学生都能够掌握必要的知识和技能,授课人员应该对课程有着深刻的理解和认识:在授课内容上要做到精挑细选、与时俱进;在授课过程中要做到主次分明、条理清晰;授课形式上要运用各种现代化手段活跃课堂气氛,激发学生学习兴趣,并保持互动;在实践环节上要侧重培养学生解决实际问题与创新的能力。掌握了上述原则,可为更好地开展课程教学工作奠定基础。

参考文献

[1] 冯伟,等.测试技术课程教学问题初探[J].考试周刊,2013(11):130-131.

[2] 赵华,吕德永."基于问题"的测试技术课程教学方法探索与实践[J].高教论坛,2011(3):82-84.

[3] 杜翔云,Anette kolmos,Jette Egelund Holgaard.PBL:大学课程的改革与创新[J].高等工程教育研究,2009(3):29-35.

[4] 王晓春,等.多媒体教学手段在材料现代分析与测试技术课程教学中的运用与思考[J].现代教育科学,2009(S1):279-280.

[5] 康灿,杨敏官.测试技术课程改革与卓越工程师能力培养[J].中国现代教育装备,2012(1):47-49.

[6] 玄冠涛,邵园园.现代测试技术课程教学新模式的探索与实践[J].中国现代教育装备,2012(3):17-18.

航空院校"工程测试技术"课程教学改革探讨

/孙　丹，赵　欢，艾延廷，徐让书/

（沈阳航空航天大学 辽宁省航空推进系统先进测试技术重点实验室）

摘　要：随着航空事业的发展，针对目前高校"工程测试技术"基础教学中的不足之处，文章阐述了该课程教学改革的主要内容：从实际出发，因材施教，选择更加贴近本校培养目标且针对性较强的教学内容是实现培养目标的重要环节；运用多媒体等教学手段，改进实验模式，激发学生获取知识的主动性，重视培养学生的创新能力，才能从根本上提高教学质量。

21 世纪是信息、知识、经济共存，经济全球化、科技一体化的时代，传统的被动式、填鸭式教学模式已经不再适应现代信息技术的飞速发展。顺应时代需求和改革需要，大学教学改革势在必行。同样，面对新形势、新任务，航空院校的教学也面临挑战。从某种程度上说，课程教学模式的合理性和创新性是教学改革成功的关键和保障。

"工程测试技术"是航空动力专业的基础课程，课程内容较抽象，理论知识繁多，实践环节要求高，因此教学难度较大。学生学习"工程测试技术"之后，普遍感到本课程内容难懂，理论联系实际困难。在近几年的教学实践中，作者一直在努力探索并实践本课程教学内容的选取、教学方法的改革，以期能以更有效的方法、更生动的内容满足学生的求知欲望，使他们掌握理论联系实际的方法，培养学生成为和谐社会所需要的具有创新能力的人才。

1　从实际出发，因材施教

科学技术的迅猛发展及社会的变革一定会派生出许多新型的专业工作岗位，高等教育体系自然应该适应这种发展与变革，给学生传输新的科学知识去满足这些岗位对技术人才的要求。另外，随着和谐社会的发展，政府给更多的青年提供了接受高等教育的机会。针对不同类型人才的愿望，为了使各类人才都得到和谐发展，应该制定不同的培养方案，这也是和谐社会对高等教育的基本要求。根据办学条件、办学层次及学生的基础条件，正确定位本校的培养目标是学校办学的根基，培养目标不同，则设置的课程体系不同，教学方法和内容也不同。每一位教师都应该紧紧围绕本校的培养目标，从本校的办学实际条件出发，结合每一位学生的兴趣、志愿和知识基础等实际情况，因材施教，努力为和谐社会的发展培养出更多优秀的人才。

2 选择合理的教学内容

目前我国高等院校已有数千所,定位不同的学校人才培养的层次不同,培养的目标也不一样,而教学内容则是实现培养目标的重要环节。

作为培养研究型人才的高校,其培养目标是坚实、宽厚的基础理论及研究分析问题的方法、能力,这类学校的毕业生考研深造的比例很大,在讲授"工程测试技术"基础课程时,应偏重于讲授该课程的基本理论及研究方法,把信号处理、测试装置的基本特性合并后单独设课,讲授的内容可以更宽、更深一些,可用理论分析与实验研究相结合的方法,研究信号的特征、获取及处理方法。此课程涉及数学工具多,学科交叉多,适合培养研究创新型人才。在讲授各类传感器时,应该把传感器的共性问题提炼出来,重点介绍其基本原理、特性分析和存在的问题,具体结构可以少讲。

作为培养工程设计与开发型人才的学校,其培养目标强调学生具有扎实的基础理论和系统的专门知识,为今后解决工程设计和产品开发难题奠定基础。此类学校在讲授"工程测试技术"课程时,教学内容安排关键在于如何处理好信号获取、处理等基本理论的深度、广度及教学方法。目前多数"工程测试技术"教学参考书中介绍的信号处理知识,难度已经偏大,可适当降低要求,而重点介绍信号描述基本理论、重要结论,尤其是在处理工程实际信号时常用的方法。在讲授各类传感器时,除了介绍传感器共同的基础性问题外,还应该结合各种传感器的结构组成、实际应用讲解其个性问题。例如,压力传感器利用敏感元件的局部应变测得流体的压力,这是压力传感器的共性原理,具体到应变片式压力传感器、压阻式压力传感器、电容式压力传感器等,又存在个性特点,应具体讲明。实验教学的重点在于根据工程实际问题设计实验装置,传授正确获取、处理实际信号的技能,还应该讲解测试技术的现状、发展趋势和最新技术。在这类院校的教学实践中,应该强调先进测试技术的发展及其实际应用。实际使用的测试系统越来越多地使用计算机辅助测试技术、虚拟仪器技术和光电技术等,系统规模也越来越大,内部的接线越来越长,外部干扰变得更加严重,在过去的教学中,这方面的内容很少被提及,重视程度不够,因而应该加强这方面的教学,使学生具有使用先进的测试技术、测试手段的实际能力。

3 改革教学模式和方法

3.1 改进传统的教学模式,激发学生获取知识的主动性

为了培养学生正确的思维方法,教师要善于在讲授过程中创设问题,唤醒学生

的求知欲,充分发挥学生的主观能动性,提高教学实效。测试技术与工程实际有着密切的联系,目前大学生绝大多数都是校门进、校门出,缺乏对工程实际测试对象的感性认识,往往不善于将课本内容和工程生产实际联系起来。虽然有的同学能解出课本中有一定理论深度的题目,却不知道如何在工程实际中应用知识,学完了本课程,甚至不知道传感器为何物。新一代的大学生计算机能力强,对光电元器件也很感兴趣,他们思维活跃,具有一定的创新思维能力。为了培养学生综合运用理论知识解决实际问题的能力,激发学生的学习积极性和创造性,结合其知识特点及求知欲望,在讲完"传感器"后,可请学生利用所学测试技术的基本知识自行设计一个光电鼠标或者一个光声控节能灯。

为了充分调动学生学习的积极性,应选用合适的教学方法。这门课程的基本理论涉及一些物理知识,教师在讲解基本理论时一定要注意运用适当的教学方法,举一反三。课堂上,应该鼓励学生发表自己的独特见解,介绍思路,引导学生在学习新知识的同时回顾旧知识,这样才能帮助他们打下扎实的基础。例如,在讲授"信号处理初步"时,由于涉及信号的相关分析等较难理解的数学知识,学生学起来比较吃力,因此,教师在讲课时应注重运用启发式教学,理论联系实际,既要激发学生的求知欲和创造性思维,又要使课堂教学气氛活跃起来[1]。

3.2 以多媒体教学为主,板书教学为辅

多媒体教学是现代化教学的一种重要手段,近几年在高校授课中被广泛推广和使用。在教学中应用多媒体技术不仅可以改善教学环境、优化教学过程,还可以用尽量少的时间和资源让学生获取更多的知识。多媒体教学能很好地把文字、图形、图像、视频、动画和声音等信息载体有机地结合在一起,并通过计算机及其网络进行综合处理,以精美的画面、形象客观的表达形式、丰富生动的信息,将一些在传统教学手段下很难表达的教学内容或无法观察到的现象和一些原本枯燥、死板的知识点,形象、生动地展示在学生面前,加深学生对重点、难点的理解[2]。

对于理论性较强的章节(如积分变换部分)宜采用黑板式教学,即教师通过板书对公式定理进行细致推导;对于应用性强的章节(如传感器、信号调理等部分)可以边黑板教学边进行多媒体演示,使学生直观地接触所学内容,使死板的内容生动起来。

3.3 改进实验教学模式,注重学生能力的培养

"工程测试技术"课程与实际工作联系密切,而且课程内容比较抽象,为了加强学生对基本理论、基本概念和研究方法的理解,需要安排大量的实验教学。实验应该充分发挥学生的主观能动性,通过实验激发学生的学习兴趣,使学生具备解决

实际问题的技能,培养学生的创新能力,而不是为了实验而实验,为了成绩而实验。

为了达到上述实验目的,应该从两个方面入手:一是改进基础实验模式,充分发挥学生的主观能动性,培养学生的应用能力。基础实验的目的、要求应当合理、明确,要求学生在"预习"环节上多下功夫。在实验的前一星期把实验任务书发给学生,任务书中清楚地说明实验的目的和要求、可以提供的实验仪器资源、实验注意事项等。学生根据实验任务书写出实验原理、详细的实验步骤,画出实验连线图。实验由学生独立完成,教师只需强调实验注意事项并适时加以指导,不宜过多干预。二是紧跟测试技术发展,把先进的测试技术引入实验中,培养学生的创新能力。引入虚拟仪器为学生构建创新设计的平台,其数据分析与结果显示均由计算机软件系统完成,只要提供数据采集硬件,就可构建基于计算机的测试仪器。实验为学生提供一定的通用硬件平台,学生根据实验要求通过软件编程创建出所需要的仪器,如可以设计学生感兴趣的虚拟信号发生器、虚拟示波器、虚拟频谱分析仪等一系列虚拟仪器,以激发学生学习测试技术的兴趣,提高学生的创新能力。

4 结 语

根据不同层次的培养目标,确定不同的"工程测试技术"理论、实践教学内容,采用启发式教学、多媒体教学,重视实验教学,激发学生的求知欲和创造性思维。

参考文献

[1] 程雨梅.改进液压传动课教学方法培养创新型人才[J].长春大学学报,2007(8):84-86.

[2] 慕丽,王欣威."机械工程测试技术基础"课程教学改革探讨[J].装备制造技术,2010(1):212-214.

"航天热能工程学"课程建设研究

／黄敏超,胡小平／

（国防科学技术大学 航天科学与工程学院）

摘　要: 文章对"航天热能工程学"与国内外相关课程进行了比较分析,提出了"航天热能工程学"的建设目标和建设指标,对"航天热能工程学"教学方法和考核方式进行了改革,分析了"航天热能工程学"课程特色。

"航天热能工程学"主要研究航天工程涉及的物质性质和能量转换规律。该课程是航空宇航科学与技术学科的重要专业基础课,课程的任务是使学生了解热力学基础理论和传热学基本概念,理解热力学基本定律,培养学生正确的思维模式,并使他们学会运用热力学理论分析方法处理工程中的有关问题,为后继课程提供必要的热能应用的基础知识。为达到这一目标,学校专门成立了"航天热能工程学"建设小组,开展了课程建设的相关研究。

1　本课程与国内外相关课程对比分析

清华大学在热能工程系开设"工程热力学""传热学""热工基础"等工程热物理专业课程。他们开设的"工程热力学"和"传热学"这两门课程与国防科学技术大学"航天热能工程学"课程的内容相近。史琳讲授的"工程热力学"(64 学时)采用的是朱明善等编著的《工程热力学》教材;张学学讲授的"传热学"(52 学时)采用的是章熙民等编著的《传热学》(第五版);张学学主编了教育部规划的面向 21世纪课程教材、国家"十五"规划重点教材《热工基础》。

西安交通大学在能源与动力工程学院的热能与动力工程专业、核工程与核技术专业、建筑环境与设备工程专业和化学工程学院的过程装备与控制工程专业开设 64 学时的"传热学"课程,采用的教材是杨世铭、陶文铨编,高等教育出版社出版的《传热学》。

上海交通大学开设的 68 学时的"传热学"课程,采用的教材也是杨世铭、陶文铨编,高等教育出版社出版的《传热学》。

哈尔滨工业大学的"工程热力学"是双语课程,教材直接采用 MIT 的原版电子教材。

华中科技大学开设了"工程热力学Ⅰ"(32 学时)、"工程热力学Ⅱ"(24 学时)、"工程传热学"(32 学时)、"能源与节能技术"(32 学时)、"能源与动力装置"

基础课程,侧重于锅炉、压缩机、制冷机械方面的应用需要。

南京航空航天大学的"传热学"有 3 个层次。在飞行器环境与生命保障工程专业和建筑环境与设备工程专业开设的 48 学时的"传热学Ⅰ"采用的是王宝官编,航空工业出版社 1997 年出版的《传热学》;在飞行器动力工程专业开设的 40 学时的"传热学Ⅱ",采用的教材同上;在热能与动力工程专业开设的 56 学时的"传热学Ⅲ"采用的是 Lienhard 编写的 *A Heat Transfer Textbook* 英文教材。

浙江大学能源与环境系统工程专业开设有"工程热力学"、"传热学"、"能源与环境系统工程概论"、"能源与环境及自动化"系列课程、"制冷与人工环境及自动化"系列课程等。其中"传热学"、"制冷与低温原理"是采用外语教学的课程,而"锅炉课程设计""汽轮机课程设计""低温与人工环境课程设计"是工程设计课程,还有专门的热工实验课程。

美国等发达国家的工程教育是一种大通才的教育,"热工学"课程是境外大学工科教学中普遍开设的技术基础课程之一,更是机械系所有学生的必修课程。有的学校把热学类课程作为工学院的公共课程,如美国艾奥瓦(Iowa)州立大学工学院在 2000 年开设的 81 门课程中(不含基础课),包括电子、信息、计算机、控制、电磁场等系列课程,其中热学方面的基本课程有 4 门,即"热力学Ⅰ""热力学Ⅱ""传热学""热流系统设计"。在麻省理工、普渡大学及密西根大学等,"热力学"和"传热传"质学都是机械系设置的主要课程之一。

在 MIT 航空航天系并没有开设专门的传热学课程。但在其"16.003 Unified Engineering Ⅲ"课程大纲中涉及"... and an introduction to heat transfer",但课表中并没有具体内容。"16.050 Thermal Energy"课程是对新生开设的,安排在"Unified Engineering"(16.01 – 16.04)课程之后。它是这样描述的:本课程包含了热力学基础、热力学第二定律、热力学在工程系统中的应用(推进和热化学),以传热学基础结束。其学习目的是对像对流冷却的涡轮叶片之类的简单工程问题的传热速率进行估算;进行基本的气动热部件和系统的概念设计;能力要求是能够估算航天器条件下的传热速率。该课程教材的一个重要特色是,在每一章节都标明了"muddy points",即疑难点。值得借鉴的还有其实践环节:学生分组(每组 4 ~ 5 人)参加通用电气飞机发动机公司的一个与涡轮发动机设计有关的项目,提交书面报告并向 GE 的答辩委员会汇报。其中做得最好的 2 组将获得奖金。

考试方式:两个期中测验 + 期末考试。

成绩构成:家庭作业(指定报告阅读和 GE 项目)占 35% + 期中测验占 2 × 15% + 期末考试占 30% + 平时表现占 5%。

在 MIT 机械工程系开设有"2.005 热流工程Ⅰ""2.006 热流工程Ⅱ""2.40 热力学""2.51 传热传质学""2.52 热迁移过程模化与方法"等热能工程相关课程。

其中,"2.51 传热传质学"课程由 12 个单元构成,是机械工程系本科生的一门传热传质学高级课程。先修课程是热力学和流体力学,如热流体工程Ⅰ,Ⅱ或者其他相当的课程。该课程比较深入地覆盖传热传质问题,结合了许多其他课程中没有涉及或者浅讲的问题,着重于分析而不是公式和关系式的使用。该课程面向对热科学有强烈兴趣的本科生和以前没有学过传热学的研究生开设。课程的教材是 Lienhard 父子于 2008 年编著的第三版的 *A Heat Transfer Textbook*。有意思的是其考核方式,考试和评分由以下几个部分构成:两个期中测验占 40%,家庭作业和课堂参与占 20%,期末考试占 40%。除非另外通知,考试将采用开卷的方式,考试内容不超出讲义和家庭作业的材料之外。

我校的"航天热能工程学"课程计划在第三学年的春季开课,每周 4 学时,考核方式是若干次小测验加期末考试,使用的是自编教材《航天热能工程学》,内容包括绪论、热力学基础、工质的热力性质、相转变与相平衡、化学热力学基础、传热学基础、循环过程的热力学分析、流动过程的热力学分析、新能源及能量的直接转换。在内容上,着重讲清热力学和传热学基本原理,并加强对学生航天领域热工过程分析能力的培养。整体说来,开课学期显得稍微迟了一些,在第二学年开课比较合适。但数理方程等课程在第二学年之后才开设,若在第二学年开课则学生缺乏必要的数学基础知识。

2 建设目标、建设指标及实现情况

2.1 建设目标

我校参照美国麻省理工学院(MIT)热能工程和清华大学航空航天学院热工系列课程的教学情况,在教员队伍、教学内容、教学方法和手段、教学研究、教学管理等方面进行全面建设。以麻省理工学院热能工程相关课程的教学为参照,突出本课程的研究性和前沿性;在应用和实践教学方面突出综合性、探索性特色,有效培养学生的实践能力和创新能力,全面提高"航天热能工程学"课程的教学质量和教学效果,争取建设成为湖南省或国家精品课程。

2.2 建设指标

(1)建立课程建设责任制,即由负责人全面负责,建设成员按分工各负其责的课程建设制度。

(2)根据课程授课对象的专业特点,在广泛调研国内外相关课程教学大纲的基础上加以完善,确定符合本专业特点的理论和教学内容,设计有助于培养学生基本专业素养、创新思维能力,提高理论研究水平的作业、项目和考核方式。

(3)建设一流的"航天热能工程学"实验教学条件。

(4)制作精良的课件,采用国外的经典教材和学术文献,改革教学方法和教学手段,提高课程的讲授水平。

(5)基于目前教学团队的研究基础和研究特长,编著1部有特色的高质量教材。

(6)撰写与本课程有关的教学论文1~2篇。

(7)提高教学队伍的教学水平,培养优秀的主讲教师,形成优秀合理的教学梯队。

2.3 实现情况

(1)组建了"航天热能工程学"建设与教学小组。

(2)基本建设了"航天热能工程学"实验教学条件。

(3)编写了《航天热能工程学》内部教材,并制作了相应的课件。

(4)撰写了与本课程有关的教学论文《"工程热力学"教学改革研究》和《提高"航天热能工程学"教学效果的几点体会》。

(5)制作了60余种真实气体状态方程的计算软件。

3 教学方法与考核方式的主要改革思路

3.1 教学方法

"航天热能工程学"是一门以航天热能工程基本理论和实验研究为主要内容的课程。选择教学内容时要处理好经典与现代、基础理论与实践应用的关系。对工程专业学生,既不能降低理论水准,也不能采用满堂推公式的模式,而应注重建立正确的物理概念,培养学生将基础理论与工程实际相结合的能力。

充分发挥多媒体电子课件信息量大、形式多样、生动灵活的特点,将有关的图片、视频和动画恰当地引入教学中,帮助学生理解抽象的"航天热能工程学"概念,熟悉基本"航天热能工程学"特点,加深对某些复杂难点内容的理解。

采用恰当的方式将"航天热能工程学"前沿领域的研究内容引入课堂,展示部分科研实践经历和成果,激发学生兴趣,引导学生深入思考。

制作相关科普知识、前沿知识、科研成果的课件,制作扩充的例题及解答课件,供学生根据兴趣选作课后学习资料。

加大力度进行网络教学资源建设,将课程建设规划、课程标准、教学日历、全部课件、习题、实验教学大纲及指导书、教材及参考文献目录、课程评价、教学研究及相关成果、教学录像等材料上传网络。

3.2 考核方式

考核方法(百分制):

(1) 若干次小测验成绩占 50%;

(2) 期末考试占 50%。

学习要求:

(1) 按时、独立、认真完成作业(每人准备 2 本作业本),如果不交作业次数超过半数,则取消期末考试资格;

(2) 认真听课,遵守课堂纪律。3 次抽查点名缺课或 2 次无故旷课者按未修处理。

4 课程特色

"航天热能工程学"是专业基础课,其基本理论是从实际出发,经过抽象、概括和演绎推理得出的总结,反过来又用于指导实际问题。课程内容主要有 3 个特点:

(1) 概念抽象且繁多。例如,比热容的概念,既可按热力过程分定压比热容和定容比热容,又可按定义分质量比热容、容积比热容和摩尔比热容,还可按计算数值来源的不同分真实比热容、平均比热容和定值比热容。这样的例子举不胜举,学生初次遇到,很难理解。

(2) 内容多,相互交叉且难理解。"航天热能工程学"的知识点比较多,主要包括基本概念和基本定律(主要是热力学第一定律和第二定律)、过程和循环的分析与研究、常用工质的性质、化学热力学等方面的内容。

(3) 公式多,应用条件复杂且难记忆。"航天热能工程"学公式很多,而且对于不同的具体问题还有不同的表现形式。

如果在教学中不能很好地解决以上问题,则学生学习起来困难较大。要在较短的课时内把"航天热能工程学"的内容讲透、讲清,需要主讲教师在课前做大量工作,抓住课程的精髓,紧密联系实际,只有这样,才能指导学生真正理解和掌握"航天热能工程学",并在工程中很好地加以利用。对此,建设小组的主要体会和认识有以下几个方面:

(1) 讲透、讲清课程精髓。"航天热能工程学"主要研究热能与机械能相互转换的规律,其内容分为基础理论和工程应用两大部分。基础理论包括基本概念、基本定律、工质热力性质和热力过程,这些内容都是有机地结合在一起的。贯穿于

"航天热能工程学"课程的精髓是热力学第一定律和热力学第二定律。热力学第一定律是"航天热能工程学"的基石,揭示了各种形式的能量在传递和转变时必须遵守的数量守恒普遍规律,也是引导学生进入"航天热能工程学"学习的前提,许多基本概念均由此推出。但热力学第一定律只反映了不同形式的各种能量的共性,不能揭示出能量传递和转换过程的本质。热力学第二定律是独立于热力学第一定律的基本定律,有十分重要的理论意义和实际价值,它解决了热力过程方向性和可行性的问题,特别是熵分析法对于分析热力过程具有更为重要的意义。因此,需要向学生讲清本课程主要内容间的内在联系,使学生能系统掌握全部内容以及正确的热力分析方法。

(2)根据课程内容难易,合理安排讲授时间。由于教材在内容安排上有自身的要求,学生在系统掌握时存在不少困难,因此,在讲授时间安排上就应做不同的计划。例如,基本概念中的系统、准静态过程与可逆过程就是学生学习"航天热能工程学"课程的第一只拦路虎,在讲授中,首先应讲清上述概念在"航天热能工程学"研究中的作用和必要性,即工程热力学只能对平衡态及其有关问题进行定量分析,对非静态过程,一般只能做定性分析。因此,在工程热力学中对工程做定量分析时,通常都是将实际过程抽象成准静态过程来处理,使学生理解热力学的基本研究方法和由此带来的误差等。

(3)平时上课要特别强调对基本知识的理解,并按整体式、问题式、项目式三者相结合的方式开展教学工作,使绝大多数学生能牢固地掌握"航天热能工程学"课程最核心的知识。

参考文献

[1] 杨玉顺.工程热力学[M].机械工业出版社,2009.

[2] Georg Job.新概念热力学——简明、直观、易学的热力学[M].陈敏华,译.华东理工大学出版社,2010.

[3] 陈贵堂.工程热力学[M].北京理工大学出版社,1998.

[4] 吴孟余.工程热力学[M].上海交通大学出版社,2000.

能源动力类课程体系和教学方法改革与探究*

／李丽丽,刘　坤,李晓明,刘颖杰／

(辽宁科技大学 能源与动力工程系)

摘要:近年来,能源与动力行业获得了较快发展,高校人才培养必须满足行业和社会发展需要。针对能源动力专业知识面广、工程性强的特点,文章介绍了辽宁科技大学能源与动力工程专业能源动力类课程体系和教学方法的改革,其以培养高素质人才为目标,提出"宽口径、厚基础、强专业、重实践"的人才培养方案,制订了工程化的人才培养计划。通过构建科学的课程体系、先进的实验室平台、多元化教学方法和现代化的教学手段,加强校企联合,提高人才培养质量。

0　引　言

随着能源与动力行业的迅猛发展,高校的人才培养目标、课程体系建设也应与行业进步、地方经济建设、社会发展相适应。因此,要求专业内容不断充实,课程体系不断完善,教学方法不断改进。辽宁科技大学能源与动力工程专业为国家一级重点学科、辽宁省示范性专业,学科的建设发展走向不仅对全校学科建设起示范作用,对该行业人才培养质量也影响重大。学校能源与动力工程专业包括热能工程、动力工程、制冷空调和热工自动控制 4 个方向,该专业具有知识面广、工程性强、技术革新快等特点。从专业角度出发,应对教学体系和实践教学方法进行全面改革,以培养高素质、实用型人才。

1　以行业要求为导向的人才培养目标

人才培养目标应以满足行业要求为导向。能源动力专业属工科专业,旨在将人才培养为可从事能源动力类产品设计、制造、安装、运行、调试、控制、管理方面工作的人才。在人才培养中应加强对学生工程实践能力的培养,同时注重加强学生的自学能力、动手能力、创新能力、独立解决实际问题能力和协作意识。能源与动力类专业涉及的领域较广,学生就业趋于多元化。因此,对能源动力类的人才培养模式以"宽口径、厚基础、强专业、重实践"为培养方案[1],即重视基础知识的学习,进行多学科交叉与综合背景下的宽口径专业教育形式,重视专业性培养,专业课程设置要"精",突出专业特点,加强专业知识学习,重视理论和实践结合,提高实践教学比例,加强校企联合。

* 基金项目:辽宁省 2013 年教育科学"十二五"规划课题,项目编号 JG13DB079。

2 课程体系改革及实验平台建设

2.1 课程体系改革

为了满足行业发展的需要,我院在课程体系建设上应不断推陈出新,与时俱进,坚持基础与实践并重[1],重视素质和能力的培养,构建科学合理的课程体系。

(1)构建具有广博人文社会科学、自然科学的基础课程体系,以提高学生的综合能力,主要课程有政治理论、品德与法律、体育、英语、高等数学、力学、物理、计算机基础、工商管理等。

(2)构建宽厚的专业基础课程体系,主要课程有工程力学、专业英语、专业CAD绘图、燃烧学、流体力学、传热学、制冷原理、热工过程自动化。改变原有分专业方向学习专业基础课程的情况,建设能源与动力工程专业所有学生学习的专业基础课程,主要优点如下:① 各门专业基础课的是相互联系的,将所有的知识点融会贯通,有利于专业知识的学习;② 丰富学生的知识体系,拓宽学生的就业面。

(3)设置"专""精"的专业方向模块课程组。该专业现设有动力工程、制冷与空调、热能工程、自动化控制四个专业方向模块课程组,每个专业方向设置专业的特色课程,并开设一定数量的专业选修课程。传统经典课程主要有工业炉、锅炉原理、汽轮机原理、空调工程和制冷压缩机等,在此基础上新引入了能源审计、热工实验原理与技术、环境保护概论、换热器等课程。

课程建设以适应能源动力行业发展需要为目标,不断推陈出新,删减陈旧内容,引入新技术、新学科、新理念。如动力方向,不仅保留了锅炉和汽轮机原理的传统设计内容,同时增加能源审计、环境审计等新能源、新技术方面的内容。

2.2 实验平台建设

为了适应现代化科技发展的需求和新型人才目标,改变现有实验设备老化、实验内容单一、实验条件落后的局面,特引进先进实验设备、整合原有实验设备,进行实验平台的自制和虚拟仿真实验平台的构建。

(1)近年来,我校能源动力专业引进了一批先进的实验项目,对落后的实验项目进行更新换代。学校还为该专业增设了一批与课程内容改革相关的宽口径专业基础实验教学平台、面对工程实践专业性较强的专业实验教学平台和科研实验平台,使基础实验、专业实验、科研实验内容丰富、循序渐进、联系紧密、运行有效。

(2)整合现有实验设备。学校对原有优良实验设备进行跨学科、跨专业、跨课程整合,开发新的综合性实验项目,最大程度地发挥实验功能,现已整合了流体力学综合实验平台和传热学综合实验平台。

（3）自制实验设备。由于能源与动力工程专业实验项目专业性强，设备采购困难，学校自制了许多有利于实验教学、针对性强、方便好用的实验设备。自制实验设备，不仅满足了教学、科研的需要，同时培养了学校师生的科研能力和创新意识。

（4）虚拟实验设备是以计算机为基础的虚拟实现技术的应用研究，通过其可建立一个虚拟的实验环境（仿真平台）。虚拟实验的逼真性和灵活性是传统实验无法比拟的[2,3]。近年来，数值仿真技术被广泛地应用到生产实践，特别是热能领域中。将计算机数值仿真技术引入实验教学中，可以大大丰富实验内容。将实物实验与虚拟实验结合，可改变传统单一的实验教学手段，增加实验的灵活性和多样性，是现代化实验教学手段对实体实验的一种补充。

通过上述途径对实验内容的建设和改革，学校调整了实验教学类型的结构，提升了设计性、综合性、创新性实验比例，实现了实践教学与课程教学的同步改革，补充了新实验大纲和指导书。

3 教学方法和教学手段改革

3.1 变被动为主动的教学方法

变被动为主动的教学方法，即在人才培养模式上，改变传统的"填鸭式"教学模式，充分发挥学生的主观能动性[4]，由传统的"以教师为主体"的模式转变为以"学生为主体"的模式[5]。

在理论教学中，主要通过布置大作业的方法，提高学生资料检索、整理及学习的能力；通过"提出问题、分析问题、解决问题"的方法，进行启发式教学；通过提供精品课程课件、习题库、工业设计方案，丰富学生的学习资源。

在实验教学中，依据不同的实验性质，选择不同的教学方法。根据实验内容、实验性质和难易程度，将实验教学方式分为3类。

（1）教师讲授实验教学方式。对于实验操作难度大、危险性高、实验原理复杂的实验，仍采用教师讲解、演示，学生操作的教学方式。

（2）自主实验教学方式。对于操作和实验原理简单，学生容易掌握的实验，学生可在实验前完成实验预习报告，经实验教师审查后独立完成实验，以培养学生自学能力和动手能力。

（3）"导生制"实验教学模式，即在班级择优选择 3～4 名学生，形成"导生小组"，由实验教师对"导生小组"的学生进行培训，通过预做实验，对实验进行全面的了解。然后，以"导生小组"的学生为主体，对实验内容进行讲解，重点、难点实验内容由实验教师进行启发、引导式教学。"导生"在实验过程中起到传、帮、带的作用,以提高实验完成质量,减少设备损耗率。

3.2 现代化教学手段

教学手段要有利于激发和调动学生学习的主动性和创造性,充分体现网络化、数字化时代的特征和要求,深化多媒体教学、现场教学、虚拟仿真教学等教学改革,创新课堂教学方法,革新教学方法和教学手段,加强课堂互动,活跃课堂气氛,提高课堂教学效果,使学生融会贯通课程知识,提高理论应用能力,培养创新精神。

4 加强校企联合

为了将企业发展信息和先进的技术第一时间融入教学,学校采取以下方式加强企业与学校的沟通:

(1)聘请企业专家为客座教授进行讲学、会议交流。

(2)采用校企双方共同指导毕业实习和毕业设计的形式,形成"双导师制",以满足学生实践能力和科学研究能力培养的需要,达到工程训练的基本要求。

5 结 语

能源与动力工程专业的课程体系和教学方法,要紧随行业的发展变化不断改革、完善,突破传统的教学方法和教学理念,以培养创新型人才为宗旨,以满足科学发展为导向,以服务社会为己任,专业建设应符合国家和地区经济发展的方向,符合社会需求和科技发展走向,有一定的可持续性和前瞻性[6]。

参考文献

[1] 袁文华,等.新地方高校能源动力类应用型本科人才的培养模式探讨[J].湖南医科大学学报(社会科学版),2008,10(3):156-158.

[2] 桑建辉.虚拟实验——实验教学的新途径[J].中国教育信息,2012(6):46-48.

[3] 田丰.虚拟实验与真实实验的整合研究[J].实验技术与管理,2005,22(11):89-92.

[4] 张桂菊,肖才远.基于学生创新能力培养的机械类实验教学研究[J].科技创新导报,2012(5):165.

[5] 孙连荣.高校实验教学模式的研究与探究[J].实验室研究与探索,2003(1):4-5.

[6] 应安明,王桂玲.实验室建设规划是新形势下高校实验室发展的关键[J].实验技术与理,2007,24(1):134-137.

能源动力类专业本科课程"能源环境化学"的建设与思考

／王云海,梁继东,延　卫／

(西安交通大学 能源与动力工程学院)

摘　要: 文章介绍了西安交通大学能源动力类专业本科生课程"能源环境化学"的建设和教学实践情况。首先,分析了课程开设的必要性;然后,系统分析了本门课程的体系和主要内容;最后,结合本门课程的教学实践,对教学过程中取得的经验和存在的不足进行了总结和分析,结合学校人才培养特色,提出了进一步改进该课程教学的思考和建议。

0　引　言

近些年,世界范围内的经济发展导致对能源的需求越来越大。目前,世界范围内的能源仍主要来自化石能源,而化石能源在开采和利用过程中产生了一系列的环境污染问题,深入认识和解决这些环境问题一直是能源与环境领域的专家和学者共同关注的问题。同时化石能源的不可再生性也导致世界范围内对新能源技术需求的增加,而解决相关环境污染问题的同时,也有机会变废为宝,产生和回收部分资源和能源,最终实现环境和能源的协同发展。

不断追求能源与环境的协调发展是大势所趋,在这样的背景下,为能源动力类专业学生教授环境相关专业知识显得非常必要。为此,西安交通大学能源动力工程类专业大学一年级第二学期为本科生创新性地开设了"能源环境化学"这门课程。该课程涵盖了能源与环境化学相关的基础知识,包括有机化学、化学平衡及应用、能源化学、能源及清洁煤工艺、石油化学、生物圈及生物质能、水及土壤化学、核化学及安全基础、大气化学及空气污染、光电化学及太阳能转化等。课程授课32学时,以化学知识在能源领域的应用为主,使相关专业的学生了解和掌握能源与环境方面的基础化学知识和观念,并对新的技术发展动向有所了解。

由于国内外相关专业开设该课程的单位较少,也少有相关的教学教材作为参考,故文章结合作者在该课程的教学实践,对近些年该课程教学过程中取得的经验进行总结,并分析了存在的不足和计划改进的策略,以期为国内同行提供参考,共同提高能源动力类专业课程建设和人才培养质量。

1　"能源环境化学"课程教学内容的构建

"能源环境化学"这门课程是多学科交叉性较强的基础课,内容涉及能源的专业知识、环境的专业知识及基础化学的专业知识,所以该课程的教学内容比较庞杂。课程组将相关教学内容多次总结编排、修改、完善,最终才确定了"能源环境化学"课程的教学大纲,教学内容力求紧扣能源与环境协调发展的主题,满足能源与动力工程专业学生的需要,同时又兼顾学生的接受程度。课程组的教师们,根据多年教学经验和数届学生反馈,逐渐完成了本门课程授课资料的整理,实现了从讲义到教材的出版。2011 年,《能源环境化学》一书由西安交通大学出版社正式出版。该教材系统性地融合了化学基础知识、能源基础知识和环境基础知识等内容,为学生更好地学习本门课程提供了优质的参考资料。

1.1　化学基础知识部分

化学基础知识部分主要包括有机化学、化学平衡两大部分,这部分与传统的化学基础知识的不同之处主要在于其内容紧紧围绕能源与环境领域。如有机化学部分,尽管是按有机化合物大类来讲述,但每种有机物大类都有一部分内容专门介绍该类有机化合物的环境存在形式与危害及其在特定能源领域的应用。化学平衡部分结合环境工程领域涉及的酸碱电离平衡、酸碱中和法,沉淀法以及部分氧化还原技术等废水处理技术进行讲述,同时也结合了部分动力工程领域涉及的锅炉水质处理技术。这些内容都体现了能源及环境领域内最基础的化学知识,对加强学生在相关领域的基础理论储备和专业素质提升起到了积极的作用。

1.2　能源基础知识部分

能源基础知识部分主要包括化石能源、生物圈及生物质能、核能、光化学及太阳能等内容。化石能源部分主要介绍了相关能源的化学成分、生产加工工艺及消费过程涉及的基础化学知识,同时相关的生产加工工艺过程、消费过程可能产生的各类废水、废气、废渣等环境问题也被有机地结合进了该部分的教学中。生物圈及生物质能则结合生态环境领域生物圈的概念,介绍了生物质能的转化及有机废物的综合利用,转化及综合利用过程中涉及的基础化学知识和生物质能在能源领域的应用情况及前景也被有机地结合进了课程的教学过程中。核能部分则介绍了核化学基础、核化学反应及应用,同时结合环境安全问题讲解了放射性污染及控制技术等。光化学及太阳能则结合环境污染和能源危机的背景,将清洁的太阳能引入该课程的教学内容中,通过介绍光化学的基础知识、光能的转化与利用,加强了学生对清洁能源及新能源的认知。总体上这部分的教学使学生对传统的能源生产过程及部分新能源的状况有所了解,加强了其对专业的认识。

1.3　环境基础知识部分

环境基础知识部分主要包括物质循环、水化学及水圈、土壤环境化学、大气污染及大气化学等方面的内容。这部分着重介绍了这些生态、环境相关问题中的基础化学反应及原理等,同时也介绍了这些环境问题与相关化石能源的生产与消费之间潜在的关系。这部分的讲述能够加强能源动力类专业本科学生对基础环境问题的认识。

2 课程教学内容方面的经验与不足

"能源环境化学"课程开设的目的是加强能源动力类专业本科生的环境及化学基础方面的知识和理论,使学生了解与掌握能源及环境方面的基础化学观念和知识,了解能源与环境、化学之间的相互关联,并对相关学科的最新发展动向有较为广泛的了解。多年的教学实践证明,这门课程的开设基本达到了以上目的,学生的环境基础知识和相关的化学基础知识得到了加强,对学生未来从事学术研究或者工程应用起到了积极的促进作用。由于课程内容涉及的知识面广泛、庞杂,为了将相关内容讲好、讲透,课程组往往由多位在相关领域具有较高学术造诣的教师组成,相互协调配合,争取使课程各部分内容有机结合,讲授生动透彻,激发学生的学习兴趣和热情。

但也正是因为该课程涉及的内容相当广泛,而且相关学科的最新发展趋势等往往需要教师不断更新资料,追踪学科最新的发展动向,教师和学生在教与学的过程中如果不注意将各个部分有机结合起来,则教师教得费力,学生学的效果也不理想。最开始的 2 ~ 3 年教学实践中,该门课程的通过率整体较低,学生反映不容易抓住重点。同时课程组内各个教师之间的协调和配合不足,容易发生少量讲授内容重复或者遗漏的现象。

3 改进课程教学效果的思考与建议

为了进一步加强该课程的教学实践活动,提升教学质量和人才培养水平,结合该课程前几年的教学实践经验和存在的不足,拟从以下三个方面进一步提高:

(1)加强课程组教师队伍建设。对于课程组队伍的建设,一方面提高任课教师在能源、环境及基础化学方面的学术水平和授课能力,只有教师自身水平提高了,才有可能传授给学生更多更新的知识;另一方面加强各个老师之间的协调配合,使课程内容各部分有机结合。

(2)课程教学内容进一步优化。目前的课程内容显得过于广泛,32 个教学学时难以将广泛的课程内容讲深讲透,但学生的学时数又不可以随意增加。故需要将进一步压缩课程内容,凝练出重点知识,进行详细深入的讲授,将一部分非重点知识,作为作业布置给学生课外自修学习。

（3）加强学生课外自学的管理。学生是学习的主体,也是人才培养的最终受体。该课程内容广泛的特点决定了单单依靠课堂的 32 学时,学生难以深入理解掌握相关内容。在课堂之外,学生应该在教师的安排下,多调研相关资料文献,了解探讨相关学科发展动向,培养自身的科研素养和创新能力;积极完成作业,加强基础知识的巩固和掌握,最终学有所成。

4　结　语

"能源环境化学"课程的开设紧密结合能源动力类专业的发展趋势,可加强学生在环境和化学方面的基础知识和基础理论,培养学生关于能源与环境协调发展的观念,对学生未来的职业发展起到了科学引领作用。西安交通大学能源动力类专业通过多年的教学实践,不断完善和丰富了该课程的教学内容和方法,使该课程的教学逐渐走上了正轨。但同时也应看到该新开课程中存在的问题和不足,为此在该课程的教学实践中仍要不断创新、锐意进取,进一步提高课程教学水平,为能源动力类专业人才的培养贡献积极力量。

参考文献

［1］周基树,等.能源环境化学［M］.西安交通大学出版社,2011.

［2］李荫堂.环境保护与节能［M］.西安交通大学出版社,1998.

［3］陈军,陶占良.能源化学［M］.化学工业出版社,2004.

能源与动力工程专业 ASIIN 认证的实践和思考*

／苏明旭[1],杨　茉[1],田文举[2],顾　弦[1]／

（1. 上海理工大学 能源与动力工程学院；2. 上海理工大学 中德学院）

摘　要: 为加强能源动力类专业高等教育专业国际化建设,作者所在学校开展了 ASIIN 专业认证。学校按照 ASIIN 知识、技能和能力相结合、素质协调发展并具特色的人才培养理念,按照模块化方式构建了专业教学的核心课程体系和实践教学体系,开展了课程建设和教学团队建设,所取得的成果,对提高高等教育质量和高等教育国际化具有参考价值。

0　引　言

随着全球化趋势日益明显和我国改革开放进程的加快,社会对于国际化人才的需求也愈发突出。就高等院校而言,如何培养具有国际化视野、符合国际化进程要求,同时可以与国外尤其是教育发达国家的高等教育体系对接的人才正成为一个新课题。

热能与动力工程专业作为我国高等教育传统专业,在课程体系、教学手段、考核方式上都已经具备了一套相对成熟的方法和规程。但在当前形势下,如何按照办学国际化的要求促进能源与动力类专业建设,其中的实践和思考必然对传统专业的改革和发展有借鉴意义。

上海理工大学热能与动力工程本科专业为国家级特色专业,能源动力实验教学中心被评为国家级实验教学示范中心。不过,为了更好地了解国际上对于本专业设定目标、内涵建设和教育质量检验的要求并进一步加强该专业的建设,我校特邀请德国教育专业评估机构 ASIIN 对本校热能与动力工程专业进行专业国际认证。

1　ASIIN 简介

ASIIN e. V.（Akkreditierungsagentur für Studiengänge der Ingenieurwissenschaften, der Informatik, der Naturwissenschaften und der Mathematik e. V.）是德国关于工程、自然科学、信息和数学领域的高等教育学位认证机构,是国际工程教育学

* 基金项目:上海市研究生教育创新计划,项目编号 SHGS-KC-2012006;上海理工大学能源与动力工程学院“数值传热学”精品课建设项目。

课程建设　教学方法　教材建设

位认证体系《华盛顿协议》的成员。

ASIIN 主要由会员大会、董事会及其委派的项目认证委员会、13 个技术委员会、ASIIN 认证专家等构成。其中较为重要的董事会由大学、应用技术大学、工业/社会合作伙伴、技术/自然科学联盟构成。技术委员会涵盖了物理学、化学、信息技术等学科方向,热能与动力工程专业对应其技术委员会一(TC1),即机械与过程工程学科。ASIIN 每年的专业认证量很大,以 2011 年为例,其认证专业达 2464 个,其中工科类 1445 个。

2 ASIIN 专业认证

我校能源与动力工程本科专业按照国际化的要求,设立了建设目标。经过多年的建设,基本达到了国际化的要求,于 2012 年 6 月 25 日启动了 ASIIN 对我校热能与动力工程本科专业认证的事宜。

2.1 认证流程

ASIIN 认证包括了首次认证和再认证等形式。以首次认证为例,认证过程包括前期沟通、自评估报告准备、报告意见反馈、现场考察、初评结论、最终结论等环节,其中工作量最大的为自评估报告的撰写,最关键的为现场考察评估。ASIIN 认证专家考察后给出初步总体评价、结论和意见,对此申请认证的单位有机会对于初评结果进行申辩和解释,并提出是否同意该认证结论。认证最终结果可分为无条件通过、有条件通过和不通过。

2.2 自评估报告框架构成

一份自评估报告的正文部分包括了形式说明、专业和内容、专业的结构方法和实施、考试体系、资源、质量管理、记录等。自评估报告在写作特点上要求内容简洁明了、逻辑性强;不赞成大量繁复的描述;同时,对于学生的知识、技能和能力 3 个层面的培养必须贯穿其中。与正文部分对应需提供大量翔实的附件作为佐证材料(见表 1)。从反映内在逻辑关系的目标矩阵、课程大纲到教师简历、实验室资源,再到学生就业及反馈数据等均需一一列举。

表 1 自评估报告附件清单

编号	附件名称
1	教师名录和简历
2	课程模块目标矩阵手册
3	科研和教学项目清单(近三年)

编号	附件名称
4	课程大纲
5	考试规则和教学质量保证体系(文件)
6	仪器设备投入(近三年)
7	计算和实验中心(学院级)
8	课程质量评价标准
9	文凭样本
10	文凭附件
11	成绩单样本
12	教师教学质量评价
13	学生成绩列表(近三年)
14	奖励样本(学生和教师)
15	实践基地合同清单
16	学生就业与反馈信息

2.3 教育理念

大学对学生的教育,主要是通过开设各门课程来实现的。ASIIN 对我校专业认证时,特别关注课程的设置和每门课的课程教学目标、课程及由课程系列构成的课程模块相互的关联及其在达到专业培养目标上的作用。尤其是从课程模块到课程体系均必须体现知识、技能和能力 3 个层面的相互有机结合。

该认证的另一特点是非常重视实践教学在整个体系中的贯穿,每一门课程的实验环节、短学期实践、课程实践和社会实践,包括毕业设计和实习都应该有非常明确的针对性。

为此,我们按照所确立的人才培养理念,对课程体系进行了改造,并围绕课程体系,进行了课程建设和教学团队的建设。

2.4 模块化教学体系

模块化教学体系也在 ASIIN 认证中得到强调。各个模块间应该具备明确的功能和承前启后的内在联系。这是因为课程体系本质上反映了教育理念,直接影响学生的教育质量,也一定程度上代表了人才培养的特色。课程体系还要考虑知识间的嵌套、顺序、认识规律和逻辑。并且,在有限的时间里,还要考虑学生学习的负担。模块化的教学体系具有关系明晰、功能突出、工作负荷便于计算等多方面的优点。

图 1 将本专业共分为 10 个模块,其中工程基础、工程应用和高级课程分别代表 3 个层面的要求,其对应的学时比例在 ASIIN 认证中也有严格规定。其中,工程应用模块包括了 5 门专业基础主干课程:传热学,工程热力学,流体力学,燃烧学和动力工程测控技术。实践训练模块中,有与"计算机应用技术与实践"课相结合的部分,也包括了从机械设计和制图等专业教学的角度对学生能力的训练,充分体现了模块间的相互融合。

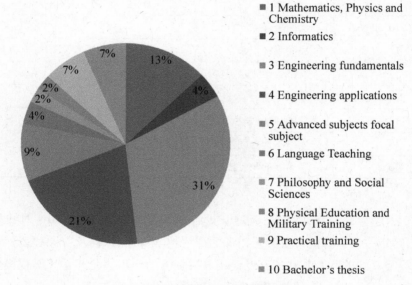

1 Mathematics, Physics and Chemistry

2 Informatics

3 Engineering fundamentals

4 Engineering applications

5 Advanced subjects focal subject

6 Language Teaching

7 Philosophy and Social Sciences

8 Physical Education and Military Training

9 Practical training

10 Bachelor's thesis

图 1 不同模块划分及学时比例

2.5 课程建设

结合 ASIIN 认证,我们重点对 20 门课开展了课程建设,其中的传热学成为国家级精品课和国家级精品资源共享课,工程热力学、流体力学等 6 门课成为上海市精品课,另外还有透平原理等 8 门课成为上海市重点课。同时,还在上海市高校内涵建设支持下开展了部分专业课程的全英文或双语教学。

2.6 教学团队建设

教师是教的主体,在教学中起主要作用。优秀的教师才能保证教学质量,但优秀教师不是天生的,需要靠后天培养,而且还要依靠可持续发展的机制。高校的作用不仅是培养学生,也包括对教师的培养。这一观点同样为 ASIIN 所倡导。ASIIN 不但强调师资的现时构成,重视教师的科研与教学的相互支撑,还非常看重教师的进一步发展机会。

根据这种理念,我们以核心课程为纽带,开展了师资教学队伍建设,其中具有代表性的热工教学团队被评为"国家级教学团队"。同时,已开展的教师国内外访学、进修工作也取得了成效。目前,超过1/3的专业授课教师具有一年以上海外学习和研究经历。

3 讨 论

3.1 创新能力和实践性教学

在专业建设和专业的国际认证过程中,ASIIN专家指出,并且我们也感到,我们的教学主要存在如下几个问题:① 学生自主学习差。学生(甚至包括老师)不了解培养目标、培养计划、毕业时要达到的能力、学习的课程内容等信息,学生的自主思维没有得到鼓励。② 课程目标、课程模块及课程间的关联不清晰,学生和老师都不知情。③ 自主性的实践环节少。

这里的实践创新能力,既包括实验设计能力、动手能力、提出问题和新思想的能力、分析问题和解决问题的能力,又包括处理人际关系与社会关系的能力。同时应该承认,创新能力培养和实践性是我国高等教育最薄弱的环节之一。目前,我国大学教学方法普遍比较单一。学生的实践活动基本按老师安排好的程序进行,学生处于被动接受地位,不利于创新精神和实践能力的培养。

为此,我们从课程、实验教学、社会实践及第二课堂等几个方面进行了改革和建设,形成了新的实践教学体系,对提高学生的实践能力发挥重要作用。在本科生中成立了创新研究小组,吸收了部分本科生参加教师的科研实践和为企业的技术服务活动,建立了学习的第二课堂,实施了"博士—硕士—本科学生"的金字塔式培养模式。在导师、博士生或硕士生指导下,本科生参加他们的实践活动。通过课外活动,使加入进来的学生综合运用所学知识的能力以及实践能力得到锻炼。

3.2 完善教学质量管理体系

ASIIN引入了非常完备合理的教学质量评价、管理体系。简单地说,可以分为内部教学质量管理和外部教学质量评价体系。其中不但要求有客观、可量化的教学、考试体系,还要有作为教育主体的学生的更为客观灵活的反馈机制。例如,要求学生必须非常清楚地知道课程培养目标、计划和内容,同时具备有效的反馈途径。外部评价不仅仅考核学生的当前就业率,更要求追踪学生的职场轨迹和建立用人单位反馈制度。从毕业开始,校友数据库和校友网络可以收集每一届毕业生的反馈意见。上述做法,实现了质量管理的长效机制。

4 结 语

办学国际化是世界经济一体化的必然要求,是我国高等教育的必然发展趋势。通过开展 ASIIN 国际专业认证,推进了办学国际化。按照国际化要求进行专业建设的成果,对提高传统专业的教育质量和国际化,具有较好的参考价值。

参考文献

[1] ASIIN. General Criteria for the Accreditation of Degree Programmes, 2011.

[2] 上海理工大学热能与动力工程 ASIIN 认证自评估报告,2013。

"热工基础实验"课程教学模式的研究与实践

／张 鹏,高 峰,费景洲／

(哈尔滨工程大学 动力与能源工程学院)

摘 要:热工基础实验是工程热力学、传热学课程内容的实践教学部分,也是能源动力类专业的专业基础课程。热工基础实验是一个重要教学环节,教学质量的提高对专业人才的培养有至关重要的意义。本文通过对热工基础实验课程教学环节中的实验条件、实验模块和层次设计、实验教学体系、实验运行管理制度及实验考核等方面进行的改革,分析了在热工基础实验教学中培养学生创新意识与创新能力的途径,并对实验教学的改革方向和思路进行了一些探讨。

0 引 言

热工基础是研究热能与其他形式能量的转换规律、有效利用及热量传递规律的技术学科课程,在许多工科大类专业的人才培养中具有重要地位。在欧美国家,热工基础已经成为机械类专业学生的必修课,有的学校还将其设为工科学生的基础课程或者作为工学院的公共课程,成为培养复合型工程技术创新人才不可缺少的一个环节。在我国,热工基础课程一般指工程热力学与传热学两门课程,主要由工程热力学与传热学组成的"热工学"或"热工基础"也属于热工基础课程的范畴。

实验是本课程的一个重要的教学环节,通过在实验中的实际演示和操作,使学生能对抽象的理论知识有直观的了解和认识,进一步深刻理解本课程的基本内容,增强学生对热工设备的感性认识,培养学生的动手能力和综合运用知识解决实际问题的能力。实验教学的最终目的是使学生在学习课本上的理论知识的同时,接触实践环节,锻炼学生的动手能力和思维创新能力。然而如何更好地利用大学生的好奇心和活跃的思维,是各高校各专业教学不断思考和探索的问题。

适逢我校船舶动力技术实验教学中心获评"国家级实验教学示范中心",为了提高人才培养质量,促进学科与专业发展,课程组在总结多年教学经验的基础上,根据专业特色与复合型工程技术创新人才科学素质培养要求,对热工基础实验教学环节从教学方法、考核方式、硬件建设、实验运行管理制度及网络信息平台搭建等方面进行改革,建立教学、科研互相促进的创新机制,注重设计能力及创新性培养,以提高学生的创新意识和分析解决实际问题的能力,开发学生的学习主动性和创新思维,取得了一定的实际效果。

1 现状与差距

笔者通过走访浙江大学、上海理工大学、上海交通大学等已获评能源动力类国家级实验教学示范中心的院校，与已获评的兄弟院校相比较，我院实验教学中心作为新获评的单位，在实验教学前沿性、全面性、互动性等方面还存在一定的差距。

（1）浙江大学能源与动力实验教学中心作为"十一五"期间评定的国家级实验教学示范中心，其工程热力学、传热学相关实验达 27 个，基本覆盖了所有教学内容；而我院实验教学中心涉及这两门课程的实验总计有 10 个，常年用于教学的只有 8 个，知识覆盖面不到 60%。

（2）先于我校获评的上海理工大学能源动力工程实验教学中心，工热与传热相关实验达 28 个，其中有 21 个综合性实验，其中不乏"太阳能相变蓄热材料的导热系数测定""大功率 LED 灯散热系统设计实验"等与学科前沿相关的设计性实验。而我院常年用于基础教学的 8 个实验当中，仅有 2 个综合性实验，其余 6 个均为验证性实验，没有一个设计性实验，近 10 年来没有用于教学的新增实验，实验内容无法反映学科的前沿研究内容。这些都与我院实验教学中心"培养目标注重素质、实验内容注重综合、创新教育注重个性"的实验教学理念不符。

（3）浙江大学能源与动力实验教学中心、上海理工大学能源动力工程实验教学中心的网络平台建设内容十分完善，从中心介绍到视频课程，一应俱全。反观我院船舶动力技术实验教学中心的网站，内容十分有限，基本没有属于自己的网络窗口。

2 课程建设与改革

2.1 教学方法与考核方式的改革

热工基础实验课程建设立足于建立与理论教学有机结合、以能力培养为核心、分层次的实验教学体系。为此提出了分级教学法：对实验内容进行分级、对实验难度进行分级，进而建立多元化的实验考核方法；对实验成绩的评定方法进行分级，并通过构思设计新型实验将学生科技创新与实验教学改革有机地结合起来。

课程比照了浙江大学热工基础实验国家级精品课程进行建设，本着"择优而学之，学而则优之"的思想，并根据建设效果申报了黑龙江省省级示范实验课程。

（1）教学方法的优化

建设之前的教学模式为现场讲授后立即开启实验，这种传统的教学方法具有诸多弊端，学生对此存在依赖思想，预习不认真或是预习没有目的性，造成的结果就是学生对实验课教授的内容仅是"瞬时记忆",做完就忘,使得实验对理论教学的支撑作用大打折扣,这需要从教学模式上进行彻底改革。

以优化课程体系为核心,采用分级教学法,将新建实验与原有实验按研修要求分为两类(必修与选修),按实验类型分为四类(综合性、验证性、演示性与设计性)。以传热学实验为例,必修实验3个,涵盖导热、对流、辐射三部分知识,均为综合性实验,学生必须完成这3个实验才算完成了必修实验部分。

利用现代化网络技术,有效控制课下预习效果,采取观看教学录像、网络虚拟实验、在线提交预习报告及网上选择实验的单线方式,环环相扣,增强学生的学习自主性;采取分级教学的方式,为不同需求的学生提供不同的实验套餐,成绩评定也采取不同的方式。

学生选择的必修实验需在课下上网反复观看视频演示,并完成在线虚拟实验后方可预约实验时间及地点,现场实验时每个实验室均有实验助教进行监督以保证实验过程的安全性,实验教师(专职或兼职)不再对实验步骤进行现场讲解,而在多个有实验的教室间巡视,解决突发或疑难问题。学生须在规定时间内(2课时)自主完成所选实验。

学生可根据自己的兴趣选择选修实验,在观看完视频演示,并完成在线虚拟实验后方可选课,所选实验可为综合性、验证性或设计性实验。学生选择的综合性或验证性实验,须在规定时间内(2课时)自主完成所选实验;选择的设计性实验需在线预约老师进行指导。

(2)考核方式的改革

根据上述选课方式,成绩评定也为"3+1"的形式,即3个必修实验成绩评定标准一致,而1个选修实验的成绩要根据所选实验难度乘以一个系数,学生的最终成绩为必修实验与选修实验成绩之和。

此外,原则上不再进行演示性实验的现场操作,学生可上网观看视频演示。选修实验不允许选择演示性实验。对相关实验感兴趣的学生也可通过提交预习报告并在网上预约的方式到现场进行演示性实验的实验操作,但不计实验成绩。

为保证实验效果,所有必修实验台套数增至10套,单台套单次实验每组人数不超过2人。由于选修实验数量众多,为减少投入及场地占用,选修实验台套数均为2套。为保证实验仪器的使用率,所有选修实验每年均开出相同组数,并采取"先选先做,选满为止"的方式,所有实验台的总使用次数限定为每届学生的总实验次数。在正常教学环节未能选上,但对相关实验感兴趣的学生也可通过提交预习报告并在网上预约的方式到现场进行选修实验的实验操作,但不计实验成绩。

（3）实验教材建设

根据新增实验，课程组对现有实验教材进行改编后出版。改编后的教材与网络虚拟实验相对应，更注重实验教材的趣味性，达到"寓教于乐"的目的。

2.2 实验课程的硬件建设

以实验项目的质量建设为重点，既重量，也重质。为解决现有热工实验项目少、知识点覆盖面窄、设计型实验比例小的问题，新增实验 16 项，包括引进实验 7 项，改造实验 4 项，自主开发实验 5 项，知识点覆盖面可达 90%，新增实验均为综合性或设计性实验，其中自主开发实验全为设计性实验。

（1）对实验室资源进行有效整合，利用现有设备开发新实验。最大限度地利用已有的实验设备，改变实验方法，并适当添加新设备，可开发出一系列新实验。利用现有的准稳态法测材料导热系数实验台开发出准稳态法测定材料比热的实验；利用现有的风洞实验台，改变实验方法，开发出流体横掠圆管平均表面传热系数实验关联式系数测定实验；对现有风洞实验台进行改造，适当添置仪器，开发出风洞中沿圆管表面局部表面传热系数的测定实验和流体横掠圆管脱体位置测定实验。改造后的实验台仍具有完成原有实验的功能。

（2）借鉴兄弟院校优秀教学实验。通过调研兄弟院校动力能源类国家级示范实验教学中心，遴选具有代表性的综合性实验，充实我院中心的实验项目，主要引进实验项目如下：球体法测定粒状材料导热系数实验；空气纵掠平板时局部表面传热系数的测定；物体表面法向发射率的测定；角系数测定实验；竖板大空间自然对流换热系数的测定；中温辐射时物体黑度的测定。

（3）自行设计新型教学实验。根据学科相关的成熟理论，中心以指导学生科技创新等形式，开发了新型的教学实验，具体如下：对比法测定线状材料导热系数的实验；自制热线风速仪测定风速实验；对比法测板状材料表面发射率的实验等。成熟的新建实验台架已申请 2 项专利，并通过校企联合的方式形成产品，向兄弟院校推广。

2.3 网络信息平台的建设

为解决现有实验中心网络平台内容有限，功能欠缺的问题，学院网站建设主要以浙江大学、清华大学、西安交通大学的能源与动力国家级实验教学示范中心为模板，除实现网站基本功能（实验中心历史沿革、人员队伍、教学环境、规章制度及相关新闻等）外，还加入了自身的特色功能（包括选课预约、交流互动平台等）。中心网站是一个与外界交流的窗口，也是实验室管理各类信息汇集的平台，建设中不仅注意实现各项功能，也注重了"面子工程"，突出了船海特色。此次网络平台建设完善了船舶动力技术实验教学中心网站的基本构架,在吸取兄弟院校经验的基础上,加入具有本校特色的模块,使实验教学中心网站除基础功能外,还具备了视频教学、在线虚拟实验等功能,并增加了在线提交预习报告及批改电子实验报告的功能。

引入现代技术,融入多种方式辅助实验教学,在拍摄教学录像与制作虚拟实验系统时,不仅注重实用性,还兼顾趣味性、幽默性,适当加入了一些网络时尚元素,使得网络教学环节更加亲民,更具吸引力,达到真正的"寓教于乐"。

3 新型教学模式试运行的效果

新的实验课教学体制形成后,已经试运行一年,工程热力学实验与传热学实验均已完成了相应学年的教学任务,表1为国家级实验教学示范中心建设前后热工基础实验课程各项情况的对比。

表1 建设前后热工基础实验课程的情况对比

	建设之前	建设之后
实验数量	10	26
教学方法	现场讲授实验过程后立即实验	分级教学法: 必修实验:网络自学＋虚拟实验＋现场监督 选修实验:网络自学＋虚拟实验＋现场监督 设计性试验:网络自学＋现场指导 演示性试验:视频演示
网络平台	内容有限,功能欠缺	重新构建的主体框架; 完善的热工基础实验内容; 所有热工基础实验的视频演示; 热工基础类实验的在线虚拟实验平台; 新型选课系统。
研修要求	4项必修实验	3项必修实验＋1项选修实验
实验类型	综合性、验证性、演示性	综合性、验证性、设计性、创新性

新的教学体系受到了师生的广泛好评,对于学生来讲,建设之后丰富的实验内容,给了他们更多的选择,由网络引导的自主性实验预习与时间安排给了学生极大的自由度,同时又要求他们更加认真深入地预习实验内容,兼顾趣味性、幽默性的虚拟实验系统更大地激发了学生对实验的兴趣,以往预习不好就来做实验的情况有了很大的改善。而网络实验报告交互系统不仅杜绝了学生抄袭实验报告的现象,也避免了大量反复抄写实验原理、实验步骤等不必要的工作,使学生的注意力

更多地集中到实验本身上来。新的实验成绩评定方法也更加公平,教师给出的最终成绩也更具说服力。对于教师而言,新的教学体系避免了大量的现场讲授的重复性工作,在与学生交流中,内容也大多是实验现象与所学相关理论知识的联系,而非原来那种反复强调的实验原理与步骤。

4 结 语

科学实验的手段和工程实践的经历对动力类专业的人才培养具有十分重要的意义。笔者所在的课程组,依托国家级实验教学示范中心建设,通过对实验条件的改善,以及实验教学内容、实践教学体系、实验教学方法和考核方法的改革,从根本上改变了实验教学的被动现状,激发了学生的实验兴趣。学生学习的主动性和创造性得到了充分发挥,动手能力和创新能力得到了有效培养,取得了很好的教学效果。

任何事情都是“没有最好,只有更好”,实验教学的改革亦要与时俱进。实践教学体系的进一步改革,将为培养高素质创新型人才提供平台,提高学生应用理论知识分析解决实际问题的能力,使得相关专业的人才培养质量不断提高,并推进相关学科的发展。课程组在创新层次实践平台构建和内容建设方面,在加强工程训练、培养学生独立个性和创新能力方面,还有许多新的设想,要将其付诸实践,也还有很长的路要走。

参考文献

[1] 何雅玲,陶文铨.对我国热工基础课程发展的一些思考[J].中国大学教学,2007(3):12-15.

[2] 席新明,孙涛.基于创新人才培养的热工基础实验教学改革研究[J].高等农业教育,2011,7(7):53-55.

[3] 颜爱斌,殷洪亮,张蕊.流体热工基础实验教学综合改革的探讨[J].实验室科学,2012,15(5):39-41.

[4] 钱进,龚德鸿,冯胜强.热能与动力工程专业实验教学改革研究[J].中国电力教育,2008(9):152-154.

"热能与动力工程测试技术"教学改革

／田　飞,何秀华,陈汇龙／

(江苏大学 能源与动力工程学院)

摘　要:本文针对流体机械及自动化专业的现状,结合热能与动力工程测试技术课程的特点,通过进补、讨论、调整、实践及多媒体教学并举的教学手段,使学生理解并掌握与专业相关的一系列测量技术,激发学生对热能与动力工程测试技术课程的学习兴趣,让学生愉快地学习这门课程,做到学有所得、学以致用,为毕业设计打好基础。

1　改革由来——热能与动力工程测试技术课程是在未开设相关基础课的基础上实施教学的

热能与动力工程测试技术是本科三年级开设的一门专业基础课。一般的,本课程应在学习测试技术的基础上,结合热能与动力工程学科专业,系统地学习通用测试技术,如流量、流速、压力、转速、振动、噪声、可视流场的测量等内容。但是,目前大多数流体机械及自动化专业没有设置测试技术这门课,而是直接学习热能与动力工程测试技术课程。众所周知,测试技术所涉及的知识面较广,要求的数学知识较深,概念的物理意义难以理解等是客观存在的;同时,测试技术是一门理论性和实践性都很强的课程,所以这门课一直被本科生视为较为难学的课程之一。而对于没有测试技术课程基础的流体机械及自动化专业大三学生,学习热能与动力工程测试技术课程更是难上加难。因此,热能与动力工程测试技术教学改革十分必要。

2　提高热能与动力工程测试技术教学改革措施——进补、讨论、调整、实践及多媒体教学并举

结合本教研室多年来在热能与动力工程测试技术课程教学中的探索,笔者在教学实践中对热能与动力工程测试技术课程进行了如下改革。

2.1　补充测试技术基础知识

利用8个课时,补充测试技术的基础知识。主要是简单介绍测试技术的发展、基本概念、测试仪器的组成与分类以及主要性能指标;同时简单地介绍测量数据的分析和处理,包括误差的基本概念、计算方法、可疑测量数据的剔除以及有效数字的计算;简单地介绍传感器的基本类型以及工作原理,比如电阻式传感器、电感式

传感器、电容式传感器、压电式传感器、热电式传感器、光电式传感器、霍尔传感器等基本的传感器等,为热能与动力工程测试技术课程的教学打好必要的基础。

2.2 分组讨论学习,变被动学习为主动学习

笔者在教学中发现,学生通过概述的学习,对这门课产生了兴趣,于是趁热打铁,把学生分为 4 人一组,自学基本的传感器,并制作 PPT 上台讲解,让学生深入到本课程的学习中来。同时,将 Matlab 软件学习贯穿课程始终,每个小组都可以通过 Matlab 编译程序、运行程序做相关的测试系统的模拟。比如用 Matlab 编程进行傅里叶变换方便快捷,容易理解;同时可利用 Matlab 绘制出幅频谱和相频谱,学生能够用直观的方法理解幅频特性和相频特性。这种在教学中鼓励学生自告奋勇到讲台上讲解的方法,通过他们自己的不断尝试,不仅丰富了专业知识,还使学习由被动变为主动。

2.3 基于本专业的测量,调整教学内容

本科三年级的学生,对专业的认识还处于朦胧状态,在教学过程中根据流体机械及自动化专业的需求调整常用传感器和敏感元件章节的教学内容,提高学生的专业认知感,激发学习热情。如压力测量传感器(三孔动力探针、五孔动力探针等)、流速测量(皮托管、热线测速、激光多普勒、粒子图像测速等)、可视流场测量(示踪流动显示技术、高速摄影技术)。

2.4 多媒体资源与板书相结合

采用 Flash、PowerPoint、VCR 等多媒体制作电子教案进行教学,使教学内容丰富,表现形式多样。变粉笔黑板式教学为多媒体教学,对典型传感器进行实物展示,使过去因没有实物对象(如具体的传感器)而抽象难学的内容变得具体、形象、生动。但是由于电子教案讲解时节奏比较快,若测试技术公式推导、传感器的工作原理及其特性研究单纯以电子教案形式讲解,学生难以跟上教师思路,会出现忙于记笔记而忽略了理解的现象,这就需要以板书的形式,逐步推导、讲解,这样学生才能跟着思路,慢慢理解,掌握知识点。课堂教学实践中,笔者发现利用多媒体的动画和声音等教学方式比较容易调动学生的参与性。结合板书讲解和推导,学生对所学知识的掌握程度要明显优于纯板书教学或纯电子教案教学。

2.5 把握实践教学环节

与理论教学环节衔接的测试技术是一门实践性很强的课程。学生希望听完课堂教学,紧接着就做相关的实验。比如在学习了 PIV 粒子图像测速技术的工作原理、系统的基本组成以及测量时参数选择的基础上,先集中安排学生去实验室,由实验室老师介绍 PIV 测速系统的结构及操作过程,然后分组参与到研究生 PIV 拍

摄实验中去,和研究生一起,拍摄水泵的速度流场分布情况,最后利用软件进行后处理。这样大大提高了学生的学习积极性、参与性,也使得学生对本专业研究方向、内容等产生了直观的认识。

3 结　语

本文针对热能与动力工程测试技术课程教学中出现的难学难教的问题,详细分析了出现该问题的原因,提出了将相关课程实施捆绑教学的思想,同时加大实验教学的力度,充分利用多媒体资源的优势,调动学生的学习积极性。通过以上教学改革,相信能够在一定程度上提高热能与动力工程测试技术课程的教学质量。

参考文献

[1] 张小栋,苗晓燕,王光铨.我校测试技术类课程教学体系研究[J].西安交通大学学报(社会科学版),2000,20(S1):98 – 101.

[2] 杜毓瑾.机械应用型本科测试技术教学改革探讨[J].科技风,2011(9):171.

[3] 贾丽冬,侯洪海.对"测试技术基础"教学的探讨[J].洛阳工业高等专科学校学报,2007,17(6):51 – 52.

[4] 林近山.关于机械工程测试技术教学改革的几点思考[J].潍坊学院学报,2011,11(2):149 – 150.

[5] 文成,周传德.机械工程测试技术"案例和实验并举"教学模式探索[J].中国现代教育装备,2013,161(1):61 – 62.

"燃烧学"课程教学方法改革与探索

／刘爱虢,曾　文,王成军,张　玲／

（沈阳航空航天大学 航空航天工程学院）

摘　要:"燃烧学"为能源与动力工程专业的一门重要基础课。本文总结了"燃烧学"课程的主要内容和目前采用的主要教学手段,针对课程特点对课堂教学改革提出了几点建议,并介绍了我校在"燃烧学"教学中所采取的相关方法。

0 引 言

燃烧是能源利用的一种主要形式,目前世界总能源的80%来自化石燃料的燃烧[1]。燃烧过程的基础理论、数值模拟和燃烧污染防治在国民经济的各个行业有着广泛的应用。随着经济的迅猛发展,燃烧学也得到了日益广泛的应用,燃烧领域的新成果、新技术不断涌现。燃烧学是研究化石燃料化学能向热能转换的一门专门的学问,通过能量的转化实现了化石能源的应用,同时也带来了环境污染问题。随着世界范围内能源危机和环境问题的日益突出,燃烧学作为基础应用研究正受到各国的重视。

在我国普通高等院校能源动力类专业的课程设置中,最初燃烧学的基本知识是作为讲授锅炉原理、发动机、内燃机原理等课程的一部分内容。近年来,随着越来越多的高校将本科教育教学改革定位为"通识教育基础上的宽口径专业教育",燃烧学课程在绝大多数普通高等院校能源动力类人才培养计划中作为热能动力、航空航天、安全与能源环境等工科专业本科生的专业基础课程而独立开设,因此燃烧学的课程教学效果对能源动力类专业基础课的教学改革具有非常重要的意义[2]。

根据教育学原理,构成课堂教学的有机因素有很多,其中教学目的、教学内容、教学方法这3个方面最为关键,而且在教学过程中,这三大环节相互联系、相互作用[3]。近年来,国内各院校在"燃烧学"课程的教学方面在这三大环节上已经取得了不错的成就,积累了不少经验,但在不少方面仍需要进一步完善和发展。为促进燃烧学课程的教学,作者总结了燃烧学课程特点及传统教学方式,结合几年来讲授能源与动力工程专业本科生燃烧学课程的一些具体体会,对课程的教学改革进行了总结,并就自己的一些方法进行了探索。

1 燃烧学课程概述

燃烧学是一门内容丰富、发展迅速、实用性很强的交叉性学科。由于燃烧过程实质上是耦合了流动、传热以及热力相变的复杂化学反应过程,所以其内容涉及传热学、工程热力学、工程流体力学等多门学科知识,是一门具有复杂性和多学科交叉性的课程。燃烧科学目前正在从一门传统的经验学科成为一门系统基础应用学科。

"燃烧学"的教学内容主要包括两大方面:一方面是燃烧理论的研究,研究燃烧过程所涉及的各种基本现象的机理;另一方面是燃烧技术的应用研究,主要包括在内燃机、航空发动机、火箭发动机、锅炉等中的应用,通过应用燃烧基本理论解决工程技术中的各种实际燃烧问题,提高燃料利用范围和利用效率,实现对燃烧过程的控制等。

2 燃烧学课堂教学手段及现状

燃烧学是一门实践性科学,因此在进行课堂教学的同时还需要进行教学实验。在课堂教学中通过对经典的燃烧学基础理论、燃烧装置结构特点及燃料燃烧和排放特性等内容的系统讲解,让学生学会考察基本热流科学知识(工程热力学、传热传质学、化学反应动力学和工程流体力学)和燃烧问题之间的联系,学会抓主要矛盾、忽略次要矛盾以简化物理模型的分析方法,并由此学会如何去分析基本的燃烧现象和如何从基本理论出发去创造性地解决实际工程中的燃烧问题,从而培养学生透过燃烧现象分析其内在本质的能力。

由于我校的实际情况及课时安排,目前燃烧学还不能进行实验教学,而燃烧学课堂教学仍停留在传统的理论教学层面上,基本上是"教师讲,学生听"的教学模式,即教师一言堂,学生被动接受。燃烧学是一门抽象的学科,完全的理论讲解及部分的图片式教学导致内容空洞且离现实情境远,不但乏味,而且抽象,难以理解,最终导致学生失去了对燃烧学的兴趣。探索如何通过课堂教学,使用有效的教学手段激发学生的学习兴趣、加深对抽象理论的理解是教学改革的一项重要目标。

3 教学方法改革与探索

3.1 基于教学目标,更新教学内容

目前,无论是燃烧理论还是燃烧技术,仍然处于不断发展的状态。因此,燃烧学课程的内容也不应一成不变,而应与时俱进,不断更新。近年来计算机技术的迅

猛发展,提供了可以求出各种理论数学模型解的可能性,从而把燃烧理论与错综复杂的燃烧现象有机地联系起来,使燃烧学科上升到系统理论的高度。因此,在授课过程中应适时对一些最新的燃烧技术(如富氧燃烧技术、化学链燃烧技术等)和燃烧理论的发展动态进行介绍,力求追踪当代科技的最新成果,将当代燃烧学科发展过程中的新成就、新思想和新发展及时传授给学生,不断开拓学生视野。

燃烧学内容非常丰富,而实际课时一般较少,因此讲授过程中不可能面面俱到。在制定培养方案时,应考虑到专业特点选择合适的教材并针对学生所学的基础课选择性地制定教学日历,对相关教学内容进行取舍。在选择教材时要充分考虑各方面的因素,国外教材的突出优点在于内容浅显易懂、实例丰富、编排合理、讲解细致、由浅入深,而且大都经过至少一次的修订,充分反映了当前学科的最新发展动向和研究成果,但不足的是很多理论和知识点都贯穿渗透入具体的习题和实例当中,无法体现理论和相关知识点之间的连贯性,鉴于课时有限,难以充分讲解。而国内的教材,内容专业倾向性过于明显。以西北工业大学严传俊[4]编写的《燃烧学》教材为例,主要适用于航天动力工程专业。而热能工程专业著名学者所编写的教材则很多偏重于燃烧装置及其中的燃烧现象的介绍,比如许晋源[5]、徐旭常[6]和傅维标[7]等人的燃烧学教材,对于没有专业课程背景的学生来说,内容过于抽象。而另外如岑可法等人[8]的燃烧学教材,则主要用于讲解燃烧过程的数学模化和计算,这对于在数值计算和计算机编程方面造诣不深的普通大学生来说,要想在短时期内理解和掌握,实属不易。

在授课过程中,首先应针对学生专业特点制定教学目标,围绕燃烧学的基本理论、基本概念选择合适的教材并对相关内容进行实时的更新,力求突出专业重点,把教学内容按一般了解、熟悉和掌握等不同层次进行授课。除此之外,教师还应针对专业特点对燃烧技术的相关内容进行取舍,做到教学内容的更新。

3.2 采用多种教学手段,强化教学实践

(1)实行引导式教学,活跃课堂气氛

在教学实践中,燃烧学遇到的主要问题是内容过于抽象,学生理解起来比较困难,导致课堂气氛不够活跃。在教学中我们采取了以任课教师为教学主导,穿插提问式教学环节,引导学生对每节内容进行总结的教学手段,活跃课堂气氛。教学中教师的引导方式是通过对原有基础知识向"燃烧学"引入,对学生进行启发、提问,激发学生积极思维,使学生将知识经过思维的加工,予以改进、扩充,并与以前所学的知识进行重构来培养他们的思维判断能力。通过提问,可以把学生的思维活动引向被问的认识对象,而这一对象往往能对学生产生一种吸引力,从而将他们的思

维导向课堂教学所要求的范围,并达到相互启发思维的目的[9]。燃烧学的各个章节之间看似关联不大,但实质上是一个完整的体系,各部分之间有着紧密的联系。因此在每节结束后引导学生对所学知识进行系统总结,使他们从中发现学科内容的整体关系和意义。通过采用以上措施活跃课堂气氛,让学生的思维始终围绕在课堂教学内容上。

（2）应用计算机辅助手段,实现物理现象可视化

由于教学中未采用实验教学,对于一些燃烧现象的介绍主要采用的是口头描述和图片展示,学生普遍反映效果不好。在教学中我们考虑采用计算机辅助教学手段实现一些物理现象的可视化。利用学院的机房,开发了火焰传播实验、层流燃烧火焰实验、紊流燃烧火焰实验等部分计算机辅助教学实验,实现以计算机来代替实验设备,在降低实验成本的同时实现对燃烧现象的直观认识。有利于学生提高学习兴趣,加深对燃烧物理现象和物理过程的理解。

（3）增加工程实践机会,加强对抽象理论理解

通过课堂教学可实现对燃烧基本理论的教学,燃烧学课程中除基本理论外还包括燃烧学基本知识的应用,对这部分内容的教学我们采用了增加工程实践机会,让学生到现场参观以加深对抽象理论理解的方法。针对不同的专业,我们联系了不同的实践机会。对于航空发动机专业学生,学院航空发动机大厅可完成对燃烧室结构的认识,燃烧室冷态、热态实验台可完成对燃烧过程的认识;对于热能工程专业学生,我们积极联系了长城、吉利等汽车厂家及皇姑热电厂等电力企业建立了教学实践基地,延伸了大学生实习和社会实践的实验教学空间,丰富了学生的实践知识和对最新科学技术发展的了解。

4 结 语

燃烧学是能源与动力工程专业的一门重要基础课,是对工程热力学、传热学、流体力学等知识的综合运用,也是未来学生从事相关工作的基础。由于"燃烧学"课程自身的特点,在教学中应根据教学目标实时更新教学内容,采用多种教学手段强化教学实践,在有限的教学条件下实现学生对燃烧理论、燃烧实践的认识,为从事相关工作打好基础。

参考文献

[1] 唐炼.世界能源供需现状与发展趋势[J].国际石油经济,2005,13(1):30-33.

［2］曹玉春,吴金星,焦森林.热能动力专业"燃烧学"课程教学的改革与创新[J].中国电力教育,2010(4):69-71.

［3］吴华钿,林天卫.教育学教程[M].广东高等教育出版社,2005.

［4］严传俊,范玮.燃烧学[M].西北工业大学出版社,2005.

［5］许晋源,徐通模.燃烧学[M].机械工业出版社,1990.

［6］徐旭常,等.燃烧理论与燃烧设备[M].机械工业出版社,1990.

［7］傅维标,卫景彬.燃烧物理学基础[M].机械工业出版社,1984.

［8］岑可法,等.高等燃烧学[M].浙江大学出版社,2002.

［9］裴蓓,辛耀华,路长.谈"燃烧学"课程教学设计[J].中国电力教育,2009(5):57-58.

精心设计学以致用　激发学生学习兴趣

／史　琳／

（清华大学 热能工程系）

摘要：课堂教学是人才培养的基础性环节，提升学生学习质量是教学的根本。本文介绍了作者十多年来在"工程热力学"课程教学中的改革实践，通过精心设计各教学环节，创新教学模式，加强师生互动，提高课程挑战度等一系列措施，激发学生的学习兴趣，培养学生灵活应用所学热力学知识，解决实际能源工程问题的能力，取得了较好的效果。

0　引　言

"工程热力学"课程，具有经典理论与工程实践紧密结合的特点，是后续课程的重要基础。特别是在目前全球性的能源紧张与环境污染双重压力下，工程热力学建立节能理论基础和指导能源工程科学用能实践的作用日显重要。在清华大学机械学院，本课程安排在本科二年级第一学期，属于平台技术基础课，64 学时，是学生开始接触的第一门和专业及工程实际有关的课程。

以往的课堂教学更多的是从教师出发，关注教学内容的逻辑性和完整性，强调教学方法的技巧性，对于学生，更多的是要求知识的掌握程度，同学们没有通过解决实际问题，体会课程内容的重要性，没能激发主动学习的兴趣，掌握使用这些知识的能力，往往是在临近考试时通过做例题掌握做题技巧，死记一些知识点，过后大部分就忘记了。

教学由"教"与"学"两方面组成，教师的教授过程是对知识的解构、还原，将知识的原貌和内在联系展现给学生，学生的学习过程则是通过自身的主动性对知识重新建构的过程，教师需要根据课程的性质设置教学环节，协助学生主动学习。本人在教学实践中，通过精心设置教学环节，增强师生互动和课程挑战性以及能力培养的训练，引导学生在研究中学习，把课程学习从课堂上延伸到课下，从书本知识引导到实际问题，重点培养学生的科学素养和解决实际问题的能力。

1　教学环节

1.1　教学准备

每年更新教学材料，需要调研一年来在课程相关领域的科学研究进展，一方面及时更新教学内容，让学生感受到课程内容在社会和科技发展中的作用，让学生知道这个课程很有用,能解决实际问题,变被动学习为主动学习,另一方面,拟定需要同学们参与研究的题目(称为大作业),完成大作业的要求文档。更新教学日历,明确各时间点的要求,特别是介绍大作业要求的时间,提交大作业的时间和同学课堂交流时间,并提供论文写作指导文件和科学 PPT 制作指导文件。

1.2 教学安排

第一节课讲解课程内容与社会发展时代的关系和意义、教学要求、布置大作业、传阅往届大作业样本。一般学生会惊讶于本科生能完成这样的工作,本人会鼓励他们也能做到。介绍考试要求、布置大作业的目的,鼓励学生开始思考自己感兴趣的能源问题。

期中考试前,讲解基本概念和基本理论。热力学概念和基本原理对于初学者普遍存在难以理解的问题,在讲授中,强调概念的发展演化过程,如热力学第一定律和第二定律,讲解前人如何思考、归纳,有哪些不同的观点,有哪些典型的违背的实例,如各式各样的永动机的问题,进行大量课堂讨论,使学生了解基本概念和理论的来龙去脉和本质含义,同时也培育了学生科学研究的素养。

期中考试,采用半开卷的"A4"纸方式。提前一周给学生发放一张印有特殊标记的 A4 纸,学生可以任意写上自己认为重要的概念、定义和公式等,考试时带上。该环节的设计一方面希望学生通过这张纸的知识整理,对知识间的关系进行梳理和复习,另一方面,引导学生不局限在死记硬背定义和公式上,而是关注概念的理解和基本原理的使用。因为期中考试的题目偏重于对概念和定律的理解和使用,多为分析题、简述题和计算题。

期中考试后,对于期中考试进行专题讨论。期中成绩单独发给每位同学,给没有正常发挥的同学以保护,一周内允许同学自由申请期中考试 20% 或 10% 的比例,对于发挥不好的同学,为其后期努力在期末考试中取得好成绩进行鼓励。对于期中考试达到 85 分以上的同学,鼓励通过做大作业,参与期末免笔试环节,即当大作业优秀,有机会在课堂上讲解自己的大作业,取得免期末笔试资格。会专门安排一个小单元,讲解如何选择题目,如何查文献,大作业的基本要求等。

后半程课程,避免过去面面俱到的讲授方法,重点剖析,让学生掌握分析、设计计算的方法,举一反三。例如,对于气体动力循环、蒸汽动力循环及制冷循环这三章内容,改变过去逐个讲解的方式,重点讲解有代表性的循环,以及循环之间的对比,组织讨论,并结合新型循环的引入(如联合循环等),让学生通过对实际循环的分析,真正掌握分析问题的方法。结合课程内容,大量引进目前最先进的循环。

后半程的课程进行中的指导。同学们开始正式选题、研究和书写论文,以多种形式给学生尽可能的帮助,如选题内容的讨论,研究思路的交流,研究初稿的修改建议,PPT工作展示的准备等,多通过邮件、课间以及专门约时间联系,帮助学生练习实际现场调研,为其提供计算软件等,通常每篇论文的师生交流在3～5次以上。对于公共的问题,如科学论文的书写,专门制作了论文辅导讲座,包括论文摘要是什么,关键词是什么,前言如何写,文献综述表达到什么程度,结论如何表达,参考文献如何表达,如何正确使用别人的成果,区分自己的工作等。

期末课程总结与大作业批改。期末的课程总结,并不仅是为期末考试服务,更是在学完这门课后对这门课程体系的思考,课程内容之间关系的讨论,解决问题方法的归纳。同时,引入相关问题的介绍,比如在本课程中引入现代热力学的理论和观点,使同学们认识到,工程热力学仅是热力学理论的一角,有更多地理论和方法等待人们开拓。对于同学们提交的大作业,认真审读,提出意见和建议,待大作业PPT展示时讨论。对于研究性论文的评价,主要从几个方面考虑:① 是否切合热力学主题;② 是否有自己的计算过程;③ 是否有自己的思路;④ 是否对相关问题进行了讨论;⑤ 论文全篇是否围绕主题;⑥ 论文是否完整。

同学大作业PPT展示。利用教室设备,规定每位同学的展示时间。聘请我的所有博士生做评委打分,所有同学参与讨论。该环节对于展示大作业的同学来说,需要锻炼如何在有限的时间内,说明自己的工作思路、工作内容和成果。教师会专门在课堂上讲解科学PPT制作的要求。对于没有自己做大作业的同学,可以从听别的同学的报告中,学到如何进行思考并参与讨论,同样可以受益良多。博士生的提问会根据报告的具体问题展开,教师更多的是从问题引申开到相关方面,并给同学恰当的评价。

免笔试成绩给定。根据期中考试约定的比例、平时作业、大作业本身质量和PPT展示环节分数,给定这部分同学的期末成绩。如果不参加期末笔试,这就是最终的课程成绩。但一般我们会鼓励同学再参加期末笔试,目的是督促同学全面复习整体内容。鼓励的措施是,如果再参加期末笔试,低于90分不扣分,高于90分,在原来的成绩基础上再加分。

期末笔试。期末笔试仍要求同学准备A4纸,目的是对全课程知识进行提炼总结,考试时强调对知识的运用能力。

2　几个要点

教师要提高水平。首先,教师要对所教课程有充分的理解,在教学中引导学生思考,掌握课程体系和关键本质;其次,要随时关注国内外热力学研究和工程应用的动态,精心引入课堂。第三,学生在大作业过程中,会就所关注的问题,进行大量的提问和交流,教师要涉猎面广,给同学适当的引导和建议,如同学体会"很多老师总是学生问什么就答什么,而史琳老师不仅会回答我的疑问,还会主动扩展出很多相关的知识以及这些知识在实际生产中的应用。那一刻我体验到科研中不断探索发现未知知识的乐趣"。第四,考试的题目要精心设计,在半开卷的条件下,提出反映运用知识能力的题目。

教师要投入热情和大量时间。首先,大作业工作的整个过程中,学生从选题到具体的工作过程以及最后的成文过程和展示过程,都会和老师进行紧密的交流,教师需要投入大量的时间以各种形式与学生进行交流探讨。有的同学会在课程后继续进行大作业工作,参加科技竞赛或发表论文等,都会在以后找老师讨论。其次,学生们经过很长时间认真的工作,对于做出的论文都很有感情,希望老师指出问题,给出全面的评价,这就需要老师认真批改,给出恰当的评语并就问题与学生交流,这也大大增加了老师的负担。

要给学生充分的自主权。无论是期中考试比例的确定,A4 纸内容的准备,是否做大作业,是否完成大作业,以及免试后的再考试,都由学生自己决定。一个学生在网上留言说:"这门课我没有学习好,真的不怨老师,老师给了很多的机会,是我自己投入不够。"

要给学生鼓励。同学们在一开始对于自己能完成这样的工作都没有信心,需要教师在各方面鼓励。当同学们选题遇到困难,或思路没有打开,或遇到还没有学到的知识,都需要教师帮助如何选择恰当的边界,如何扩展思路,如何查文献理解新的知识,如何处理理论与实际问题的关系,如何引用已有的数据用于解决自己的问题。有的同学没有免试资格,也可以鼓励他们做些论文研究工作,从被动学习到主动学习,从艰苦努力中体会研究的乐趣和成就感,反过来促进课堂上的学习效率。即使有些同学最终没有完成论文,在这个过程中也能有所收获,都应给予鼓励。

加强师生互动。最初采用大作业环节时,仅让同学提交老师评价,老师和同学对于大作业的交流没有得到充分利用,对于没有做大作业的同学,也没有从同学间的交流中得到启示。后来采用课堂上同学自己讲解大作业的方式,不仅做大作业的同学得到更多的反馈和交流,对于没有完成或没有做大作业的同学,也从其他同学的描述和分析以及老师的交流中受益匪浅。

大作业的题目很关键。题目本身不需要给很多具体参数,要有意识地锻炼同学上网和到图书馆查文献获取参数的能力。题目本身应具有开放性,不应局限同学们的思路,鼓励创新思路。每年布置的题目在 5 个左右,内容均不相同,包括太阳能利用、地热利用、海洋热能转换、燃料电池、工业余热利用、分布式能源、沼气利用、农村院落零排放能量规划、废水热泵等密切联系实际和科技前沿的课题,同学可根据自己的兴趣选择题目。也鼓励同学自选与本课程有关的题目,如有的同学选择空调公交车收费比普通车收费多多少是合理的、家庭厨房油烟热利用到酒店油烟热的利用、汽车废热吸收式回收与吸收式重量与耗油增多的关系、学生澡堂废水热回收的可行性等。有的同学在网上发现空间站太阳能热动力发电系统的介绍,就根据给出的进出口参数进行了设计,并对为什么不能采用常规的提高效率的方式进行了有益的思考。

强调严谨的作风。无论是文献总结和标注,还是论文书写的格式,均需要强调,以养成规范科学研究的好习惯。

3 收效与体会

大部分同学欢迎这样的教学模式,2000 年以来学生的教学效果评价均居于全校前 20%,部分评价有"考核有很多的加分政策,能让学生们从各个侧面发挥自己的主观能动性","经常讲最新的、生活中的东西,能激发同学学习兴趣","很不错,老师的主要任务是指导学生学习,老师做到了,做得很好","非常棒,教会了我大学应该怎样学习","不光学到了知识,还学到了科学思维的方法"。在申请国家级精品课的过程中得到专家认可,本人也获得了"北京市教学名师"和"师德标兵"的称号。

大多数学生从这些环节中充分了解了热力学的研究方法,大大地调动了学生的积极性。这从学生的体会可见一斑:"这篇论文是我们做过的最大的一篇论文了,也遇到了很多问题。在刚刚确定题目时甚至连'闪蒸'的概念都很模糊,更别说深入分析了。于是做之前我们查阅了图书馆关于这方面的书籍、期刊、文献,在心中渐渐明朗之后我们逐渐把问题细化,一步步理清思路,确定重点,在此基础上分工合作完成论文的写作。因此,通过这次工程热力学大作业,我们学到了许多。首先是关于热力学这门课,通过大作业,由于要进行综合分析、计算,因此在写作之前必须掌握教材上的内容、知识点,从而使我们将本学期热力学知识进行综合、贯穿与联系;通过大作业中的实例分析也使我们对教材上的知识点理解得更深刻、生动,加深了理解,也增强了我们分析实际问题的能力","经过一段时间的通力合作和努力,这篇工程热力学论文终于顺利完成了。这段日子大家一直合作得非常默契,尽心尽力。从查找资料到理论计算,到打印成文,小组每个成员都付出了很大的心血,我们每个人都有不少收获。这种方式的学习,带给我们的知识经验,在课堂和课后的练习中,是学不到的"。

　　教师需要职业精神,用心,敬业,以人才培养为己任。根据课程性质,精心设置一些教学环节,引导学生学习,变被动学习为主动学习。重要的是让学生知道知识有用,能解决问题,激发学生学习的主观能动性。不仅仅局限在课本的知识要点,还要全方位指导学生,提高他们各方面的能力。虽然需要投入很大的精力,但看到学生们对这门课高昂的学习热情,并且表现出色、收获颇丰,老师付出的努力也算得到回报。

提高"工程热力学"课程授课质量的实践*

／孟凡凯[1,2,3]，杨　立[1,2,3]，寇　蔚[1,2,3]／

（1. 海军工程大学 动力工程学院；2. 海军工程大学 热科学与动力工程研究室；

3. 海军工程大学 舰船动力工程军队重点实验室）

摘　要：工程热力学以公式多、概念多、难点多著称，是一门公认的难学好、难学透的课程。军校学员军事训练任务繁重，学习时间有限。如何在有限的时间内让学员紧跟教员思路，并保持高效的学习状态是摆在军校教员面前共同的问题。笔者为提高课堂授课质量做了一些探索和思考，结合课程特点，进行了一些教学实践，取得了较好的教学效果。

0　引　言

工程热力学是海军工程大学动力工程等专业的专业基础与核心课程[1]。同时，工程热力学以公式多、概念多、难点多而著称，是一门公认的难学好、难学透的课程[2]，长期以来，师生们对该课程大多有"难教难学"的体会[3]。军校学员不同于一般地方大学生，除了正常的课程学习，平时还有繁重的军事训练任务，学习时间有限。如何在有限的时间内让学员紧跟教员思路，并保持高效的学习状态是摆在军校教员面前共同的问题[4]。笔者承担工程热力学授课任务以来，以大学"热科学系列课程教学团队"建设为契机，就如何提高课堂授课质量，做了一些探索和思考，结合课程特点，进行了一些教学实践，取得了较好的教学效果。

1　改进教学内容的实践

1.1　设立专题习题研讨课，强化重点和难点内容

工程热力学内容较多，学时有限，教学中难以面面俱到，只能有所侧重，实行精讲。运用基本原理分析、解决典型问题是强化重点和难点内容、培养学员独立思考能力的重要方法[5]。针对课程重点内容，笔者先后设立了热力过程、热力学第一定律、热力学第二定律等3个专题习题研讨课。所选择的习题均有代表性、富有启发性、结合工程实际且难度适宜，能够激发学员的学习热情，如结合我军舰艇实际装备的问题。每一专题从归纳题型入手，由浅入深，引导学员思考，针对不同类型和

---

* 基金项目：海军工程大学"热科学系列课程教学团队"建设基金。

难度的问题,分别采取自主做题、分组讨论、教员提示等多种方式,提高了学员分析问题的能力,掌握了解决问题的一般分析方法,加强了对重点和难点内容的理解。

1.2　介绍科学人物与历史,培育学员科学精神

在经典热力学发展史上,涌现了一大批卓越的科学家,为热力学的发展与完善做出了巨大的贡献,其中,仅获得诺贝尔奖的就有 5 位。在教学过程中,讲解基本定律和基本概念时,穿插介绍发现这一定律或提出这一概念的科学家及发现历程,不仅可以增强学员的学习兴趣,还可以培育学员崇尚科学、勇攀高峰的精神[6]。例如,在讲授热力学第一定律时,介绍能量守恒定律的发现过程及做出贡献的科学家。能量守恒定律这个现在看来平常、显而易见的结论,其发现过程却凝聚了许多科学家艰辛的努力。许多人认为焦耳通过著名的焦耳实验第一个提出能量守恒定律,实际上迈尔是历史上第一个提出能量守恒定律也是最早计算出热功当量的人。但由于迈尔的观点缺少实验的支撑,并不被人认可,由于学术上不被人理解,迈尔曾从三层楼上跳下自杀,还被送入精神病医院。而焦耳第一次在剑桥举行的学术会议上做完热功当量实验后,即被当时科学界的权威法拉第和汤姆孙当场否定。真理有时候掌握在少数人手中,但时间会让真理最终属于全世界。晚年的迈尔又重新被世界所发现和肯定,被瑞士自然科学院授为荣誉博士、获得了英国皇家学会的科普利奖章。焦耳的发现也由于亥姆霍兹的研究而被世人所认可,其热功当量实验也成为科学史上的经典实验[7]。通过这些热力学发展史上的逸闻趣事,很好地活跃了课堂气氛,在潜移默化中培育了学员重视实验研究,敢于挑战权威、坚持探索求真的科学精神。

1.3　增加拓展课教学内容,开阔学员视野

结合课程内容,先后开设了"温度也能看得见——温度测量技术""福音还是罪恶——制冷剂的那些事""静态无氟的新型制冷技术——半导体制冷""舰艇的心脏——主动力装置""大国利器——辽宁号的前世今生"等知识拓展课。这些拓展课内容均是搜集多方面的资料精心整理而成,占用课时不多,有的仅利用课间或答疑时讲授,内容上属于科普性质,由课程的主体内容引出,又与生活联系密切,学员普遍觉得有意思,喜欢听。这些内容一方面可以减轻仅仅讲授教材内容的单调感,另一方面开阔了学员的视野,激发了对本课程的学习兴趣,受到学员的欢迎。

2　改进教学方法的实践

2.1　建立每章知识结构图,整体把握课程内容体系

在工程热力学中,存在大量的知识点。虽然这些知识点较为分散、比较抽象,

但在内容体系上却具有较强的系统性和逻辑性,如果善于总结,将知识点规律化,对于学员掌握知识很有帮助。知识结构图是表达和揭示知识体系关联性的图表。所有知识都是有结构的,无论内容多么繁多、复杂,一旦掌握了它的结构,提纲挈领,高屋建瓴,就会感觉豁然开朗。笔者在多年的学习中,养成了一个习惯,就是以图表的形式梳理所要学习内容的知识结构。在教学过程中,笔者将这一方法带进课堂,每一章的开始,均给出本章知识结构框图(可以用 PowerPoint 中的 Smart 功能绘制),把本章知识直观地展现出来,使学员能够先从整体上把握本章的知识体系与相互关系。在一章学习结束后,小结时再重现知识结构,细分内容,回顾总结,不仅更好地复习了内容,还能够从更高一层的角度理解课程的内容。

2.2　精心设计题目,提高学员综合分析与比较能力

课程中许多概念相互联系,又相互区别,只有在比较中才能更好地理解和把握。精心设计题目,从不同方面比较研究,可以有效地提高学员的综合分析能力。例如,理想气体热力过程一章中,可逆绝热过程与不可逆绝热过程的理解是一个教学难点,许多学员理解不透,常常提出为什么理想气体由某一初态,分别经可逆绝热过程和不可逆绝热过程膨胀到同一终温时做的功是相等的,不可逆的过程损失哪里去了等问题。笔者针对这一教学难点,设计了一系列层层递进,逐步深化的题目:理想气体由某一初态,分别经可逆绝热过程 1－2 和不可逆绝热过程 1－2′,膨胀到同一终温和膨胀到同一终压。P-v 图和 T-s 图上如何表示? 两个过程膨胀功、技术功及终态参数有何关系? 进一步,从相同的初态出发,经可逆、不可逆绝热膨胀能否到达同一个终点? 膨胀到同一终温时,为什么可逆与不可逆功相等? 不可逆绝热膨胀有没有可用能损失? 更符合实际工程背景的是哪一种情形? 通过这一系列题目的分析与解答,极好地锻炼了学员的作图能力、分析能力、提出和解决问题的能力。再如,单级活塞式压气机工作原理和理论耗功一节,教材上比较了三种压缩过程的理论耗功和终态参数[8],笔者将其进一步拓展,压缩后气体在气瓶中经自然散热后,气瓶内气体压力又将怎样变化? 通过这一深入的思考,可以得到结论,即经自然散热后,气瓶内气体温度都将等于环境温度,而经绝热压缩过程后充入气瓶的气体会再经历一个等容放热过程,压力将进一步降低。

2.3　设计调查问卷,及时了解教学效果

为深入了解教学效果,在课程和考试结束后,笔者设计了调查问卷。内容涉及授课内容、授课方法、提问多少、考试难度、学习兴趣等多个方面,根据学员反馈情况,得到的结论主要有:最难学习的一章是热力学第二定律;最难学习的知识点有熵、焓等;最想增加、听到的内容有学科前沿发展动态、课程在本专业中的应用、教

员的科研方向与成果、科学小知识等;学员不太欢迎题库式的考试内容,更倾向于考察综合能力的考试。通过这些真实的学员反馈情况,使笔者可以认识到自身各个方面存在的不足,深入地了解学员对课程的掌握情况和对知识的需求,从而可以及时完善教学内容、改进教学方法、提高课堂授课质量。

3 结 语

教学有规律可循,但无固定模式,只有从课程特点出发,改变传统的灌输式教学方法,充分调动学员积极性,不断转变教育思想,更新教育观念,提升教学理念,创新教学模式,才能从根本上提高教学质量,培养出高质量的人才。

参考文献

[1] 赵建昕,李秀清.海军院校合训学员任职教育分流优化设计[J].高等教育研究学报,2009(1):14-16.

[2] 何雅玲,陶文铨.对我国热工基础课程发展的一些思考[J].中国大学教学,2007(3):12-15.

[3] 代乾,王泽生,杨俊兰.能源与动力工程专业热工系列课程改革实践[J].中国电力教育,2013(5):74-75.

[4] 夏燕翔.关于海军人才培养的若干思考[J].海军工程大学学报(综合版),2010,7(2):15-17.

[5] 杨欣毅,等.高等院校《工程热力学》课程改革的探索与实践[J].教育教学论坛,2013(38):199-200.

[6] 柳芃.高校理工科大学生人文素质教育探析[J].教育探索,2013(6):81-82.

[7] 杨谦.人文教育在理工科大学中的地位和作用[J].中国高教研究,1996(5):47-49.

[8] 沈维道,童钧耕.工程热力学[M].4版.高等教育出版社,2007.

提高"航天热能工程学"课程教学效果的几点体会

∕程玉强,黄敏超,胡小平,吴海燕∕

(国防科学技术大学 航天科学与工程学院)

摘 要:"航天热能工程学"是航天专业中地位不可替代的基础性重点学科。本文分析了航天热能工程学课程的教学特点,总结了提高课程教学效果的几点体会,谈了一些具体的做法,主要包括提高学生学习积极性、注重实践教学等,这些经验对航天热能工程学教学效果的提高有积极的作用。

0 引 言

航天热能工程学课程教学指在一定时间、地点、场合下,教的人指导学的人学习航天热能工程学的活动。从这一定义可以看出,航天热能工程学课程教学包括4个环节内容:教的人——教师、学的人——学生、航天热能工程学教学内容和指导。其中,教师是这4个环节中最重要的环节,要想提高航天热能工程学课程教学效果,就需要教师让学生认识航天热能工程学的重要性和培养学习兴趣;需要教师根据课程教学内容合理地进行课程设计;需要教师采用适合学生特点的教学方法进行指导。下面,我从自己的经历谈谈提高航天热能工程学课程教学效果的体会。

1 讲好绪论课,重视知识实际应用,激发学生兴趣

要想学好一门课,最重要的是什么? 是兴趣。爱因斯坦说过:"兴趣是最好的老师,老师则是点燃学生学习兴趣的火炬。"德国教育家第斯多惠也说过:"教学的艺术不在于传授本领,而在于激励、唤醒、鼓舞。"许多学生对"航天热能工程学"这样的工程类课程起初并不感兴趣,怎么办? 这就要培养兴趣。我认为培养兴趣可以着重从两个方面入手。

1.1 讲好绪论课,明确学习目的

兴趣的获得来自于多个方面,其中最重要的就是学习目的性明确。只有有了明确的学习目的,才会不怕枯燥。因此,课程开始时的绪论课就显得非常关键。航天热能工程学的绪论首先介绍本课程研究内容的全貌,强调学习本课程对解决航天热能相关问题所具有的意义及其在人才培养中所处的地位和作用。绪论课是本课程的引路石,在讲述热力学发展历史的同时,可穿插一些本领域著名科学家的逸闻趣事,激发学生的科学兴趣,活跃学生的思维。通过直观、形象地讲解热力学的

发展史、主要研究对象以及这门课程的广泛实用价值及对后续课程的重要作用,使学生对这门课有一个全面、感观的认识,提高学生的学习兴趣。随后再介绍本课程的全貌,强调学习本课程对了解如何提高发动机利用效率、减少运输成本等问题所具有的意义。这样不但可以使学生对本课程具有全面、感观的认识,而且可以帮助学生建立起学好本课程的强烈责任感和求知欲。

1.2 将实践与教学内容巧妙结合,调动学生的学习兴趣

对科学知识和专业的兴趣是学生主动学习的最大动力,由于专业基础课程大多为理论分析和数学推导,要使学生长时间保持注意力有一定困难。因此,主讲教师应当具有较为丰富的工程实践经验,并能将实践与教学内容巧妙结合,让概念由"抽象"变"形象",才能引发学生对本专业的学习兴趣。在课堂教学中可以经常向学生提出一些工程中的实际问题,组织学生进行讨论,例如,用空调管道保冷方法及常见事故引发学生对湿空气性质的研究兴趣等。此外,教材中的思考题大多结合生活和工程中的实际例子,对教学具有很好的补充作用。例如,运用湿空气的性质分析各种自然现象,如雨、雪、霜的形成等,把这些思考题贯穿于课堂教学中,引发学生积极思考,可以很好地调动学生的学习兴趣,有时还出现整个课堂热烈讨论的场面,教学效果十分好。

2 根据课程内容特点,抓住教学内容主线

航天热能工程学是专业基础课,基本理论是从事实出发,经过抽象、概括和演绎推理得出的总结,反过来又用于指导实际问题。课程内容特点主要有三点:① 概念抽象且繁多。如热容的概念,既可按热力过程分为定压比热容和定容比热容,又可按定义分为质量比热容、容积比热容和摩尔比热容,还可从计算数值来源的不同分为真实比热容、平均比热容和定值比热容。又如关于系统的概念有多个,按与外界是否进行物质交换,可分为闭口系统与开口系统;据与外界之间进行的能量交换有简单系统、绝热系统与孤立系统;按内部状况有均匀系统与非均匀系统,单元系统与多元系统。这样的例子举不胜举。学生初次遇到,很难理解。② 内容多,相互交叉且难理解。航天热能工程学的知识点是比较多的,主要包括基本概念和基本定律(主要是热力学第一定律和第二定律)、过程和循环的分析与研究、常用工质的性质、化学热力学等方面的内容。大部分内容既与以前的知识有关联,又有相对独立的结构体系,从而引申出许多复杂的概念和计算公式,使得学生往往觉得课程内容多,学习中顾此失彼,应付不暇。③ 公式多,应用条件复杂且难记忆。航天热能工程学公式很多,而且对于不同的具体问题还有不同的表现形式。如众

所周知的热力学第一定律对于闭口系和开口系有不同的表达式;对于开口系的稳定流动和非稳定流动又有不同的表达式。要求学生掌握这么多公式的使用条件,同时对公式进行适当的推导是很困难的。

　　航天热能工程学具有概念抽象、内容多、公式多的特点,如果在教学中不能很好地解决以上问题,则学生学习起来困难较大。要在较短的课时内把航天热能工程学的内容讲透、讲清,需要主讲教师在课下做大量备课,抓住课程的精髓,紧密联系实际,只有这样,才能指导学生真正理解和掌握航天热能工程学,并在工程中很好地加以应用。对此,本人主要体会和认识有:① 讲透、讲清课程精髓。航天热能工程学主要研究热能与机械能相互转换的规律,其内容分为基础理论和工程应用两大部分。基础理论包括基本概念、基本定律、工质热力性质和热力过程,以上内容都是有机地结合在一起的。贯穿于航天热能工程学课程的精髓是热力学第一定律和第二定律。热力学第一定律是航天热能工程学的基石,揭示了各种形式的能量在传递和转变时必须遵守的在数量上守恒的普遍规律,也是引导学生进入航天热能工程学的前提,许多基本概念均由此推出。但第一定律只反映了不同形式的各种能量的共性,不能揭示出能量传递和转换过程的本质。热力学第二定律是独立于热力学第一定律的基本定律,有十分重要的理论意义和实际价值,它解决了热力过程方向性和可行性的问题,特别是熵分析法对于分析热力过程具有更为重要的意义。因此,需要向学生讲清本课程主要内容间的内在联系,使学生能系统掌握全部内容以及正确的热力分析方法。航天热能工程学还着重研究热能与其他形式能量之间的转换,这种热相互作用和力相互作用互相耦合的现象不同于单纯的热现象、力学现象和电磁现象。航天热能工程学的特殊性和复杂性就在这里,而学生对这种热-力耦合现象并不熟悉,因此在讲授上就应按循序渐进的原则,将热力学概念和原理的阐述,放在学生熟悉的前期知识的基础上展开。例如,对能量守恒原理,首先从最简单的单纯热现象和单纯力学现象着手,论述热力非耦合系统的热力学第一定律的特殊表现形式,然后,将它扩展到一般的热-力耦合系统的复杂情况。再如,对热力学第二定律,即过程的方向性,同样从最简单的热力耦合系统着手,论述力学中保守过程和耗散过程的特殊性,在此基础上,将这两类过程相应地扩展为可逆过程和不可逆过程等。② 根据课程内容难易,合理安排讲授时间。由于教材在内容安排上有自身的要求,学生在系统掌握上存在不小的困难,因此,在讲授时间安排上就应做不同的计划。例如,基本概念中的系统、准静态过程与可逆过程就是学生学习航天热能工程学课程的第一只拦路虎。在讲授中,首先应讲清上述概念在航天热能工程学研究中的作用和必要性,即热力学只能对平衡态及其有关问题进行定量分析,对非静态过程,一般只能做定性分析,因此,在热力学中对工程做定量分析时,通常都是将实际过程抽象作准静态过程来处理的,使学生理解热力学的基本研究方法和由此带来的误差等。而系统则是为研究方便而选定的实体或空间,其关键在于正确选择系统的边界(实际的或假设的),并通过例题分析对同一问题可选取不同系统得到同样结果,但有方法复杂与简单的区别,从而使学生理解正确选择系统对研究的重要性。对于热力学第二定律,由于熵等概念是热力学第二定律的数学表述,是运用热力学第二定律进行计算的基础,具有十分重要的作用。但熵的概念又非常抽象,学生难以理解,许多学生学完航天热能工程学后仍然没有掌握,更不用说去解决实际问题。对此,应安排较多时间进行讲授,力求讲深、讲透。而对于具体的循环和装置,则着重采用讨论等方法,引导学生自己运用所学知识进行分析,从而加深对该课程系统地掌握。

3　运用合适教学方法,重视实践性教学

航天热能工程学课程教学在思路明确、内容确定的基础上,接下来最重要的就是教师必须精心设计教学过程,仔细研究哪些内容适合怎样的教学方法,才能有利于调动学生学习的积极性和兴趣。在教学过程中,根据学生反映及学习效果来看,合适的教学方法主要有:

(1)对话式(讨论式)课堂教学方法。为使学生能较好地跟上教师的思路,讲授时,根据授课内容,结合专业实际,经常提出问题,启发学生积极思考。在讲到难懂之处,要有意识地留给学生思考的余地,并鼓励学生提出异议和不懂之处。这就是不同于全面讲、满堂灌的授课方式,即所谓的对话式教学方式。只有对话式教学法,才能做到把教学内容的精讲与指导相结合,系统讲解与问答式讲解相结合。这样就把课堂教学变为教师和学生共唱一台"戏",使学生在课堂上不再只是带耳朵听,被动记笔记,而是在教师的引导下,动脑筋,思考问题,使课堂气氛活跃,更有效地利用了课堂时间,提高了课堂效率。

(2)科研案例(专题讲座)法。在教学中,为了培养学生的实践能力与学习能力,可以采用"科研案例法"的教学方法,将科研案例紧密结合正在学习的基础理论进行讲解,督促学生积极利用图书馆及网络资源查找文献。这样不但可以让学生熟悉本专业的学科前沿问题,还可以拓宽学生的视野。对部分学习优秀的学生,教师可以推荐他们将自己的科研论文向国内外重要期刊上投稿,提高他们对科研的兴趣,培养他们崇尚科学的精神。

(3)现代多媒体技术。航天热能工程学作为一门专业基础课程,与工程实践

联系密切,需要很多的工程背景,而教材中单调的文字叙述和简单的图形示意,往往不能准确而形象地描述具体工程问题。现代多媒体技术恰恰可以弥补教材表达形式单调的缺陷,已经成为课程教学的重要技术手段。多媒体技术的应用给教学尤其是课堂教学注入了新的活力。采用先进的、形象化的多媒体教学技术,改变了过去那种"一本教材一支笔,一块黑板一张嘴"的传统教学模式,极大地激发了学生学习的积极主动性,使课堂教学图文并茂,声像结合,使学生能多方位、立体化地形成认知,极大地提高了授课效率,取得了很好的教学效果。

（4）抓好习题课,提高学生分析问题的能力。精选习题、演做习题是运用基本原理分析和解决问题的过程,也是巩固所学理论,培养学生运用理论解决实际问题的能力的过程。作为教师,习题选择至关重要,应精选有代表性、富有启发性、结合工程实际而且难度适宜的习题。课程前期应选择有代表性的、分析性强的习题,课程后期应选择综合性、工程性强的习题。例如,让学生利用热力学第一定律和第二定律的知识,综合分析电冰箱、空调机、热泵等装置的工作循环和热力计算,并讨论掌握可用能的利用及节能的基本原则。对综合性的题目,让学生分组查阅书籍、讨论、确定方案。

4 结 语

以上是本人在讲授航天热能工程学课程中的一些体会和认识。个人认为,作为专业基础课的主讲教师,应当注重培养学生的学习兴趣,并把基础理论与工程实践较好地结合,才能在课堂上做到深入浅出,使学生打好牢固的专业基础。同时应借鉴国内外先进的教学经验,逐步摸索,尝试改革,才能使本课程的教学质量和教学水平迈上一个新台阶。

参考文献

[1] 任晓利,陈小砖.提高"工程热力学"课程教学效果的几点体会[J].中国电力教育,2009(13):49-50.

[2] 马立.《工程热力学》教学中的几点认识[J].制冷与空调,2005(2):84-85.

[3] 陈梅倩,陈淑玲,张华.《工程热力学》课程教学方法的研究与实践[J].中国电力教育,2008(1):80-82.

[4] 罗翌,刘光远.多媒体技术在"工程热力学"课程教学中的实践与反思[J].中国电力教育,2009(22):72-73.

由通识课"能源概论"课程建设看多元化教学实践

/王　芳,周文铸,崔晓钰,欧阳新萍,周志刚/

（上海理工大学 能源与动力工程学院）

摘　要:随着国家能源与环保政策的不断推出,建设资源节约型和环境友好型社会是众多大学生关心的问题。通过学校设置的本科通识课程——能源概论,使全校各个年级不同专业的学生有机会在一个课堂内了解国内外能源工业发展概况和未来能源科技挑战。本文认为应根据选课学生特点,结合课程内容设置的分层次教学实践,合理多元化利用现有教育资源,通过主题讨论联系自身专业特点,使学生体会到当代青年的社会使命感。

0　引　言

随着国家能源与环保政策的不断推出,建设资源节约型和环境友好型的生态文明社会,建设美丽中国,成了当代大学生共同的梦想和努力方向。为适应国家发展的需要,青年学生越来越关心能源与环境方面的问题。本人在能源与动力工程学院从事多年教学科研工作,与学院其他教师一起担任"能源概论"的教学任务,这是一门面对全校学生的具有工程实践背景的通识类选修课。近年来,随着国家对能源环境问题的不断重视和投入加大,了解这方面的相关知识及工作方法显得比较迫切。

1　通识课程基础上的教学特点

1.1　视学生选课情况分层次教学

在学校的本科培养计划中,学生在校期间必须选修一到两门人文素养类的通识教育课程,能源概论是这类课程中唯一具有工科背景的,因此每学期有百多名来自全校 4 个年级众多专业的学生选修本课程。从学生选课情况看,文、理、工、医类基本覆盖。大二、大三学生占多数,大一、大四的学生也不少。因为对课程名称的熟悉程度,每学期都会有满选的现象。该课程的学习目的是使学生在通识教育课程中,充分体会工程技术类课程的基本教学方法,帮助学生获得必要的能源科学基本知识,比较系统地了解常规能源、新能源(可再生能源)的资源特性、构成原理及应用前景,拓宽学生的知识面;让学生全面了解当前的能源形势以及能源在社会可持续发展中的作用,由此了解全球面临的能源问题,以及能源开发利用带来的环境问题,使学生深刻体会到这些问题的严峻性,了解人在自然界的地位和作用,树立

2014 年全国能源动力类专业教学改革研讨会论文集

正确的认知观,增强社会责任感,促进全面素质的提高。

如何分层次教学,重要的是根据选课班学生的特点如年级、专业背景、选课人数等制订与每一学期的重点人群相适应的进度计划。大一、大二的学生由于基础课程负担很重,只能晚上挤出时间听课,精神状态却很好。面对他们一般以鼓励式的话语来肯定学生的学习态度。大三、大四的学生比较务实,选课目的主要是充实知识,看哪些环节与自己专业有联系或为毕业做准备。面对他们在课上要有意识地告诉学生,高校的教育不是简单地灌输知识,而更注重激发学生的求知欲,能源工程牵涉到社会生产和生活的方方面面,跨学科的应用或许更有活力。积极全面地培养学生可持续发展的能力和开拓意识是现代教育的基本点,要耐心启发学生的心智,促进学生掌握知识、解决问题并在其中以自觉态度进行自我教育和自我素质的提升。

1.2 教学内容设置上合理分配,突出重点

能源概论课程由基础篇、提高篇及拓展篇三部分构成。在教学内容及讲课时间上要注意合理分配,重点是对基础篇知识点的了解和掌握。基础篇内容涵盖了常规能源、新能源与可再生能源各方面的综合知识,说明了各种能量的转换和储存方法[1-4];在此基础上引进能源利用与节能工程、环境保护及可持续发展等方面内容,并有相应的实践环节作为提高篇[5-6];最后结合当今国家能源科技发展规划和能源管理政策[7-9],对能源工程的良性发展作探索性知识讲座,此为拓展篇。

课程的教学方法也与内容结合分为三部分。第一部分"基础篇"主要是课内讲授与知识点消化,实行小班化教育;第二部分"提高篇"主要介绍节能的基础知识与能源工业重点领域应用现状,采用邀请专家开设讲座的形式,实行合班化教育。第三部分"拓展篇"围绕对能源及可再生能源应用现状和科技发展进行讨论,或走出课堂到学院实践基地参观,或视频观摩,让学生对能源工程的基础设施有初步了解。

由于课程内容安排比较紧凑,将部分内容以书面形式通过课程中心网络平台传给学生,要求他们查找资料并独立思考,写一篇新能源发展或节能方面与自己专业相关的学习报告。讨论课上大多数学生态度认真、思维活跃,通过课堂内外形式多样的教学实践,提高了学生主动学习的参与度。

2 多元化教学方法的创新实践

十八届三中全会提出要紧紧围绕建设美丽中国,深化生态文明体制建设,加强资源利用和环境保护,推动形成人与自然和谐发展的现代化建设新格局。学校开

设通识课程的目的是通过有实践教育经验的教师讲课及培训,来扩展学生知识面,提高他们对现实问题的关注度。

2.1　依托院内师资力量,开设特色讲座

有机会参与学院对全校开设的"能源概论"授课和课程建设,要上好这门实训课,除了了解学生专业背景、充分备课、掌握大量的信息外,还应从课程大纲要求出发,将课程的"提高篇"授课工作落到实处。因为该课程的外延成分很广,涉及具体专业方向很多,特别是近年来能源方面的科技进步很快,有必要及时更新讲课内容并落实实践基地,让学生有更多机会了解能源生产过程面对的污染控制问题,新能源应用中效率提高途径等,通过专题报告的形式,提高学生思维能力,跟上学科发展的步伐。2012/2013(1)学期分别邀请高效换热器、节能创新设计主讲教师给学生讲解了能源工程利用环节的主要设备及高效利用的途径;2012/2013(2)学期邀请了大气污染控制工程主讲教师给学生作了一场精彩的有关大气污染物形成、PM2.5控制手段等内容的报告;2013/2014(1)学期邀请了企业能效管理及能平衡测试技术主讲教师给学生介绍了企业能效管理的常用方法和一般管理措施。

2.2　结合院实践基地开展课外创新训练活动

每年国家都会对学校或学院进行实践教学基地建设的投入,一些重点省部级实践基地或教学平台的落成,很大程度上提升了工科学科的教学水平。为落实好课程"拓展篇"的教学内容,在征得学院教学管理同意的前提下,适当开展一些"热能与动力方向"特色较强的以节能或环保为主题的实践参观活动,或适当组织学有余力的选课学生开展团队形式的开放实验或创新活动,增强感性认识,培养学生的探究能力和实际工作能力。结合学院教学实践基地所具备的实验条件,开展有关"节能减排类"科技创新活动,使学生在专业学习、提取素材、撰写报告、组织竞赛等各环节的具体工作中有所收获,组成不同年级学生的活动团队,以老生带新生的形式有效地开展创新人才的培养工作。

作为教师应懂得授之于"渔"的道理,要通过开展丰富多彩、富有创新意识的创新实践活动,引导学生进行课堂知识的梳理、拓展问题的思考、课外创新课题的筛选与分析,提高学生思考和解决实际问题的能力。

2.3　开展院内相关课程教师间的交流活动

当前能源工业发展速度之快,是过去几十年无法比拟的,对从事这方面教学工作的教师来说,其业务水平的提高就需有更高的工程实践要求。通过结合科研和开展某些具体节能项目的研究,教师拥有第一手资料,才能切实地促进与学生的交流,引导学生做什么、怎么做。"能源概论"通识课作为能源与动力工程学院与在

校本科生联系的一个窗口,上课的重点是概括能源工程体系中哪些环节需要改进,哪些方面有待节能工作的持续,解决这类问题的一般方法和步骤是什么,给学生以启发式教育,深入浅出,理论与实践兼顾,让学生觉得课后有时间回味。

3　结　语

青年学生是国家未来科技创新和社会发展的希望,课程的开设不仅丰富了学生的兴趣爱好,也提高了大学生的自身修养,为其树立求真务实的学术思想、开拓视野提供了有效途径。作为一名科技和教育工作者,有机会将课堂讲解、引进专题讲座及工程实践活动进行有序结合,了解各个年龄段学生的一些看法,向青年学生宣传节能与环保工作的重要,引导他们结合自己专业特点,从身边的平凡事做起,担当起社会赋予他们的使命和责任。

参考文献

[1] 王革华.新能源概论[M].2版.化学工业出版社,2012.

[2] 黄素逸,等.能源概论[M].高等教育出版社,2004.

[3] 邓长生.太阳能原理与应用[M].化学工业出版社,2010.

[4] 原鲲,王希麟.风能概论[M].化学工业出版社,2010.

[5] 黄素逸.节能概论[M].华中科技大学出版社,2007.

[6] 王大中.21世纪中国能源科技发展展望[M].清华大学出版社,2007.

[7] 国际能源署.能源技术展望——面向2050年的情景与战略[M].张阿玲,等译.清华大学出版社,2009.

[8] 国网能源研究所.中国新能源发电分析报告[M].中国电力出版社,2012.

[9] 国家能源局,《国家能源科技"十二五"规划》编写组.国家能源科技"十二五"规划及解读[M].中国电力出版社,2012.

建筑环境与设备工程专业实践教学方法改革的探讨*

／周继军／

（上海海洋大学 制冷与空调教研室）

摘　要：针对实践性教学环节在整个教学过程中的地位和作用,本文分析了上海海洋大学建筑环境与设备工程专业在实践教学中存在的一些问题,提出了加强实践环节教学工作的新思路,并从实验教学改革,实习、实训教学改革,课程设计和毕业设计教学改革三方面入手提出了相应的改革措施和方法,努力使本专业的教学质量和教学水平迈上一个新台阶。

0　引　言

上海海洋大学"建筑环境与设备工程"专业的前身是制冷与空气调节专业,成立于1993年,经过多年的发展,于1997年经上级主管部门批准,正式成立"建筑环境与设备工程"专业本科教学点[1]。同其他工程类本科高校一样,我校该专业的人才培养也是定位于"高等专业技术应用型人才"。其培养目标是培养面对供热、通风、空调、锅炉及锅炉房设备、城市燃气工程等领域的生产、建设、管理、服务等一线岗位,直接从事解决实际问题、维护设备正常工作运行的高等技术型人才。这种人才不但要求掌握本学科的基本知识和基本技能,而且要求具有较强的技术思维能力,能够解决生产实际中遇到的具体技术问题。由此可见,高等技术应用型人才的培养应该重视学生的知识运用能力、理论与实践的结合能力、动手能力及实践过程中的创新能力,而这些能力的培养在很大程度上取决于学校的实践教学环节。

实践教学是工程类专业教学的重要组成部分,是树立学生工程意识,培养学生实践能力和创新能力,提高学生综合素质的重要过程,它包括实验教学、实习教学、毕业设计(论文)、课程设计、社会调查、社会实践、课外科技创新活动等教学环节。

因此,根据国家教育部关于加强实践环节教学要求的精神,为推动我校建筑环境与设备工程专业的实践教学改革,提高实践教学质量和水平,笔者分析了当前我校该专业实践教学中存在的一些问题,并结合学校的自身特点,提出了我校建筑环境与设备工程专业实践教学的改革思路及方法。

1　我校建筑环境与设备工程专业实践性教学中存在的一些问题

建筑环境与设备工程专业在上海海洋大学是个老专业,虽然有十几年的发展

＊　基金项目:高职院校重点专业建设项目,项目编号5107110001。

历史,但在实践教学中也存在一些不可忽视的问题。

1.1 对实践教学的重视程度不够

由于多年来"重理论、轻实践"的思想影响,一些领导和老师对实验教学、实习教学的建设和管理重视程度不够;实验室建设和管理工作条块分割,分工不清;实验室体制过于分散,缺少交叉学科的平台;对实验室技术队伍的建设不够重视,缺乏高素质的专业人员。例如,本专业相关的实验教学分别安排在我校的工程学院、海洋学院、食品学院和农业部冷库质量检测中心等不同部门,很容易出现"人人都管"而又"人人不管"的局面。

1.2 人为地将一些实验项目分割,导致实验教学分得过细过早

例如,机械原理、机械零件、工程流体力学等课程实验教学内容的分割;微机控制与电力拖动实验、暖通空调系统与控制实验的教学内容分割;工程热力学、传热学、建筑环境测量等课程实验教学内容的分割等。这些分割重点虽然强调了其区别,却忽视了其内在的联系,不利于学生综合能力的提高。

1.3 实验教学内容的知识面窄,缺乏最新的技术知识,缺乏相关学科的知识,实验室建设的步伐太慢

实验教学指导书的内容陈旧,需要修订。近几年来实验室建设投入经费过少,严重滞后于实验教学环节。

1.4 课程设计和毕业设计教学环节的管理需要加强

由于大学生就业压力的增大,使得相当一部分学生对毕业设计这一重要的教学环节不够重视,学生的主动性不够,依赖性强,对毕业设计工作投入精力不足。还有一部分学生对设计规范知之甚少,对系统方案的选取、设备的布置不够重视,没有建立水、电、汽、土建等专业相互配合的精神。另外,整个毕业设计过程也需要进一步规范并加大考核力度。

2 改革思路与方法

实践教学改革包括以下几个方面的内容:一是校内、外认识实习、生产实习、毕业实习等实习教学改革;二是实验教学改革;三是专业基本技能训练即实训教学改革;四是课程设计和毕业设计的改革。建筑环境与设备工程专业的实践教学改革应该坚持以学生为中心,以巩固知识和掌握技能为基础,以培养能力为重点,以提高素质教育为目的。根据人才培养要求,按照整体优化原则,以提高教学质量为前提,以突出专业特色为重点,以培养综合能力为目标,建立实践教学体系。

2.1　实验教学改革

实验课程的设置要符合人才培养的要求,要正确处理好课堂教学与实验教学之间的关系。在对原有实验内容进行认真梳理和研究的基础上,进行统筹考虑、系统设计,使实验内容前后衔接、相对独立、逐步提高,建立一个科学合理的实验教学体系,明确各环节应达到的教学基本要求[2]。实验课程的设置既要实现基本知识、技能、方法的培养要求,保证人才培养的基本规格;又要结合现代科技的发展,充分吸收现阶段教学内容与课程体系改革的经验和成果,更新实验教学内容,改革实验教学的组织形式和方法,使实验教学具有更强的生命力。实验教学对于提高学生的综合素质、培养学生的创新精神与实践能力具有特殊作用。要将综合素质、实践能力和创新精神的培养融入教学中,要有具体的落实措施,充分体现知识、能力、素质的全面协调发展。

我校该专业的实验课程分三部分:基础性实验课程(计算机基础、程序设计基础、普通化学、大学物理实验和电工与电子技术);专业基础性实验课程(热工与流体基础实验、自动控制原理实验);专业性实验课程(微机控制与电力拖动实验、建筑环境测量实验、暖通空调系统及控制实验)。参考东华大学、同济大学、北京建筑工程学院、上海理工大学等学校相同专业的实验课程设置,我校在制订 2008 级本科新培养方案时进行了局部调整,使实验课程体系布局更完善更具有可操作性。该体系打破了传统的实验课程跟随理论课程的框架,独立设置实验课程,重视学生实验能力及创新能力的培养。同时,学校也陆续投入了一定的实验室建设专项经费,购置了一批新的实验设备,逐步完善了实验条件。

2.2　实习、实训教学改革

校内实习、实训一定要注意加强现代新技术、新材料、新工艺的推广应用。要充分利用和发挥我校金工实习工厂和农业部冷库质量检测中心的优势。校外实习、实训要注重加强校外产学研合作教育基地的建设,将学生对专业的认识了解、参观学习、生产实习有机地结合起来,充分适应目前就业环境的发展变化,并定期对产学研教育基地进行综合评估。如我校与开利空调有限公司、特灵空调有限公司均保持有良好的长期合作关系。

2.3　课程设计和毕业设计教学改革

课程设计和毕业设计是最后一个重要的实践性教学环节,是毕业前对学生的学习能力、研究能力、理论知识应用能力的一次全面综合的总结,是对学生综合素质与工程实践能力培养效果的全面检验,也是衡量学校教育质量和办学效益的重要评价方式。通过毕业设计可使学生获得工程设计、科学研究等多方面的训练,促使学生对所学知识进行全面总结,培养他们综合运用所学知识分析解决工程实际问题的能力,为将来走向社会打下一个良好的基础。所以加强课程设计和毕业设计的管理和改革意义重大[3]。

课程设计要注意加快课程设计体系的改革,改进课程设计内容和设计方法,突出对学生工程应用技术能力的培养。一是培养学生的自主性。毕业设计要精选课题,加强指导,尝试和鼓励师生互选。让学生在阅读大量文献的基础上撰写开题报告,使学生从整体上对所做的工作有一个认识。学生在设计过程中要将平时的理论学习、实验、实习、实训等结合起来,收集资料,调查研究,制订方案。教师与学生相互探讨,极大地调动了学生的积极性。二是培养学生的合作性。教师可对选题进行团队设计,包括建筑、给排水、暖通等专业设计小组,分别对 3 个项目进行全面设计,这种团队设计能有效锻炼学生综合应用专业知识的能力,真正起到了毕业设计作为理论联系实际的桥梁作用。第三是教务处要制定课程设计和毕业设计工作的有关教学文件,规范管理,培养学生严谨的科学态度和实事求是的工作作风。最后是毕业设计成绩的评定要科学化。具体评定内容包括工作量、设计水平、论文水平、独立工作能力、答辩情况等,针对不同层次的学生,提出几种不同的要求,如基本要求、较高要求、最高要求等,这种做法有利于激发学生的学习热情和钻研精神。

3 结 论

实践教学是建筑环境与设备工程专业教学的重要组成部分,是树立学生工程意识,培养学生实践能力和创新能力,提高学生综合素质的重要过程。因此,对本专业的实践教学进行改革,改变传统的实践教学模式、教学内容和教学方法,将学生创新能力的培养贯穿在实践教学的各个环节之中,既符合国家的人才培养目标,也符合我校制订的 2010 级新本科培养方案的具体要求,必将使本专业的实践教学质量和水平提高到一个新的台阶。

参考文献

[1] 全国高等学校建筑学学科专业指导委员会.2008 全国建筑教育学术研讨会论文集[M].中国建筑工业出版社,2008.

[2] 王维荣,王艳新.实验教学要向以学为中心转变[J].实验室研究与探索,2004(11):54-55.

[3] 邵宗义.高校建筑设备工程毕业设计指导与题库[M].中国建筑工业出版社,2006.

"冶金传输原理"教学改革的探索*

/王志英,刘 坤,刘颖杰/

（辽宁科技大学 材料与冶金学院）

摘 要:冶金传输原理是冶金工程专业的专业基础课,该课程具有较强的理论性和实践性,在冶金工程专业的学习中具有承上启下的作用。本文结合该课程及冶金专业的特点,针对教学内容、教学方法及考核手段进行了一些改革,从而提高了学生学习该课程的积极性和主动性,改善了教学效果。

0 引 言

冶金传输原理是冶金工程专业的主要专业基础课程,该课程理论性较强,同时又具有重要的工程实际应用价值,对以后的专业课学习和从事冶金实际生产都有重要的作用[1]。但是该课程有很多抽象的概念,基本定律多,公式多,学生学起来觉得特别枯燥。因此,学生对于该课程的学习有很大的畏难心理,学习效果不是很好,更无法谈及用传输原理的基本知识来解决冶金生产中遇到的实际工程问题了。如何提高学生的学习兴趣,改善该课程的教学效果,一直是教授该课程教师不断探索的课题。

笔者从教学内容、教学方法和考核手段等方面着手,对该课程进行了一些改革,力求改进该课程的教学效果。

1 结合冶金专业特点,合理设计教学内容

冶金就是从矿石中提取钢铁或有色金属材料并进行加工。大多数冶金过程都是在高温条件下进行的复杂的物理化学过程,同时伴有动量传输、热量传输和质量传输现象,它们是冶金过程中三个不可分割的物理过程,通常有理论研究方法、实验研究方法和数值计算方法[2]。另外,该专业培养的是冶金工程领域科学研究与开发应用、工程设计与具体实施、技术攻关与技术改造、新技术推广与应用、工程规划与冶金企业管理等方面的高层次专门人才。因此,在冶金工程专业教学过程中,我们既要强化学生的基础理论知识,又要注重学生对专业技术的应用以及利用所学知识解决工程实际问题能力的培养。

* 基金项目:辽宁省 2013 年"十二五"规划课题,项目编号 JG13DB079。

综合该专业的上述特点,在重点讲授动量传输、热量传输和质量传输基本理论的同时,重视基本理论与专业应用相互结合的应用举例,变抽象、枯燥的理论为具体的应用实例,增加了学生学习该课程的兴趣,取得了较好的教学效果。表1为基本理论与专业应用相结合的一些具体实例。

表1 传输基本理论与冶金专业应用结合的实例

传输基本理论	冶金专业应用
多层圆筒壁的导热	转炉与钢包等冶金容器的壁厚与温度关系的测算
可压缩气体的流动	氧枪喷头的设计
相似原理	转炉、RH、中间包等冷态模拟实验的设计与应用
数值计算方法	连铸结晶器、二冷区等的温度场数值模拟

2　依据课程特点,改革教学方法

随着计算机的发展,多媒体教学在各类教学中扮演着越来越多的角色,对于传输原理这种多基本理论、多公式推导的课程也不例外。虽然,多媒体教学的应用使得课程的容量变大,但是,在教学中由于幻灯片的翻页速度相对较快,学生的听课思路经常跟不上老师讲课的节奏,有时候并未取得理想的课堂效果。针对上述问题,笔者采用以下几种方法来改善教学效果。

一是将课程的授课计划、参考资料以及讲课的 PPT 讲稿上传到学院的公共网络资源平台上,学生可以提前了解该课程的内容、进度,有利于对学生的预习及自学能力的培养。

二是课前准备。学生在学习每一章内容前,需要将该部分内容的幻灯片打印出来,有利于学生在听课过程中,将相应知识点和讲解记录在对应位置,利于课后复习及加深对重点、难点知识的理解。

三是采用板书与幻灯片教学相结合的授课形式。对于重点知识、重要公式推导等采用板书的方式,并将本节课的脉络写在黑板上。这样一堂课结束后,本次课的知识要点就会在学生脑海中有一个清晰的脉络。

3　进行过程管理,改变传统考核方法

传输原理课程的学习要贯穿整个学期,到期末考试时,学生几乎忘记了前面的知识,增加了复习的负担。主要是单凭一张试卷的考核内容既不能很好地涵盖知识点,又不能准确地反映学生对知识的掌握、理解及应用情况。因此,笔者在教学

中尝试采用过程管理,将本课程的成绩分为四部分:平时成绩(30%),课后大作业(30%),实验成绩(20%),期末考试(20%)。

平时成绩除考核学生的出勤情况外,主要是在讲课过程中,针对每一部分的知识要点进行随堂考核。通过考核结果既可以督促学生及时消化所学知识,又可以了解学生对所讲授知识的掌握情况,从而对学生未能掌握的知识点进行强化,达到学生对所学的每一个知识点都能够及时理解、吸收的目的。

课后大作业,主要是针对讲授内容给学生布置综合性的题目。要求学生自行分组,查阅相关资料,利用所学的基本理论知识来完成该题目。这样既培养了学生的团队合作意识,又提高了学生利用知识分析问题、解决实际问题的能力,有利于学生科研素质和综合能力的培养。

实验成绩主要是针对课程中的某些知识点,要求学生到实验室进行实验,通过实验过程的操作及实验报告的撰写,考察学生的实际动手能力、实验现象的观察能力以及总结能力。

期末考试的内容主要涉及一些计算题,在考核学生对相应知识点掌握情况的同时,也考核了学生的基本计算能力。

4 结 语

合理设计教学内容,增加基础理论与专业应用的结合,既利于学生对基本知识的掌握,又利于学生运用基本知识解决实际问题能力的培养。

现代教学手段与传统教学方法的合理结合既扩大了课堂的知识容量,又改善了课堂教学效果。

改变一张试卷决定成绩的传统考核方式,增加了学生自始至终对该课程学习的热情,从而利于学生对知识的掌握,另外也增强了学生的动手能力,培养了学生分析问题、解决问题的能力,有利于学生科研素养的提高。

参考文献

[1] 林万明,王皓,陈津.《冶金传输原理》教学改革与实践[J].科学之友(学术版),2006(7):75-76.

[2] 朱光俊,杨艳华,曾红.“冶金传输原理”课程的教学改革与实践[J].教育与职业,2009(8):133-135.

"材料化学实验"教学改革的探讨

／金　辉,刘　坤,王一雍,李成威,亢淑梅／

（辽宁科技大学 材料与冶金学院）

摘　要:本文介绍了近年来材料化学实验技术课程实验教学改革的情况,以及在实验教学改革中,修订实验教材,革新实验内容、方法以及完善实验教学管理等一些改革措施,提出了开设综合性设计性实验项目的实验教学,更有利于培养学生的实践技能和创新能力。

0　引　言

材料化学实验技术是一门独立设置的单独学分的综合性设计性实验课程,是针对材料与冶金学院材料化学专业的高年级学生开设的培训实践技能的课程。该课程在培养学生严谨的科学研究态度,培养学生独立分析、解决问题的能力和创新能力等方面起到了关键作用[1]。同时,该实验课程是在低年级基础材料化学实验的基础上开设的,对学生来说有一定的难度,尤其是在实验操作技术方面,对学生有较高的要求,实验内容较多、操作较复杂、实验周期较长,实验自始至终都要求学生独立操作,从而全方位培养学生的各项能力[2]。为此,我们对以往的实验类型和实验内容进行了改革与调整,根据材料化学学科飞速发展的需要,结合自身实验室教学仪器设备的具体情况,重点突出材料的制备,性能检测及应用,使综合性设计性实验更加系统化,便于学生在原有的基础材料化学实验上进一步提高。材料化学实验技术实验课程作为材料化学学科的一个实践教学环节,在人才培养过程中有着十分重要的地位,起到了不可替代的作用。可见,如何搞好实验课的教学,使学生的实践技能不断提高,是摆在教师面前的一项重要任务。为此,要不断地对材料化学实验技术的实验教学进行改革,以取得良好的教学效果。

1　优化实验教材,改革实验教学内容

1.1　加强实验教材建设

为了推进素质教育,培养创新型人才,必须要赋予实验教学以新的内涵。该课程的实验教学体系、实验内容和实验教材的改革是实验教学改革的突破口,也是整个实验教学改革过程中的重点和难点[3]。近年来,我们根据学校的要求,重新修订了该课程的实验教学大纲与教案,在原来陈旧的实验教材基础上,修订实验指导书。实验内容以综合性、设计性实验为主体,重视科学的研究方法,加强创新型实

践教学内容。

1.2 精选实验内容

根据修改的实验教学大纲和修订的实验教材,对该课程实验的内容进行重组,修改一些实验方法较陈旧、实验内容较单一、综合性不够强的实验项目,按照少单一、少验证、少演示,多综合、多设计、多操作的原则,重新制定了实验项目。如在粉末冶金新材料制备设计实验中,在测量粉末材料粒度时,在原来筛分法的基础上,又引入显微镜法、激光粒度仪法两种粒度测试方法;在高温技术设计实验中,在原有烧结实验的基础上,加入热电偶及红外线测温的实验内容,等等。这些实验项目使该实验课程的教学与学科理论教学能够互相联系、互相配合、互相促进,使实验教学在理论上、技术上所涵盖的知识信息量增大,知识点增多,提高学生利用所掌握的综合性知识来解决实际问题的能力,发掘学生的创新意识及能力。

1.3 加强综合性设计性实验教学

根据国家教委对实验课评估的要求,我们深刻体会到提高综合性、设计性实验项目的比例,才能顺应 21 世纪实验教学改革需要。综合性设计性实验是对学生的实验技能及实验方法进行综合培训的一种复合性大实验,着重培养学生的综合分析能力、动手实践能力、处理数据能力及查阅文献资料的能力,使学生能够运用已学的知识去发现问题、分析和解决问题,激发学生的创新意识。

每个综合性设计性实验所包含的需要掌握的实验原理、方法和技术都要多样化,多个知识点间要相互联系,实验内容要有序地逐渐加深,要尽可能地增加新技术的知识点,这样才能有助于学生对各种实验方法的优缺点进行比较、鉴别及运用,便于学生掌握、了解材料化学学科技术应用发展的动态。如电化学及腐蚀综合实验,它由 3 个小实验组成:① 电镀实验;② 镀层硬度测试实验;③ 镀层自腐蚀电流的测定。该综合性设计性实验涉及的知识点有:① 电镀原理;② 镀液配方设计原理;③ 硬度测定原理;④ 电化学腐蚀原理等。需要掌握的技术有:① 镀液配置技术;② 电镀技术;③ 硬度仪的使用技术;④ 电化学工作站使用技术等。从上述内容中可知,通过每一个综合性设计性实验,可以让学生得到一次全方位的锻炼,可以有效地培养学生在进行科学研究过程中的实践能力和创新能力。

2 改进实验方法,提高教学质量

2.1 实行开放的实验教学方式

在基础实验课的传统教学中,大多是采用固定的教学模式,即在规定的时间内,让学生根据实验要求,在教师的指导下,按要求的方法,采用已选好的试剂,完成实验。实验方法和内容单一,操作比较简单,周期较短,这种较为陈旧的实验教学方法是不适合材料化学实验技术课程教学的。因此,从培养学生综合创新能力上着手,首先在实验教学方式和方法上要有所改进和提高,为了符合该实验课所开设的综合性设计性实验的要求,采用开放的教学方式进行材料化学实验技术的实验教学,有利于对学生的科研能力、创新能力和独立解决问题的能力进行培养。在实验教学过程中把学生作为主体,充分发挥学生的主动性,教师作为学生的科学顾问,不再手把手地跟班指导。由于综合性设计性实验的内容较为新颖,仪器精密,实验的一切准备工作都可以开放性地交给学生去做,例如试剂的配制、样品的检测、玻璃器皿的清洗、仪器设备的调试,等等。实验的每一步操作都需要学生认真思考,动手动脑,仔细操作,稍有疏忽,就会造成实验的失败。例如,试剂的浓度、pH 值都要配制得准确,实验过程中样品的加入顺序要正确,否则都会导致实验的失败。可见综合性设计性实验的开放式教学方式能够充分调动学生的积极性,将学生推到实验教学的前台,为学生提供更多的动手实验的开放空间,使学生真正成为实验教学主体,这样,学生的主动性和综合能力可以得到更好发挥,尤其是在自学能力、动手能力和创新能力等各方面都会得到充分的锻炼及提高。

2.2 改进实验方法,提高实验教学效果

通过开放式实验教学方法的改革,学生的实验技能得到了很大提高,从实验准备到实验结束,学生经过辛勤的实践劳动,看到自己的实验结果,可以感受到实验成功所带来的喜悦与收获。通过具体的实践让学生体会到,想要掌握真正的知识和技术不是件容易的事。学生完成实践操作后,进行后续的实验报告的整理,从实验原理、实验试剂及仪器的准备、操作、数据的处理分析、图表的制作、结论的可靠性分析等方面进行全面论述,所提交的实验报告与小论文无异。整个过程为学生进一步完成本科毕业论文和参与老师的科学研究项目打下了坚实的实验基础。另外,这些综合性设计性实验不仅训练了学生的动手动脑能力,也有利于培养学生独立思考的能力、归纳分析的能力和创新能力,这些能力将使学生终身受益。另外,从这些综合性设计性实验中提炼出的一些富有启迪的思想方法,对培养学生在今后的学习和工作中能够触类旁通地使用各类仪器设备以及展开新型实验的能力也是很重要的。

3 加强实验室管理,完善实验室制度

3.1 加强实验室环境建设

在学校教务处、设备处的领导下,加大力度对实验室进行了硬件建设,购置了

较先进的必需仪器,如 Autolab 电化学工作站、激光颗粒分布测量仪、金相显微镜、高温真空烧结炉、液压式万能材料试验机等。实验室宽敞明亮、各类设备摆设整齐,这样的实验环境可以更好地激发学生的求知欲,为培养 21 世纪创新型人才创造了良好的实验条件。

3.2 实验室的开放管理

有些综合性、设计性实验的周期较长,学生不能在既定的学时内完成,为此,我们采用了实验室开放式的管理办法,让学生在课余时间可以继续完成实验。学生可以再利用其他时间对实验结果和数据进行处理分析,并撰写实验报告。有些学生在实验课上所做的实验结果不理想或失败了,经过与老师联系,可以利用节假日时间进入实验室继续做实验。有的学生经多方查阅文献资料,对原来的实验方法进行了改进和完善,也可以利用课余时间到实验室来做实验,探索最优实验条件。在整个实验过程中,实验室给予了学生相当大的自由发挥余地,使其将所学知识与实践相结合,锻炼学生刻苦钻研和独立工作的能力。

3.3 加强师资队伍建设

在进行实验课的实践教学过程中,提高实验教师的业务水平是上好材料化学实验技术课程的关键[4]。随着材料化学学科及技术发展的需要,实验教师要努力学习新的材料化学实验技术,参加一些新技术的学习培训,要吸取国内外各种新的材料化学实验技术的长处,结合高新技术对传统的实验项目进行改革,进一步更新实验内容;同时教师还要积极参与科研项目,将一些科研成果转化为实验内容,更有效地提高学生上实验课的积极性,从而适应培养 21 世纪创新型人才的需要。

参考文献

[1] 王俊文,郝晓刚,刘世斌.改革实验教学方法 增强学生工程意识[J].实验技术与管理,2000,17(6):107 - 110.

[2] 刘长建,等.改革实验教学方式 提高生物工程学生应用能力[J].微生物学通报,2008,35(9):1497 - 1499.

[3] 乔玉欢.改革实验课教学方式提高实验课水平[J].实验室科学,2007,8(4):19 - 20.

[4] 赵明富,陈渝光,陈旭川.以素质教育为目标的开放式实验教学方法和实验室开放模式的研究[J].重庆工学院学报,2000,4(6):4 - 7.

培养创新能力的综合论文训练管理体系建设

／龚迎莉,杨海瑞,祁海鹰／

（清华大学 热能工程研究所）

摘　要: 为提高本科综合论文训练质量、培养学生的科研实践创新能力和综合素质,为学科发展和向社会输送高层次人才,作者单位从考评标准、全过程质量管理、人文关怀等方面,全面改革和建设研究所本科综合论文训练管理体系,确立了"科学评价、规范实施、人文关怀"的管理理念,建立了开题、中期、答辩等三个考核环节的科学评价体系,成立了专职考核团队,将人文关怀传统与文化氛围融入整个训练过程。该体系经近10年的实践和完善,学生实践创新能力显著提高,成果甚丰;研究所吸引了一大批优秀学生参与科研活动;锤炼了教师团队,成为本学科独具特色的品牌。

0 引　言

综合论文训练(原称"毕业设计")管理体系,是指针对开题、中期考核、毕业答辩3个考核环节,由有关管理理念、组织实施、评价体系和考核团队构成的一项教学制度。

综合论文训练是清华大学根据国家经济建设和发展需要以及国际大形势的变化,提出的"实践教育"培养创新人才战略的具体体现。这对始终工作在国家能源主战场、从事科研和人才培养的热能工程学科而言,具有重要意义。

本学科历史久远,可追溯到80年前(1932年)清华大学机械工程学系的动力工程组。1952年院系调整后,其名称从动力机械系热力发电设备教研组,历经锅炉教研组(1964年)、热能工程教研组(1978年)和今天的研究所(1999年),名称不断变化,但始终活跃在国家能源、电力、机械等行业,始终坚持科研以工程应用为背景、人才培养与生产实践相结合的研究教育理念,至今已培养了55届学生,包括3位工程院院士。

当前能源领域的重大变化,对本学科的人才培养提出了挑战,尤其强调社会与环境责任感,着眼全局、面向未来的眼光和品质,以及研究探索重大问题的创新能力和综合素质。因此,作为重要的实践环节,综合论文训练在人才培养上发挥着不可替代的作用。与传统的"毕业设计"不同,"综合论文训练"的观念和实施措施均发生了根本性转变,它着眼于"人"的综合素质和创新能力培养,而不限于"发现问题和解决问题"的传统模式;更注重"训练"的实践过程,而不"以成败论英雄";保留了论文形式,但更强调科学研究的引领作用。于是,选题范围更广,且主要来自科研项目;形式不拘,科学研究的任何环节,如文献调研、理论分析、数值模拟、实验台建设、实验测试等,均可成为独立的训练科目。由此培养思维方法、分析判断、设计创新、项目组织实施、写作与表达等多方面能力。

在管理体系改革之前,由于人们长期以来习惯于"毕业设计"的思维定势,未跟上向综合论文训练的转变,而出现很多问题。

一是随着时代的变迁,指导教师(以下简称"导师")职责定位日渐模糊。过去的教学习惯是全体导师参加开题、中期考核、答辩等考核过程,以示重视。而现在教师科研教学任务较多,已无法做到这一点。久而久之,在"教师多一个少一个没关系"的心理影响下,逐渐无人愿意参加。不仅组织困难,且考核工作效率低,有时仅有少数教师勉强留守。考核已然成了走过场,对学生产生了极为不良的影响。二是考核评价标准不合理、不明确,人们习惯于打印象分,加上出席不连贯,评分结果已偏离客观,无实际价值和公平可言。学生感到不受重视、收获不大,渐渐地对论文工作和考核也敷衍了事。教学效果明显下滑,这在许多院校普遍存在[5,9]。

问题的根本原因是管理制度建设缺失,未与时俱进所致。改革势在必行。

国家和高校教育管理部门及教育研究者,对本科教育后期实践阶段的重要性、作用、实施质量、管理现状、评价体系等均十分关注[1-3],认为应加强毕业论文质量监督,重视评价标准[4];一些院校对校企合作的毕业设计模式进行了探索和实践[6-8]。总体而言,人们谈宏观评估、监督、检查多,对管理体系建设和改革的具体建议和实施经验少。

调研发现,我国与西方国家的教学体制和文化不同,在综合论文训练方面不具有可比性。帝国理工学院(Imperial College)等英国高校,本科最后一年只做调研或大作业性质的项目,很少涉及科研;德国亚琛大学(Aachen University)毕业论文则做科研,但其实施学分制,且无班级建制,学生毕业时间分散,同时做论文的人数有限,故论文工作以博士生指导、教授单人面试的方式进行。而我们每年都是成批学生集中开题和答辩,给组织实施造成很大压力,不改革则难以为继。

为此,我的单位自 2004 年始,借鉴西方国家高校普遍奉行的"以人为本"的教育思想,从管理理念、考核评价标准、组织实施、人文关怀与文化建设等几个方面,全面改革本学科综合论文训练管理体系。经两年试行和改进后,2007 年正式实施,至今历时近 10 年。我们与 9 届学生分享了改革的成果。

1 建设理念、培养目标

我单位从改革之初就提出了"科学评价、规范实施、操作性强、人文关怀"的建设理念,明确了改革的根本目标,就是提高综合论文训练质量,培养学生的科研实践创新能力和综合素质,为学科发展和社会输送高层次人才服务,用制度保障来高效高质量地完成大学本科最后阶段的教学任务,满足学校、国家和社会对人才培养的要求。

1.1　科学评价

评价标准具有目标导向作用,可引导学生重视提高自己的能力,而不是单纯地"唯成果论"。为此,首先明确了开题、中期和毕业答辩3个环节的考核具有不同的重点。

"开题"主要考查学生对课题的理解力。课题多由导师提供,学生应理解其研究动机、国内外进展、存在的问题、研究目标、研究内容和方法,学习制订工作计划。简而言之,学生应在开题时说明三要素,即 What,Why,How。

以往的评价标准之一"选题是否有意义或价值"使用多年而无人质疑。这是时代的产物——过去科研任务少,往往需要人为设置一些"非真实"的课题,加上"唯成果论"的惯性思维,人们更关注学生能否顺利出结果,而忽视了其主观能动性,所以有了这样的评价。现在,在"科学研究引领实践教学"的思想指导下,所有课题均来自导师承担的科研项目。若沿用以往的评价标准,等于评价的是教师而非学生。最终,这条标准改为学生"对课题(背景、意义和任务)的理解和阐述是否清楚、准确",以考查其逻辑思维和表达能力。

"中期考核"考查课题执行和完成情况。如遇导师长期出差、指导不力,或学生缺乏经验,或其他不可抗拒因素,导致工作进展缓慢时,考核要求学生一要弄清未完成计划的原因,二要提出后续改进措施,以及自己设法解决问题的办法。

"毕业答辩"除了检查工作进展和计划执行情况外,还考查结果的优劣,以评价学生的能力和水平。有成果固然是好事,更要看收获;没有成果,也应学会反思。

以上3个环节有一条共同标准:回答问题情况、PPT 文件的清晰度和科学性,以评价学生思维的逻辑性、严密性和报告素材的组织能力。

1.2　规范实施

改革要求管理体系的所有细节合理可行,符合教育规律。对改革政策的制定和文字表述、评分体系、专职考核团队、现场组织实施等,都融集体智慧,反复讨论。譬如,制定改革政策要遵循"必要、重要、可行"的原则,出台前尽可能消除可预见的缺陷,出台后先试行,给政策的完善留有余地。

1.3　可操作性

可操作性指各项改革措施是否容易实施。例如,精心设计考核时间表,使考核团队面对十多个学生持续一整天的考核时,避免个人精力不足导致先严后松等不公平的情况出现。

精心设计评分体系和评分表,方便考官现场使用,迅速评判。

1.4 人文关怀

人文关怀是我单位长期奉行的一个原则,是研究所文化建设的一部分,而独具特色。具体表现在,设计新的评价标准、评分体系时"以人为本";建立安全培训和监督检查机制,确保人身安全;毕业答辩结束后举行座谈,进一步增强学生对学科的归属感和研究所的亲和力。

管理体系改革后,研究所对学生的阶段性考核,与导师"持续地"个性化指导结合成一个有机整体,从严要求,注重全过程的能力培养,取得了显著成效。

2 改革措施与成果

主要包括考核评价体系、组织实施体系和文化建设体系三部分。

2.1 评价体系

评价体系包括评价标准、评分体系、评分表和数据处理方法几部分。

(1)评价标准(见表1)

为了提高综合论文训练的质量、使考核更科学合理,针对开题、中期考核和毕业答辩3个环节的重点,提出的评价新标准,由专职考核团队参照执行。

表1　3个考核环节的评价标准

开题	中期考核	毕业答辩
1)对课题(背景、意义和任务)的理解和阐述是否清楚、准确 2)对他人的相关研究的了解程度 3)研究方案、工作计划(含工作量)的合理与可行性 4)回答问题情况;PPT文件的清晰和科学性	1)工作进展和计划执行情况 2)阶段性工作结果,分析与综合的能力(对现存问题的认识和对相关研究的比较) 3)回答问题情况;PPT文件的清晰和科学性	1)工作进展;综合能力 2)工作结果的质量评价 3)回答问题情况;PPT文件的清晰和科学性

导师对学生的评价标准重新修订如下:

1)工作进展和计划执行情况;

2)工作能力(专业知识掌握、理解与交流、自主思考与提问、分析与综合等);

3)工作态度和主动性;

4)论文写作水平与科学性。

2014年全国能源动力类专业教学改革研讨会论文集

以上标准,与 2007 年教育部对清华大学进行本科教学评估时下达的一套考核标准几乎完全吻合,我们的工作也得到了教育评估专家的好评(见后)。

(2)评分体系与评分表设计

以开题为例(见表 2),采用两套分制,现场使用十分制,最终成绩用百分制,二者按"1 分对应百分制的 60 分,10 分对应百分制的 100 分"换算。十分制中分有不通过、中、良、优、特优 5 个等级。

以上设计的目的是让考官在现场迅速判断和评分,无须犹豫和在分数上斤斤计较。操作上,只须先做等级判断,再做分数选择,然后划勾即可,使用十分简便。

表 2 中对每项考核内容所规定的权重,体现了我们对不同能力的关注差异。该表记录了必要的信息,可供存档和查询。

毕业论文最终成绩组成:导师只给毕业论文打分,评分占 30%,考核团队评分占 70%,由开题、中期考核和答辩成绩组成,其比例分别为 10%、20% 和 40%。这种加权原则凸显集体统一考核的分量。

表 2 开题专用评分表

学生姓名:		导师:									日期:			
序号	考核内容	特优	优		良		中				不通过	权重(%)	总分
		10	9	8	7	6	5	4	3	2	1			
B1	对课题(背景、意义和任务)的理解和阐述是否清楚、准确												30	
B2	对他人的相关研究的了解程度												30	
B3	研究方案、工作计划(含工作量)的合理与可行性												20	
B4	回答问题情况;PPT 文件的清晰度和科学性												20	

注:表中 1 分对应百分制的 60 分,10 分对应百分制的 100 分

(3)评分数据处理方法

使用上述评分体系后将产生大量数据,用数理统计方法处理后,可得到这一批学生成绩分布曲线的期望值、方差等统计特征,它们分别反映了成绩的平均值和分散度;得到不同考官对同一位学生的评分分布曲线和统计特征。据此可分析和反观考核过程中的各种变化。

譬如,由考官评分方差大小即可看出他们对学生工作评价的认识差异。由图1可见,尽管其间已轮换了4届考核团队,但这种认识差异随时间推移而日趋减小,说明教师们的认识逐步趋同。由此证明了新评价标准的科学性和良好的导向作用。

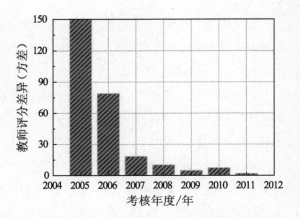

图1 考核团队成员评分差异的演化

如果观察同一位学生在3个考核环节中的成绩变化,可看出其进步情况。

如学生人数过多需分组考核时,需在后期数据处理时,让各组成绩的期望值相等,再进行分数调整,即可保证彼此之间的公平性。

由此可见,后期数据处理为不断完善评价体系提供了十分重要的定量化支持。

2.2 组织实施体系

为彻底改变原来综合论文训练考核的混乱局面,确保改革理念和措施落到实处,我单位成立了专职考核团队,并精心安排了所有环节。实践证明这项措施十分得力。

改革内容如下:

(1)成立专职考核团队,明确规定其责(即必须保证考核时间)、权(拥有评分不被否决)、利(为本学科服务,享受津贴补贴,对此另有政策规定)。

(2)团队人数定为奇数7人,由老、中、青教师组成,并保证历届小组的人员具有连续性。

(3)规定考核为正常教学活动,现场纪律与上课相同。

(4)学生报告时间按国际会议方式预先排定公布;必须全体到场,参加全程考核。

(5)采取放置名牌、提供茶点等措施,保证考核团队的权威性和工作效率,体现人文关怀。

采用上述措施后,考核现场纪律、效果和质量发生了根本性转变。学生们感受到了研究所的重视和严格要求,都自觉自律,形成了相互学习借鉴的良好风气,收获很大。研究所口碑极好,吸引了更多学生参与。

组织实施体系的建立和完善,不仅大大提高了综合论文训练的工作效率,而且培养了考核团队中、青年教师的责任心,开阔了眼界,收获很大。其中两任组长后来都升任教学副所长,发挥了更大作用。

2.3 文化建设体系

文化建设体现了一个工科学科的人文观、历史观、传统和软实力。

我单位从实施改革之初,即以"理论是灰色的,而生命之树常青"(歌德)为指导,通过实施安全培训、毕业合影与发放纪念品、毕业座谈等措施,把人文关怀和文化氛围融入其中,为学生创造了一个安全和愉悦的工作环境,培养其归属感,提高研究所的亲和力,同时也不断积累了研究所从事本科实践教育的文化历史素材。

安全培训是综合论文训练的必备环节,关系到学生在实验室工作的人身安全。我们借鉴国际一流大学的通行和规范做法,不论做什么课题,都统一要求所有学生在开题之后接受培训,取得进入实验室的许可。

培训由实验室主任负责。培训内容包括树立安全意识,了解安全注意事项、各种警示标识、事故处理措施、有毒有害危险品使用规范等。培训合格后发给《热能工程实验室:安全教育课程结业暨安全责任书》,并同时报导师备案。

学生在实验室如需要操作大型仪器设备,还将接受仪器使用培训。

学生在工作期间遇有各种问题,考核团队会及时出面处理,帮助与导师协商,确保论文工作顺利进行。2006 年,一位同学因工作变动而感到困惑,工作进展不顺。考核团队经多次讨论形成了统一意见后,由团队负责人予以答复,使其最终顺利完成论文,通过答辩。

毕业合影既是学生在研究所工作的留念,也是研究所自身文化积累与传承的宝贵资料。合影与全体教师的签名和赠言一道制成特色纪念品(见图 2)赠送给学生,还制成老照片悬挂在研究所内,供校友们参观。

毕业座谈以冷餐会的形式安排在答辩结束当晚,同时举行欢送、赠纪念品仪式。刚完成的答辩代表着大学四年的顺利结束,学生中洋溢着轻松的情绪,热情地交流着半年来的辛勤、感想、收获和建议。这些内容都成为我们不断完善综合论文训练管理体系的依据。这项活动对学生未来的深造和发展也起到了积极作用。

以上措施将人文关怀和学科的文化建设融入了综合论文训练中,经数年实践经验积累,已日臻完善,成为本学科独具特色的品牌。

图 2　部分毕业合影和纪念品

2.4　创新点

（1）科学合理、规范、高质量、可操作的综合论文训练管理体系，服务于学生科研实践、创新能力和综合素质的培养；

（2）形成了一套"以人为本"、符合人才培养规律的评价体系，具体包括：

● 考核评价标准：注重创新能力和综合素质评价，很好地发挥了"指挥棒"作用；与教育部的评估标准完全吻合；

● 现场可操作性强的评分体系和评分表；

● 评分数据处理和自我评价方法。

（3）形成了一套高效的组织实施体系：成立专职考核团队，责任明确、评分权力不受外界影响、计入工作量；考核的工作方式参照国际会议模式进行；现场纪律与正常课堂要求相同，不受外界干扰。

（4）形成了一套独特的文化建设体系：将人文关怀和人文气氛融入综合论文训练过程中，为学生创造了安全和愉悦的工作环境。

3　应用效果

改革九年来，每年都高效、高质量的顺利完成综合论文训练教学任务，有始有终，一气呵成。开题后进行安全培训，答辩当日举行座谈交流和欢送仪式。学生通过亲身实践，各方面均有很大收获，为研究所的科学研究做出了应有的贡献。研究所亦从中积累了管理经验和文化财富。

（1）学生方面的成就

据统计,到 2012 年,共有 218 名学生参加我所综合论文训练,占全系学生总数的 34.8%。人数逐年递增,从 2004 年的 18 人(占总数的 25.7%),增加到 2011 年的 33 人(占总数的 37.9%)。

学生发表了以毕业论文为主要内容的期刊和会议论文 59 篇,其中 SCI 6 篇,EI 38 篇;13 人获得"优秀论文"称号,并被评为优秀毕业生;13 人搭建的科研实验台架在后续的本科生和研究生培养中继续发挥了作用,有的转化为教学实验台(见表 3)。

表3　实验台架建设

序号	年级	搭建者	指导教师	实验台名称	功能	发表相关文章数
1	2001	秦锋	李彦	太阳能半导体空调实验台	太阳能半导体空调实验台可用于进行风冷实验和水冷实验	3
2	2001	吴宁	姚强,宋蔷	SCR 固定床气固催化反应实验台	用于测量 SCR 气固催化反应效率及产物气体组分	1
3	2001	吴宁,宗毅晨	姚强	对冲火焰燃烧实验台	用以观测火焰结构以及点火现象	1
4	2001	谢刚	祁海鹰	燃料空气预混均匀性实验台	测量燃料浓度分布	2
5	2003	王俊	杨海瑞	循环流化床锅炉料体内气固两相流变参数测量	用于研究 CFB 回路各部件气固流动规律及阻力特性	5
6	2003	云端	宋蔷	燃煤锅炉的脱硝系统实验台	SCR 催化剂性能测试	2
7	2004	王俊晶	姚强,李水清	旋流火焰合成实验台	用于制备二氧化钛等纳米颗粒	7
8	2006	刘关卿	李水清	电帘除尘实验台	利用电帘除尘,研究颗粒运动规律	1
9	2006	杨萌萌	姚强,李水清	单纤维颗粒捕集实验台	用以研究单纤维捕集颗粒的基本功率	
10	2006	祝俊宗	祁海鹰	纳米颗粒圆湍射流实验台	研究纳米颗粒团聚特性及分布	2
11	2007	靳星	李水清	平行板堆积微观实验台	观察静电场内平行板面堆积过程	1
12	2007	袁野	李水清	丝网反应器实验台	用于研究煤粉颗粒的着火特性	
13	2007	孙奇	李水清	颗粒撞击实验台	用于观测颗粒的撞击	

（2）辐射效果

北京科技大学 13 位本科生 2007 年来我所参加综合论文训练（见图 3），实现了开放式和双赢式人才培养。

来自北京科技大学
2007年13位学生来实验室做毕业设计

朱彦杞	规则的非球形颗粒沉降特性的实验研究
李颖超	高效低阻烟气脱硫反应器的优化研究
王琛	气固两相流动中单颗粒导致的湍流变动实验
王函	低NOx催化燃烧的研究进展
盖宇	低NOx燃烧室振荡燃烧的研究进展
景建克	CaO干法烟气脱硫中扩散过程的热重研究
田金辉	大型钢铁企业中的节能潜力调研
米静	生物质颗粒燃料燃烧特性的实验研究
李航	生物质颗粒燃料燃烧时的成灰特性研究
周伟	垃圾焚烧中Cd的迁移转化规律研究
上官方钦	煤粉燃烧器气化小油枪点火与稳燃原理
黄国明	煤矿瓦斯继发性灾害发生的基本条件
蔡子嘉	火焰法合成V_2O_5/TiO_2纳米粒子的实验研究

图 3　来我所参加综合论文训练的北科大学生

自 2004 年以来，我所先后接待了 35 位外国本科生（德国 24 人，美国 11 人）来所工作和学习（见图 4）。

接受国内外本科生前来学习

2004年至今，24位德国学生、11位美国学生来实验室，从事固体废弃物、CO_2、燃料电池等方面的研究和学习

M. Essich　　J. Malicki　　B. Balcioglu

T. Seufert　　S. Schoott　　R. Daniel & M. Viktoria

图 4　来所工作的外国学生

曾全面参与综合论文训练管理体系改革的教学副所长佟老师，在新疆大学支教三年中，与热能与动力系的教师分享和交流我所的改革成果和经验。

2006 年，我单位在本系新学期干部会上，报告了综合论文训练管理体系改革经验。

2007 年教育部本科教学评估专家听取汇报后，高度赞扬了我们的探索实践。据校有关报道（校报第 3820 期 评估专家李晓红到热能系考察。发布时间 2007 年 10 月 24 日）："10 月 24 日上午 10 点到 11 点，教育部评估专家、重庆大学校长李晓红教授……在参观热科学与动力工程教育部重点实验室热能工程分室时，李晓红教授听取了实验室负责人祁海鹰关于实验室的整体介绍和实验室对本科教学的服务情况，并参观了实验室。他对这样一个重点实验室在服务于科学研究的同时，能够有效地服务于本科教学，包括服务于国内外、校内外的本科生，学生'真刀实枪'地参与科研工作，实现人才培养的过程，以及实验室的管理和文化建设给予了高度评价。"

（3）学生反映、意见和建议

他们的一致感受：一是在我单位参加综合论文训练"工作量大""最苦也最难通过"，但在老师们的严格要求和指导下，得到了很好的实践锻炼，收获很大，"为本科生活画上一个圆满的句号"。二是组织实施"细致规范"。对理解科研、培养科研态度与团队合作意识、严谨做学问很有帮助。三是很有成就感。只有这个阶段才感到自己像个学生，什么都要学，但也促使自己向一个成年人转变。

4 结 语

近 10 年的改革实践证明，只要按照人才培养规律办事，付出智慧与心力，就一定能有大的收获。

参考文献

[1]. 国家教委高教司, 北京市教育委员会. 高等学校毕业设计（论文）指导手册（机械卷）[M]. 高等教育出版社, 1998.

[2] 王成华, 江爱华. 对本科毕业设计工作的若干思考[J]. 电气电子教学学报, 2003, 25(1).

[3] 朱高峰. 论高等工程教育发展的方向[J]. 高等工程教育研究, 2003(3).

[4] 李晓梅, 张永春. 毕业设计（论文）全程质量监控的研究与实践[J]. 南京理工大学学报（社会科学版）, 2004, 17(2).

[5] 宋守许, 等. 工科大学生毕业设计调查及其结果分析[J]. 合肥工业大学学报（社会科学版）, 2004, 18(4).

［6］杨飒,王超.中德技术应用性本科毕业设计问题比较研究[J].北京联合大学学报(自然科学版),2006,20(2).

［7］姚裕安.高等教育实践环节的新尝试——厂校联合指导毕业设计(论文)的实践与体会[J].化工高等教育,2003(1).

［8］陈春溶.利用产学合作教育模式　提高工科院校毕业设计质量[J].机械工业高教研究,2002(S1).

［9］夏鲁惠.高等学校毕业设计(论文)教学情况调研报告[J].高等理科教育,2004(1).

高校教材出版中应注意的问题

/吴玉贤/

（中国电力出版社 教材中心）

摘　要：本文针对高校教材出版的统一要求，作者在编写教材中通常遇到的问题，以及针对这些问题编辑应该具有什么样的素质三部分进行了阐述，旨在通过本文的讲述，给编写教材的老师、工程技术人员提供参考。

0　引　言

高校的核心工作是为社会主义建设培养人才，教材作为培养人才的载体，在教育教学中起着重要的作用。教材的优劣，直接影响知识传播和高校教学任务的完成，在提高教材质量方面，出版社教材编辑发挥着特殊的重要作用。教材编辑的核心工作是出版适应高校需求的优秀教材，架设作者与出版社之间的桥梁。编辑是出版流程的核心，是图书的策划者和责任者，一本书质量的好坏，不仅取决于作者，同时也与编辑的水平、能力密切相关，对于教材更是如此，质量更应该受到重视。当前正值"十二五"国家级规划教材出版的高峰期，在教材出版方面，编辑应在策划、组织教材、编辑加工稿件等方面做大量的工作，使得教材达到教学要求，提高教材整体质量。

1　教材的统一要求

1.1　政治思想性

教材首先要求政治思想观点正确，符合党和国家的各项方针、政策、法律、法规；体现辩证唯物主义和历史唯物主义，有利于学生树立正确的世界观、人生观、价值观；弘扬爱国主义和民族精神。

1.2　教育性

教材要具有教育性，有助于学生树立正确的择业观，培养学生的团队精神和创业精神，使其爱岗敬业，有拼搏精神。

1.3　知识正确、体系合理

教材应该是层次清晰、体系完整的综合体，要求对涉及的基本概念表述正确，原理阐述清晰，运算正确，引用材料准确、规范。教材的体系设计合理，符合学生的认知和技能养成规律，有利于体现教师的主导性和学生的主体性。

1.4 内容先进

注意用新观点、新思想来阐述经典内容。经济社会发展和科技进步中出现的新知识、新技术、新工艺,应能合理地体现在教学内容上。

1.5 适用于教学

应根据不同层次的教学需求、不同的培养目标和课程教学的基本要求,合理编排内容及深浅程度,符合学生的实际水平,加强教学针对性。同时,内容上避免不必要的交叉重复。

2 编辑应具备的基本素质

为使教材达到上述目标,作为教材编辑,自身必须具备以下几个方面的素质和能力。

2.1 政治素质

(1)掌握国家的大政方针,具有高度的政治觉悟性,自觉以党和国家的各项方针、政策、法律、法规武装自己,以社会主义核心价值观指导教材的策划和编辑工作。例如,在编辑能源方面的教材时要特别留意所涉及的法律法规,如《中华人民共和国节约能源法》《中华人民共和国可再生能源法》等。

(2)有高度的政治警惕性。在选题策划和编辑太阳能、风能、能源储运等相关类型的教材时,经常会遇到我国资源分布地图和统计数据中涉及台湾省的问题,一定要保持高度的警惕性,严格按照地图出版规定和新闻出版中涉及港、澳、台等问题的语言规范性问题,如严格遵守《中华人民共和国地图编制出版管理条例》《中华人民共和国出版管理条例》等,严格按照法律法规的要求指导工作,保持高度的政治敏感性。

(3)一些新的环保技术、发电技术在教材中出现时,要注意引用的客观性,严禁崇洋媚外、贬低国内的现象。

2.2 思想素质

(1)坚持正确的文化发展方向,具有良好的思想素质。编辑要树立科学的信仰,如在教材编辑中涉及宗教问题、西藏问题等,要坚持正确的导向。

(2)编辑要有爱岗敬业、无私奉献的精神。编辑工作是作者和出版社的桥梁,从策划到宣传推广体现的都是编辑"为他人做嫁衣裳"的精神。

(3)在编辑工作中,要坚持进步的思想,努力提高自己的思想文化修养,对于荒诞、趣味低俗的内容和语言要仔细甄别,做到内容合理、语言得体,使教材具有良好的教育性。

2.3　专业素质

（1）博采众长。编辑要具有宽广的知识面,作为跨学科、多学科的教材编辑,尽管可能自身专业与所编教材的学科、专业、层次不同,也要有所了解。要不断学习,深入了解教材的共性和个性的关系,把握全局。

（2）博中取专。作为一个科技类教材编辑,要对自己所策划、编辑的教材涉及的专业知识非常精通,掌握最新的学科发展方向,如新的环保技术、发电技术等,对教材中的新技术、新标准等要正确掌握。具有扎实的专业素质,做到专业的人做专业的事,这样才能与作者平等沟通,才能起到提升教材编写质量的作用。

（3）编辑要具备一定的教育学和心理学知识,这样才能了解学生的认知规律,将学科知识与认知规律结合起来,使教材既符合课程标准,又顺应内在逻辑,做到好学好用。

2.4　具有良好的职业素质

（1）关注教育主管部门文件,掌握人才培养需求。高等教育的目的是为社会主义建设培养人才,因而就业就是人才培养的目的之一。企业需求的变化是学校人才培养方案变化的条件之一,这就要求教材编辑要时刻关注教育主管部门文件,跟踪人才培养方案的变化,使教材符合教学的要求。

（2）关注社会发展方向,了解企业需求。新技术的出现、新设备的研制成功和投产需要适应变化的人才,如目前教材中出现的项目制编写需求、校企合作的编写模式,需要编辑对社会发展保持高度的关注,并合理运用到教材策划、编辑中。

（3）具有良好的沟通能力。在书稿策划、组稿阶段,编辑要与作者进行充分的沟通,对编写大纲提出要求或意见;在合同签署阶段,要明确双方的责、权、利,特别是合作作品、系列教材就更为重要。编辑要掌握沟通技巧,通过不同方式与不同的作者进行沟通。

（4）选题策划能力。编辑要利用自己的专业知识,结合行业发展趋势,把握社会需求和市场需求,甄选出优秀选题,并通过合理选择和培养作者,组织出符合社会和市场需求的教材,并使其科学化、标准化、规范化。

（5）严肃认真对待稿件,树立严谨的作风。教材是具有示范性、榜样性的产品,编辑要认真对待,要具有很强的责任心,做到字斟句酌,一丝不苟,对模棱两可的问题,必须查工具书或相关资料解决,杜绝"差不多"的想法。对于专业概念要使用全称,如"空预器"应为"空气预热器"、"高加"应为"高压加热器"等;对各民族不能随意简称,如"蒙古族"不能简称为"蒙族","维吾尔族"不能简称为"维族";对省(区)的简称也应注意,如"内蒙古自治区"简称不是"内蒙",而是"内蒙古";不得将海峡两岸和香港并称为"两岸三地";"台湾"与"祖国大陆（或'大陆'）"为对应概念，"香港、澳门"与"内地"为对应概念，不得混淆等。

3 编辑经常遇到的稿件中的问题

3.1 著作权问题

由于教材中大部分内容为已经成熟的理论、公式等，在编写时应注意不能大段引用，引用内容不能构成作品的主体。对于修订教材，为了保持作品的继承性和延续性，应尽量保留上一版教材好的、成熟的及在编排上是具有独创性的内容。但如果作者变动，要特别注意新增作者编写的内容不要侵犯上一版作者所编写内容的著作权。对本部分内容要进行相关改动应取得原作者的授权委托书，这样才能在不侵犯上版教材著作权的情况下，使优秀教材的生命力得以延续。在编辑实际工作中经常出现整段引用其他教材或者网站上内容的情况，也经常有修订版变更了作者没有取得原作者授权的情况，应特别引起注意，按照相关要求处理，避免引发著作权纠纷。

3.2 读者对象不明确，不符合专业规范

在教材的内容提要中必须指明本教材的读者对象。对专业课教材，读者对象应严格按照最新的专业教学标准书写，即《普通高等学校本科专业目录和专业介绍》和《高等职业学校专业教学标准》中规定的专业名称。有些专业课教材中没有指明读者对象、读者对象的专业不规范或者读者对象的适用专业列举太多等，都影响读者选择。

3.3 体例不规范

教材是规范化的产品，首先就表现在规范的体例格式上。书稿章节层次的安排应符合新闻出版行业标准《科技文献的章节编号方法》。常用的体例如下：

第1篇　××××［第一篇］

　第1章　××××［第一章］

　　1.1　××××［第一节］

　　　1.1.1　××××［一、］

……

第3篇　××××

　第6章　××××

　　6.1　××××

　　　6.1.1　××××

……

3.2　标准引用不当

科技图书中经常会涉及相关的行业标准,引用标准不但要注意使用正确的引用格式,如 GB/T 12145 –2008《火力发电机组及蒸汽动力设备水汽质量》,而且要注意标准是否现行有效,不能引用已经作废的标准。

3.3　引用数据无合理来源,数据老旧

教材中经常出现涉及统计数据时,数据来源不明或数据过于老旧,没有参考意义,如采用截至 2008 年或 2010 年我国发电机组装机容量或 CO_2 排放量的数据等,缺乏理论说服力,而且引用的数据来源不明、不可靠。如引用某网页或某博客中的文章等,应核实准确、注明来源。

3.4　图文编排不合理

专业教材中经常会有大量的图、表,要编排好序号,且注意先文后图(表)。教材编辑中经常会出现要么图(表)在文中未提及,要么文图(表)不对应,要么先图(表)后文的现象。

3.5　参考文献不规范

参考文献是教材的必有部分,因为教材没有百分之百的原创,在编写过程中必定要参考一定的文献资料,在保证不侵犯原作者著作权的同时,还要在书末编列参考文献,编列方法应参照 GB/T 7714 –2005《文后参考文献著录规则》的格式编列。

3.6　字数控制不合理

通常,教材的字数应控制在每学时 3000 字左右,多学时的可适当减少,少学时的可适当放宽。因为教材不要求面面俱到,而应注意系统性、条理性,让学生有可提升的空间,学习本教材后具有再学习的能力,而不是将教材编成一本通。

4　结　语

教材的编写是一个系统工程,需要作者多年不断学习、不断积累教学经验,并付出大量的心血,严格地讲,编写一本教材比发表研究论文、编写学术专著要付出更多的汗水和努力。教材编辑也不能等同于其他编辑,教材面对的是渴望知识的数量众多的青年学生,教材编辑要有使命感,有敢于担当和奉献的精神,严谨求实,争取和作者一起将教材出版事业做好,出版精品、经典教材。

参考文献

[1] 中国编辑学会,全国出版专业职业资格考试办公室. 出版专业基础(中级)[M]. 上海辞书出版社,2007.

能源与动力工程系门户网站建设的探索与实践

/李爱琴,俞接成,邹　玉/

（北京石油化工学院 能源与动力工程系）

摘　要:为了加强能源与动力工程系的对外宣传与内部交流,建设了能源与动力工程系门户网站。建成的网站包括专业简介、科学研究、实验室建设等模块。通过能动系网络建设及教学平台建设实现了优质教育资源的共享,切实起到了推进教育创新、深化教学改革、促进现代信息技术在教学中的作用。借助于充分利用多媒体技术的能动系网站,教师全面提高了教育教学质量,扩大了课程的辐射和受益范围。运行的网站在提升能动系的综合实力和竞争能力及教学、就业、对外宣传方面起到了很大的作用。

0　引　言

在现代社会,互联网已经成为信息获取与传播的主要手段。网站在信息发布,教学拓展,内部沟通方面占有重要地位,不仅具有快速、自由的特点,而且能在任何时间更新,可以提供互动式的交流功能。建设能源与动力工程系门户网站及能动系主干课程网络教学平台,对促进能动系的对外宣传,加强在教学过程中教师与学生之间的交流,提高教学质量有着极其重要的意义。

1　现状分析

网络是目前信息传播的主要手段,许多高校的专业院系都通过各自特色的网站宣传自己的形象。我校能源与动力工程系没有自己独立的网站,学生及学生家长对能动系的专业方向、主修课程、选修课的设置等方面了解较少。教师与学生之间的交流主要局限于课上及课下与部分学生的交流。课程课件及习题答案都是通过 U 盘拷贝或邮件发送,教师不能了解每个学生对课程知识的掌握程度。

2　实施过程

为改变原来能源与动力工程系与外界、教师与学生、教师与家长、学生与招聘单位之间了解不全面,沟通渠道不畅通的局面,能动系教师通过调研与协调确定了能动系网站的主要栏目及栏目的主要内容。网站包括以下几大模块:师资介绍、教学工作、教学研究、实验室介绍、招生就业、学生生活、系友天地和联系我们。整个网站具有以下两大功能。

（1）对外宣传。网站主要介绍本专业的起源、发展、现状、专业方向、主干课程、学生就业方向等内容，外界、家长、学生可以通过网站的介绍知悉专业的基本情况，了解本专业教师的研究方向、授课特点、联系方式、学生获奖等情况，促进教师与学生的相互了解与沟通；能源与动力工程系的动态信息，包括实习安排，调课通知；招生就业，包括企业的招聘信息，以及已就业学生的工作单位及联系方式，为学生联系工作提供支持；家校沟通，拓宽学校与学生家长的沟通渠道，保证学生在学校与家长的共同关注下学习成长。

（2）辅助教学。网站提供专业基础课及主要专业课系统科学的教学设计文件，如教学内容、整体教学设计、单元教学设计、教学课件、教学录像、教学案例、学习指导、实验指导、自编教材讲义、习题库、试卷库等资源以及教学计划、课后答疑等栏目。课程教学网站的内容设置相对比较自由。网站主要用于学生网上自学，引导学生积极思考，帮助学生发现和探索知识。其具体体现为：有良好的交互性，表现的知识是交互的，而不是教材的电子版，能及时对学生的学习活动做出相应的反馈；教学设计科学化，注意分析学生的特点、教学目标和教学内容的结构，设计符合学生认知心理的知识表现形式，设计能够促进建构知识的学习策略；注重网站的实用性，密切联系实际，引导学生提出问题，思考问题，并寻求解决问题的方法。网站建好后，要发挥设计时的功能，特别是交互功能。学生和老师把网站当成是自己的虚拟学习社区和生活社区，尤其是教师需要经常光顾自己的网站，及时与学生交流，解答学生疑难，听取学生建议，发布最新知识资讯，不断完善网站资源和功能，充分体现网络课程网站的优越性。

建成的网站是一个具备特色的能源与动力工程系的门户网站（见图1）。网站能够实现专业介绍、网络教学平台、教工与学生风采展示、信息发布、学生就业信息发布、家校沟通等功能。运行后的网站能够达到对外宣传、课程辅导、促进就业及家校沟通的效果，为我系主干课程的教学活动提供一个资源存放、教师与学生之间通过网络进行交流的平台，为能源与动力工程系的发展提供一个良好的网络环境。

图1 能源与动力工程系网站主页

3 受益范围

网站建成后既是社会、学校和学院了解能源与动力工程系教学、科研及发展的窗口,也是本专业教师与学生及学生家长增进了解、相互交流、辅导学习的窗口。受益学生包括能动系每年在校大学三年级和四年级的学生共120人。建成后的网站是学生与能动系沟通与交流的主要途径。教师易于及时了解学生对专业知识的掌握情况,家长能够随时查阅学生在校期间的学习情况,以便与学校沟通,共同促进能源与动力工程系学生、教师和专业的发展与进步。

4 网站运行成效及存在的问题

网站运行后,通过建成的网站增强了外界、教师、学生家长与学生对能动系的了解,提供了一个师生互动的教学模式,实现了教师与学生之间沟通方式的全新转变。网站运行近两年来,已经有15043位访客访问了该网站。

网站运行后收效主要体现在以下几个方面:① 作为对外宣传的窗口,增强了外界对能源与动力工程系的了解,加强了我校能动专业与其他院校热能专业的学术交流与合作。② 考生家长在报考本校能动专业前,一般先通过网站详细了解本专业的研究方向、师资力量,有的家长还通过网站在线咨询招生计划或打电话咨询,避免了盲目报考导致学生录取后对专业不感兴趣造成的厌学或者辍学等情况的发生。③ 网站及时上传了往届毕业生的就业单位信息,并及时更新本届毕业生的就业情况和企事业单位招聘本专业学生的用人信息。了解用人信息后,学生一般能及时与就业单位进行洽谈。能动系还联系多家单位组织针对能动系学生的专场招聘会,促进了学生就业,借助于门户网站,在多方努力下,能动系的就业率逐年上升(见图2)。2012届和2013届毕业生就业率达到了100%,能动系连年被评为校级先进就业集体。④ 在教学方面,学生通过网站及时了解主要专业基础课及专业课的教学计划,学生在课程运行中都能够及时下载课件、教辅材料及教师分配的学习任务,网站在辅助教学方面起到了立竿见影的效果;除此之外,网站还上传了外校考研的专业课考题,例如北京航空航天大学的工程热力学考研题的答案,这样省去了考研同学到报考院校收集考题的环节,大学三年级立志考研的同学也可以下载到考研题,这样在学专业课时能够做到有的放矢,抓住重点,提高了考研成功率。⑤ 在师资及专业介绍模块发布了能动系的科研实力及科研意向,利于企事业单位与能动系教师进行产学研合作。迄今为止能动系共和10余家生产企业建成了产学研合作关系,从而间接地促进了专业的发展、教师教学能力的提高和学生的就业。

图2　能源与动力工程系学生就业率

　　网站运行一段时间后,还有一些有待于改进和完善的地方,主要体现在以下两个方面:一是科研成果展示不够充分,二是实验室设备的介绍有待完善。相信经过进一步完善,门户网站将会发挥越来越大的作用。

5　结　论

　　能动系门户网站的建设与开放实现了优质教育资源的共享,能够切实推进教育创新,深化教学改革,促进现代信息技术在教学中的应用,共享优质教学资源,全面提高教育教学质量,提升能动系的综合实力和竞争能力。借助互联网技术和多媒体技术的能动系网站的开发,实现了优质资源的共享,扩大了课程的辐射和受益范围。

参考文献

［1］蔡路路,李晓晶.高校门户网站效果分析[J].商场现代化,2012(19):115－116.

［2］林帝浣,曾海标,关伟豪.高校门户网站建设探讨[J].中山大学学报(自然科学版),2003(S1):264－266.

［3］陈红秋,钱军.关于加强高校网站建设的思考与对策[J].泰州职业技术学院学报,2003,3(2):66－68.

"卓越工程师"计划与实验实训基地建设

基于大学生创新创业项目的创新人才培养实践与思考*

/冯亮花,刘 坤,李丽丽,刘颖杰,郑红霞/

（辽宁科技大学 材料与冶金学院）

摘 要:大学生创新创业训练项目为培养创新型人才提供了广阔的平台。本文基于专业基础课教学过程,从创新意识激发、创新兴趣培养、吸纳学生参与科研课题、鼓励学生自主创新、指导学生申报项目等方面,开展创新人才培养实践,并提出以典型创新实例在专业范围内产生创新辐射以及通过创新激励机制来吸引更多学生加入创新活动的建议。

0 引 言

创新是科学发展、文明进步的动力。当代大学生肩负着中华民族伟大复兴的历史使命,培养大学生创新能力,是高等教育的首要任务。《教育部关于进一步深化本科教学改革全面提高教学质量的若干意见》中指出,要"推进人才培养模式和机制改革,着力培养学生创新精神和创新能力",要"创造条件,组织学生积极开展社会调查、社会实践活动,参与科学研究,进行创新性实验和实践,提升学生创新精神和创新能力"[1]。

为提高大学生人文素养和科学素质,培养大学生创新、创业精神和实践能力,鼓励和支持大学生尽早地参与科学研究、技术开发和社会实践等创新活动,辽宁科技大学于 2005 年设立大学科研训练平台,2012 年设立大学生创新创业训练平台,建立了从立项、中期检查、结题到评奖的完整管理体系,鼓励本科二三年级的大学生积极立项。笔者基于专业基础课教学积极引导学生树立创新意识,从激发学生创新兴趣到学生参与教师科研及主动申报大学生创新创业训练项目,形成一条基于鼓励并指导大学生创新项目申报的创新人才培养模式。

1 以专业基础课教学为平台,引导学生树立创新意识

现代科学技术日新月异,社会发展突飞猛进,要适应时代的发展、跟上时代的步伐,必须培养和造就大批具有创新素质和工作能力的人才。教育不能仅仅满足于使学生获得知识,而更重要的是引导学生如何应用所学知识创造性地解决问题[2]。因此,应把教育教学过程作为引导学生认识事物本质,训练思维能力,掌握

* 基金项目:辽宁省 2013 年"十二五"规划课题,项目编号 JG13DB079。

学习方法,培养探究精神的手段。

专业基础课是专业课和基础课之间的纽带,在培养学生专业素质、激发学生的专业热情、培养学生创新意识和创新能力方面起着举足轻重的作用[3,4]。借助专业基础课教学平台,可将科技界的新动态、工程技术领域里的新"养分",引入教学,激发学生对自己未来职业的热情和崇高的使命感;将教师科研成果及实例引入教学内容,积极采用问题式、引导式教学方法[5],以引导学生查阅文献和钻研教材的方式让其了解科研课题和研究方法,使其逐步树立科研创新意识;通过专业基础课教学,在教师和学生之间建立良好的互动和沟通关系,激发学生追求科学的兴趣与激情。基于以上,可知专业基础课教学是培养学生创新意识、引导学生创新的一个非常好的平台。

工程流体力学是热能与动力工程的一门专业基础课,授课时间为大二第一学期。大二学生对自己的专业或将来的职业概念还很模糊,如能对学生在专业常识,今后的职业等方面给予正确的引导,势必会激发学生对专业学习的热情。在教学的过程中,笔者借助工程流体力学教学平台,结合流体力学在冶金、发电、化工、机械及生活等领域的应用讲述相关理论,甚至将流体力学理论延伸到今后的工业炉、锅炉原理、汽轮机原理、换热器等专业课学习中,并将氧枪管内流动模拟研究、炼钢水模实验、加热炉内流动传热计算等科研成果充实到教学内容中,引导学生查阅资料和书籍了解相关科研进展及科研课题同流体力学基本知识的结合点。将科研资源转化为教学资源[4],通过流体力学基础理论同科研课题的结合点,激发学生对热能与动力工程专业的热爱和学习热情,使学生产生创新兴趣,逐渐树立科研创新意识;让学生了解科研课题研究方法和手段及涉及的基本理论,让学生感受、理解知识的产生和发展及应用过程,培养学生的科学精神和创新思维习惯。

2 积极引导、鼓励本科生参加科研活动

创新人才的培养需要点燃创新激情,之后需要训练创新思维的舞台,需要滋生创新思想的土壤,更需要培养创新兴趣的氛围。基于基础课教学平台,师生之间建立了良好的科研互动,学生基本萌发了一定的创新兴趣,教师就需要用自己科研的土壤来培育他们的创新思维。科研课题组在相关的学术活动中应该积极将学生吸纳进来,使得学生充分感受到研究集体的学术气氛,扩展科研视野;将科研课题细化成同课程相关的小课题,邀请有能力或对科研有兴趣的同学直接参与到项目中来,营造创新氛围。具体流程为:吸纳学生参加科研交流互动,创造科研创新氛围;教师给定题目,学生查阅资料,了解课题,拟定研究方案;在教师指导下,讨论交流,

确定具体可行的研究路线,学生按照大学生创新创业项目的要求撰写项目申报书,完成项目申报。例如,结合工程流体力学中 N-S 方程的建立及求解条件,引导学生研究加热炉内烟气流动的模拟计算,最后申报 2010 年辽宁科技大学学生科研训练计划项目;结合工程流体力学相似原理,引导学生推导炼钢氧枪水模实验所需准则数,查阅资料了解课题,并成功申报 2013 年辽宁科技大学创新创业训练项目。

3 注重个性培养,推进学生自主创新创业

爱因斯坦有句名言:提出一个问题往往比解决一个问题更重要,因为解决问题也许仅是数学上或实验中的技能而已,而提出新的问题、新的可能性,从新的角度去看旧的问题,却需要创造性的想象力。因此,鼓励学生结合个人兴趣爱好,提出问题,自主创新,更有利于学生创新个性和创新人格的培养。另外还可结合专业基础课基本理论,鼓励学生从生活中发现问题,提出创新想法;鼓励学生了解历年各高校相关大学生科研竞赛题目,从获奖课题中活跃学生思维,引发创新思想。通过专业基础课教学,学生同教师建立良好的师生关系,当他有好的想法时愿意同教师交流,教师即可引导其查阅资料,了解想法的可行性,初步形成研究思路,并申报大学生创新创业项目。

2012 年,本校热能 2010 级学生通过专业基础课的学习,结合自己遇到的笔记本电脑散热的问题,提出用水雾冷却笔记本电脑散热管。教师引导学生把自己的想法形成初步的报告,并确定基本的设计思路,最后申报了辽宁科技大学第一期大学生创新创业训练项目,该项目现已结题,并获得了校级二等奖。2013 年,热能 2011 级同学提出移动月台的火车提速方案,并绘制出草图,基本思路形成之后也成功申报了辽宁科技大学第二期大学生创新创业项目。有学生对软件编程有极大的兴趣,而且有很好的基础,同老师沟通后,基于教师的科研项目提出了连铸坯应力应变软件编制的想法,并成功申报了辽宁科技大学第三期大学生创新创业项目;有对电子商务有兴趣的同学,在老师的建议和指导下申报了第二期创新创业项目,并获得了辽宁省资助。在学生群体中只要有创新引导,营造创新氛围,搭建创新平台,就有可能激发一批有创新思想的同学。因此,人才培养的关键在于引导。

4 创新项目跟踪指导,引导学生进行阶段性成果总结

学生在教师指导下自组团队——自行选题——查阅文献——形成思路——立项申报。在创新创业项目成功立项后,教师应根据项目拟定计划,督促指导学生按计划进行课题研究,需定期组织交流学习汇报,指导实验,在数据整理、研究报告完

成等环节进行全方位跟踪指导。同时引导学生进行阶段性成果的整理和总结,便于学生能够借创新项目平台,发表论文或申报专利,通过成果形式的体现让学生体会科研实践带来的成就感,激发更大的创新动力,激励其进一步深入研究。

5 结 语

大学生创新创业项目为培养创新型人才提供了广阔的平台和肥沃的土壤。大学生创新创业项目不仅鼓励和锻炼了部分学生,培养了学生的创新精神和实践能力,而且起到了很好的带动作用,促进了创新教育氛围的形成和创新型人才的培养。在项目研究的过程中不仅促进了学生对相应理论知识的学习,同时提升了他们自主学习和主动思考的能力,帮助他们逐步掌握一整套科学的研究方法以及解决问题的思路,最终培养了学生的创新思维和自主创新的能力。但从整个参与的群体来看,参加创新项目的人数较少,受益的学生比例相对较低。在今后的项目进行中,仍需要借助教学平台,通过教学方式、方法的改进进一步引导学生树立创新意识;请成功申报并顺利结题的项目负责同学做创新讲座或交流,通过典型实例在专业范围内产生创新辐射;学校还可制定激励机制,譬如参加创新实践可抵一门专业选修课学分,这样不仅可以吸引更多学生参加创新项目,还可避免学生在大四期间为凑学分而盲目选课。

参考文献

[1] 韩永国,兰景英.创新型软件人才培养模式探索[J].计算机教育,2011(16):7-10.

[2] 王强.在互动式教学的实践中培养创新型人才[J].辽宁教育研究,2004(8):69-71.

[3] 张会清,等.专业课教学与科研互动的研究与实践[J].电气电子教学学报,2008,30(2):109-111.

[4] 于佩学.以科研促进教学培养创新型人才——兼论教学研究型大学科研的定位[J].现代教育科学,2006(7):115-117.

[5] 冯亮花,刘坤.汽轮机原理课程教学方法研究与实践[J].中国冶金教育,2011(6):23-25.

基于"卓越工程师"培育的冶金专业实习教学体系改革与实践*

/王一雍,刘　坤,金　辉,苏建铭/

（辽宁科技大学 材料与冶金学院）

摘　要:本文基于冶金工程"卓越工程师"后备人才的培养,对辽宁科技大学冶金工程专业实习教学中存在的问题进行分析,探讨提高实习教学效果的措施,以培养具有创造性思维、工程实践能力和创新能力的专业创新型人才。

0　引　言

冶金工程"卓越工程师"是定位于冶金科学家与冶金工程师之间的一类高级复合型人才,既具备丰富的工程实践能力,又具有较强创新能力和较高理论水平。2012年,我校冶金工程获批建立卓越工程师教育改革试点专业,尽管冶金学科是我校的传统特色学科,但沿袭的教学体系在培养工程类人才方面具有诸多弊端,卓越计划的实施要求冶金学科打破常规教学方式,采用新的工程实践教学体系,提升学生实践创新能力。

对于钢铁冶金这类工艺性、实践性很强的专业,完全由理论解析烧结、炼铁、转炉和电炉炼钢、精炼、连铸等高温工艺过程是不现实的,需促进学生将基础理论知识和生产实践相结合,才能实现专业教学目标。实习是大学教学计划的一个有机部分,是大学学习阶段最重要的实践性教学环节之一。有针对性的、指导性较强的实习不仅能够帮助学生更好地理论结合实践,还能极大地发挥学生的主观能动性,使其逐步获得实践工作的能力。

1　目前存在的问题

在20世纪80年代以前,钢铁冶金专业的学生要进行非常深入的现场实习,可以跟班参加操作,实习考核标准要求高,实习效果好。20世纪90年代以后,随着企业改革的深入,面对学生实习不热情,虽然学校多方做工作,但也仅国有企业勉强接待实习生,其效果相当于认识实习。

由于钢铁冶金学课程内容大多与现场实际有关,单凭课堂讲授,学生很难接受

* 基金项目:辽宁省教育科学"十二五"规划课题"知识整体化课程体系改革的探索",项目编号JG13DB079;辽宁科技大学2014年实验教学改革及实验室建设项目,项目编号2014SYSJG004。

授课内容。各个学校纷纷采用实验室实验、多媒体课件和现场录像来弥补现场实习的不足。但烧结、炼铁、转炉和电炉炼钢、精炼、连铸等工艺过程为高温过程,实验室热模拟实验与现场差别较大,且费用高,学生在实验室实验多为冷态实验;多媒体课件和现场录像的引入也仅仅是加强了学生对钢铁冶金工艺过程的感官认识,对提高学生冶金工程实践能力帮助不大[1-3]。这些客观存在的问题导致许多工科毕业生面对社会、面对企业时感到茫然,缺乏竞争力。在当前毕业生就业市场化、高等教育大众化背景下,如何保证专业实习效果,是新时期冶金工程专业教学面临的新课题。

2 相应的改革措施

鉴于以上人才培养方案的不足,在充分调研的基础上,我们有针对性地进行了以下教学改革,并取得了一些成功经验。

(1)在加强和保持理论课教学的同时,加强实践课的学习。我们在学生实习过程中发现,有些学生由于对钢铁冶金的基本原理没有理解和吃透,无法将现场的工艺流程及设备与所学的冶金理论相结合,无法在实践教学过程中向现场技术人员提出有针对性的专业问题。此外,工厂实训"走马观花""只能看,不准动",严重制约了学生理论联系实际能力的发展。因此,理论课是实践课的理论基础,必须保证良好的专业理论学习效果,才能进行相应的实践教学并获得良好的实践效果。但冶金理论的学习也不能因循守旧,要将冶金理论体系与工程实践结合起来对学生加以讲授,我校的卓越冶金专业实施了在冶金理论学习中嵌入"工程综合素质培养系列讲座"的教学模式,阶段性地安排具有工程实践经验的教师针对目前的工艺现状对冶金工艺原理进行解析,传授现场经验,培养学生动手能力和积累实战经验。通过为学生做专业讲座、指导学生实习实训等方式,使学生的实际动手能力大大加强。

(2)在专业实习过程中实施梯队培养,组长负责制。2013年中国粗钢产量为7.1654亿吨,冶金工业发展迅猛,专业技术人才需求缺口巨大。我校冶金工程专业本科招生大规模扩招,以弥补专业需求的不足。目前,一届冶金类学生分为6个班级,人数约为200人。这比2000年以前一届30人左右的生源数量增加了约7倍。大规模的本科生进入实习现场,无疑为实践教学增添了难度。由于现场环境嘈杂,空间局限,生产节奏紧凑,出于安全及生产管理的需要,现场技术人员只能像领队一样边讲解边引导学生行进,导致多数学生无法明晰技术人员的讲解,使整个实习过程变成了流于形式的参观考察。我校的冶金专业实施了"梯队培养,组长负责制"这一教学举措,将实习的学生分为 5～6 人一组的若干个实习小组,设组长负责。组长将组员分工,如专门负责与专业技术人员沟通的人员、负责采集记录现场设备的人员等,实习教师只对小组进行考核,组员的成绩核定由组长根据组员的表现进行自主评定。个人的总成绩为小组考核成绩与小组自我评价相结合。这样的举措可最大限度地发挥学生的主观能动性,让学生充分掌握技术人员的实践教学内容,并将之与冶金理论知识相衔接,增强学生理论联系实际的能力。

(3)建立冶金流程的虚拟仿真实践教学平台。由于市场经济发展和企业竞争加剧,在企业实习要像以前让学生自己动手操作是不可行的,我校于 2013 年自主设计开发了钢铁生产模拟仿真程序,利用 3D 动画技术结合计算机控制技术控制 3D 模型,模拟钢铁生产整体工艺流程。此外,国际钢协也开发了免费的"网络模拟冶炼平台"资源[4],目前已开发出炼铁、炼钢、精炼、连铸等主要模块,几乎覆盖钢铁生产全流程,这两套资源均可允许学生在仿真操作界面上进行"真刀真枪"的实践操作,让学生能进行实习现场无法亲身进行的实践操作。既可切实解决高危、高复杂环境下钢铁生产实践的教学难题,又可使每个学生都能亲身体会钢铁联合生产工艺和流程,提高学生分析问题及解决问题的能力,为从事专业工程管理、开发及研究打下坚实基础。钢铁冶金专业在实习中嵌入实践教学环节,可依托仿真资源,建立冶金流程的虚拟仿真实践教学平台。在实际生产无法开展的实践教学内容可在实践教学平台完成,某些现场无法动手操作的工艺,如炼钢、连铸、精炼、炼铁等,可以在虚拟仿真实践教学平台上以动画的方式生动展现。既让学生体会到冶金生产的真实工程环境,又让学生通过该平台学到更多的冶金生产知识,提高学生的工程实践能力。为将钢铁模拟冶炼与实践教学体系良性契合,可从以下几方面入手:

第一,将冶金专业课程"钢铁模拟冶炼"理论教学与钢铁模拟冶炼相契合。因为钢铁冶金学课程内容多与现场实际有关,仅凭课堂讲授,学生很难接受并掌握。可将"钢铁冶金学"分解为炼铁、炼钢、精炼、连铸等教学单元,教师逐一进行理论解析,让学生掌握冶金过程基本原理。在单元学习后,衔接"钢铁模拟冶炼"课程实践教学环节,引导学生运用单元学习的冶金理论知识,设计出合理的工艺路线,以多媒体技术为介质,自己动手冶炼。在模拟冶炼过程中发现问题,并利用理论研究解决实践问题。这一理论—实践—理论的过程,可激发学生对"钢铁冶炼学"等诸多理论课程体系的学习兴趣及主观能动性,有利于培养学生分析问题及解决问题的能力。

第二,在实习环节嵌入钢铁模拟冶炼。可将流水线似的整体实习环节分解为相对独立的高炉、转炉、连铸、精炼等工艺环节的实习,环环相扣,引导学生熟悉各个环节常用设备及工艺参数、合理工艺操作过程及相应生产指标。在现场实习环节完成后,可安排学生进行模拟冶炼实训。以这些大型冶金企业相关技术参数和技术路线,作为模拟冶炼过程操作规程,令学生能够在遵循现场生产实际的基础上进行仿真操作,以弥补在企业实习过程中无法动手实际操作的缺陷。

第三,不拘泥于现有冶炼平台及实习企业所能提供的工艺参数,广泛收集国内大型冶金企业,甚至国外知名冶金企业如韩国浦项、新日铁等企业的工艺参数,以大型钢铁企业主要生产钢种为订单,定期开展贴近企业生产实际的模拟冶炼竞赛,锻炼学生运用所学理论知识熟悉实际流程、分析事故隐患及处理事故的能力。选拔模拟冶炼水平高的学生参加网络炼钢国际挑战赛,加强本单位与国际上相关冶金院校及企业交流,不仅给学生提供在国际层次上交流的机会,也可提升本单位的国际知名度。目前,已在"钢铁冶金学"课程探索实施了"钢铁模拟冶炼"环节,学生的反馈认为加深了对课程知识的理解,实现了理论联系实际,并培养了创新能力。同时,本校还成立了"网络模拟炼钢"创新实践班,培养高水平冶炼人才参加国际网络炼钢大赛。我校冶金类学生在 2012 年第七届国际网络炼钢大赛中,获得了地区冠军,并入围次年总决赛,取得了季军的出色成绩。

3　结　语

冶金工程卓越工程师教育的培养是一个复杂、综合、长期的任务。提高实习等实践教学的效果对于卓越计划的顺利实施起着至关重要的作用。辽宁科技大学通过上述措施的确改善了实践教学效果,提高了实践教学水平,培养了大批熟悉行业动态、实践能力强、有创新能力的高素质工程人才。为"卓越计划"的顺利实施打下了基础。

参考文献

[1] 周雪娇,等.冶金工程专业实习教学体系改革与实践[J].重庆科技学院学报(社会科学版),2012(17):171－172.

[2] 李培根,许晓东,陈国松.我国本科工程教育实践教学问题与原因探析[J].高等工程教育研究,2012(3):1－6.

[3] 宗士增,阎燕.工程教育创新实践的方法与措施[J].中国大学教学,2012(4):61－63.

[4] 王一雍,等.基于"钢铁模拟冶炼"的实践教学体系探索[J].中国冶金教育,2013(S1):89－90,92.

"卓越计划"背景下"流体机械 CAD"课程教学改革思考

／吴贤芳，陈汇龙，何秀华／

（江苏大学 能源与动力工程学院）

摘　要：本文阐述了"流体机械 CAD"课程的特点和重要性，结合教育部"卓越工程师教育培养计划"的要求，分析了我校该课程教学中存在的问题，提出了从教学内容、教学方法、教学资源和考核方式等方面进行教学改革的意见，以使课程教学能够切实达到增强学生工程实践能力的效果。

0 引　言

计算机辅助设计（Computer Aided Design，CAD）是计算机科学技术发展和应用中的一门重要技术。所谓 CAD 技术就是利用计算机快速的数值计算和强大的图文处理功能来辅助工程技术人员进行产品设计、工程绘图和数据管理的一门计算机应用技术。计算机辅助设计对提高设计质量、加快设计速度、节省人力与时间以及提高设计工作的自动化程度具有十分重要的意义[1,2]。目前，CAD 技术已被流体机械生产企业广为应用，成为企业产品的主要设计手段，如国内最大的水泵生产企业上海凯泉泵业集团有限公司就已经实现完全采用 CAD 进行产品设计。

"流体机械 CAD"课程是我校能源与动力工程专业流体机械方向本科生的一门专业课，主要任务是使学生能够熟练运用常用的 CAD 软件进行流体机械的水力设计和结构设计，提高学生分析和解决实际工程问题的能力。学好"流体机械 CAD"课程可以有效提高学生专业技能和专业适应能力，使学生毕业后能够更快地融入到企业的产品研发工作中。但该课程内容涉及面广，需要掌握计算机科学、流体机械、机械制图、机械设计和机械加工工艺等多方面的知识，理论性和工程实践性均较强，并且相关知识和技术的更新发展也很快，因此，如何搞好这门课的教学一直是本专业教师讨论的热点问题之一。

当前正值"卓越工程师教育培养计划"（以下简称"卓越计划"）的改革试点阶段，我校是该计划的第一批试点高校，而能源与动力工程专业又是我校试点专业之一。作为我校流体机械专业方向的一门主要专业课，"流体机械 CAD"课程迫切需要根据"卓越计划"的基本要求加大教学改革力度。笔者结合课程教学实践以及多年的企业工作经历，对"流体机械 CAD"课程的教学改革进行了一些思考。

2014 年全国能源动力类专业教学改革研讨会论文集

1　卓越工程师教育培养的基本要求

为了促进我国由工程教育大国迈向工程教育强国的转变,2010 年 6 月教育部在天津召开"卓越计划"启动会,联合有关部门和行业协会,共同实施"卓越计划"。"卓越计划"创立了高校与企业优势互补、联合培养人才的新模式,要求学生更多地参与到工程设计、制造中去,在实践中积累经验、锻炼能力,成为"卓越工程师"。该计划是国家振兴工程教育的一次重大探索,具有 3 个特点:行业企业深度参与培养过程;学校按通用标准和行业标准培养工程人才;强化培养学生的工程能力和创新能力[3,4]。

上述特点决定了高校课程教学应以社会需求为导向,以实际工程为背景,以工程技术为主线,着力提高学生的工程意识、工程素质和工程实践能力。具体来说就是要加强学校和企业的合作,在有限的课堂教学课时中注重理论知识的工程背景和应用,着重培养学生的工程创新能力,使学生毕业后即可从事本专业的产品设计、开发、生产及应用。"流体机械 CAD"恰恰是专业理论与生产实际紧密结合的课程,如何提升教学效果,使该课程在卓越工程师培养中发挥更大的作用,必须深入分析传统教学模式存在的问题,提出并实施卓有成效、切实可行的教学改革措施。

2　目前课程教学存在的问题

我校"流体机械 CAD"课程已有多年的教学实践历程,在专业人才培养的实践中也得到了不断完善、改进和提升,并发挥了积极作用。但是,在人才培养观念不断更新的时代背景下,特别是在"卓越计划"试点过程中,深感存在一些亟须改革、创新的问题,具体分析如下。

2.1　教学内容不合理

我校"流体机械 CAD"课程主要讲授如何应用 AutoCAD 和 Pro/E 进行典型流体机械产品的设计和开发等内容。对照"卓越计划"的要求,目前的教学内容存在以下几个问题:第一,相关内容最新研究成果以及 CAD 软件最新版的引入不够及时、全面;第二,缺少 CAD 软件二次开发的内容;第三,仅讲授这两个 CAD 软件的应用是不够的;第四,缺少流体机械结构图绘制的讲解;第五,缺乏工程背景、案例,理论与实践联系不够紧密。总体上讲,目前该课程内容对学科前沿的有关新科学、新技术和新思维知识的反映偏少,不利于激发学生思考新问题、探求新知识的创新欲望。

「卓越工程师」计划与实验实训基地建设

2.2 教学方法单一

目前,"流体机械 CAD"的教学方法采用讲课与上机相结合的传统方式,与一般应用类计算软件教学方法基本相同。首先是课堂上先讲解 CAD 相关功能模块中命令和按钮的用法以及各种典型流体机械水力图的画法,然后在上机时让学生按照教师演示的具体做法学习软件操作。这种方式导致学生对课程的学习仅仅停留在对基本概念及操作步骤的掌握上,课程结束时,也只是将 CAD 软件用得比较熟练而已。将来在工作中面对实际问题时就会出现捉襟见肘的局面。这种教学方式割裂了 CAD 软件与专业相关课程之间的联系,没能实现专业知识与 CAD 软件应用的有机融合,无法完善专业素质体系,也无法满足快速发展的企业对优秀工程师人才的要求。

另外,在教学过程中多以教师为中心,学生只是被动地接受,上机环节也仅仅是完成教师布置的任务,学生自主性学习和探索性学习的环节和要求太少。这对于交叉性和综合性很强、内容较多而授课学时又比较紧张的课程来讲,学生学习效果不理想,也难以充分调动学生学习的兴趣与积极性,更不利于激励学生的创新思维和充分体现课程的实际应用价值。

2.3 教学资源有限

"流体机械 CAD"课程是随着计算机技术以及流体机械设计制造业的发展和相关企业、公司的需求而开设起来的较新的课程。因此,目前还缺乏适合专业人才培养要求的高质量、有特色的教材。市面上虽然有不少针对 CAD 软件应用的参考书,但都着重讲解各项命令与按钮的使用,强调软件的使用,缺乏工程实践性,也不是具有流体机械行业背景的专业人员编写。另一方面,有些流体机械行业资深人士编写的专著也涉及 CAD 的内容。这类书籍中行业相关实例很多,也很鲜活,但讲解说明性的文字过少,并不适合本科教学使用。此外,随着学生数量的增多,学校可供该课程教学实践的平台不足,先进性也不够,难以为学生提供良好的训练条件和环境,使得学生的实际操作能力和创新能力的锻炼得不到保证。

2.4 教师综合能力不高

"卓越计划"旨在培养卓越的工程师,这就要求任课教师首先具有很好的工程实践能力。目前,青年教师大都是博士毕业之后直接上岗,没有企业一线工作经历,因此他们的科研能力较强而工程实际经验却相对不足,在实践能力上还有所欠缺,对于如何将专业理论知识和工程实际结合起来还有一些力不从心。因此讲课就是生硬地灌输,无法灵活地将相关工程背景融入课程教学之中。

另外,CAD 软件版本不断更新,功能和模块越来越多,对任课教师的自身提升

2014 年全国能源动力类专业教学改革研讨会论文集

也提出了更高的挑战。高校教师平时教学和科研的工作量很大,外出培训机会有限,对各种 CAD 软件最新发展的掌握程度也就略显不足。

2.5 考核方式不科学

目前,我校"流体机械 CAD"课程的考核虽然将平时成绩和期末考核成绩都作为最终成绩的评价参照,但是期末考核成绩权重要大很多,一般会达到 $60\% \sim 70\%$。这种评价方式明显对学习过程的关注和考核太少,容易造成学生平时不注重知识的积累和技能训练,也容易导致学习氛围不够浓厚。另一方面,该课程期末考核普遍采用老师统一布置任务,学生课外完成,然后统一交给老师评判的方法。这种考核方式容易给很多学生投机取巧的机会。因为考核任务一样,有些学生直接将别人完成的作业复制过来,简单修改后提交。这就使得有些学生在本课程的学习上一无所获。

3 课程教学改革思考

针对目前我校"流体机械 CAD"课程教学过程中存在的主要问题,笔者建议从如下几个方面进行教学改革与实践。

3.1 丰富教学内容

"卓越计划"要求校企双方共同培养学生,因此课程的教学内容也应由校企双方共同确定。总体上课程教学内容要能反映学科的最新进展和行业技术的最新动态,使其与现代科技发展相衔接。

根据近期的企业调研以及数年的工作经历,笔者认为我校"流体机械 CAD"课程急需增加两个方面的内容。第一,讲授更多 CAD 软件的行业应用。以三维造型软件为例,目前课程教学仍以 Pro/E 和 UG 为主。事实上,很多流体机械企业的三维 CAD 设计均采用 SolidWorks,这是因为 SolidWorks 功能强大、易学易用,且设计过程简便。第二,流体机械 CAD 参数化设计。国际上著名的流体机械企业,如美国福斯、日本荏原和丹麦格兰富等,均已采用参数化设计。因此,我校可以相应增加 AutoCAD 和 Pro/E 二次开发技术的内容,以提高学生在国际上的竞争力。

3.2 转变教学方法

当前讲课与上机相结合的教学方法缺乏工程实践背景,无法引起学生的学习兴趣。笔者认为可以采用项目式教学来提高学生自主学习以及解决工程实际问题的能力,即根据企业的实际产品研发需要给学生布置相应的任务。在这一过程中,教师给予一定的指导,但所有工作都由学生完成。任务完成后,教师给出企业的解决方案,并与学生讨论各种方案的利弊,从而在潜移默化中增强学生的工程能力。

项目式教学可以将课程与工程实际问题结合起来,充分调动学生的学习主动性、积极性和创造性,促使他们生动活泼地学习,从而达到事半功倍的效果。同时,能够解决教学课时紧张与教学内容多的矛盾,使理论学习与工程训练得到有机融合、相互促进。可能的情况下,结合学生的企业生产实践落实有关设计项目,在实践中学习、训练和提高。

3.3 完善教学资源

在"卓越计划"的背景下,学校应利用培养基地与国内著名企业加强交流合作,深入调研和讨论,并积极组织流体机械专业的相关教师和企业的相关技术人员共同编写课程教材。要培养卓越的工程师,就要求新教材不仅具有科学性,也要具有技术性,并在此基础上,根据流体机械 CAD 的最新发展趋势每年对教材进行适当的修订和补充。

另外,根据校企的实际情况,加强教学资源的优化配置。"流体机械 CAD"是一门实践性很强的课程,除了发挥企业训练基地的作用外,还需要加强校内硬件建设,努力保证每个学生都有优良的工程设计硬件平台。

3.4 提高教师综合素质

要建设一支既拥有扎实专业理论又具备丰富工程实践经验的课程教学师资队伍。一方面,重视高校教师工程能力的培养,鼓励年轻教师到行业高水平企业上岗锻炼,丰富实践经历。另一方面,通过卓越工程师培养基地的建设,聘请企业高级技术人员作为学校兼职教师,承担课程的部分教学任务,提升师资队伍的工程实践教学能力。同时,以基地为平台,定期开展学校教师与企业技术人员之间的课程教学内容、方法的研讨,互相取长补短,不断提高教学成效,使课程师资队伍始终掌握专业前沿和行业先进工程技术,提高教师的教学水平和应用技术水平,使教师队伍逐渐由目前的知识型、学术型转向能力型、创新型,使专业理论与工程技术得到有机结合并有效地转化为优质的教学资源。

3.5 改进考核方式

课程的考核应将主要以期末考试成绩评判的方式转变为以平时成绩为主的方式。考核成绩在体现学生对理论知识掌握程度的同时,要突出体现对解决实际工程问题能力的成效。笔者认为学校可以从 3 个方面进一步改进该课程的考核方式。首先,可以增加阶段性小作业,这样可以巩固学生对各个知识点的掌握和理解。其次,结合企业实际产品的研发,建立一个试题数据库,让每个学生随机抽取试题,这样即可以为学生创造直接面对工程实际问题,切实加强工程能力培养的机会,又能够营造一个独立思考、独立完成工程训练项目的条件。最后,学生课程学习成绩的评判,需要由学校教师和企业相关技术人员组成的考核小组共同完成。

4 结 语

"流体机械 CAD"是一门理论性、实践性和交叉性很强的课程。在国家"卓越计划"的背景下,该课程的教学应建立并切实深化校企合作模式,在讲授理论知识的基础上,更加突出实践教学环节,注重学生工程能力的培养,以适应行业技术发展和社会发展的需求。同时"流体机械 CAD"也是一门发展更新很快的课程,需要在教学实践中不断发现问题、解决问题,在教学内容、教学方法、教学资源、课程考核等方面不断进行改进和完善,才能促进教学质量的全面提高,从而在教学改革的路上走得更好更稳。

参考文献

[1] 王洪波,邓伟刚,郁志宏.机械 CAD 课程的教学改革思路与实践[J].内蒙古农业大学学报(社会科学版),2013,15(4):73-76.

[2] 乔东平,等.机械 CAD/CAM 技术课程教学改革与创新探讨[J].河南科技,2013(15):255-256.

[3] 司徒莹,刘美.基于"卓越计划"的自动控制原理教学改革探索[J].中国电力教育,2012(16):37,47.

[4] 于卫,等.综合性大学卓越工程师培养实践教学模式研究[J].扬州大学学报(高教研究版),2012,16(1):91-96.

基于"卓越工程师培养计划"下能源与动力工程专业课程体系中实践教学改革探讨 *

/李改莲,金昕祥/

（郑州轻工业学院 机电工程学院）

摘 要: "卓越工程师教育培养计划"是国家培养高素质工程技术人才的重要教学改革。本文结合郑州轻工业学院能源与动力工程专业卓越工程师的培养背景,探讨能源与动力工程专业（制冷与低温方向）课程体系中实践教学存在的问题与改革,旨在探索具有本专业特色的符合社会需求的合理的培养方案。

0 引 言

为适应企业需求,增强我国核心竞争能力,解决大学毕业生应用能力、实践能力及创新能力薄弱等问题,国家教育部决定实施"卓越工程师教育培养计划"（后简称"卓越计划"）。随着国家"卓越计划"的深入推进,作为一个研究性和实践性很强的专业,我校能源与动力工程专业（制冷与低温方向）成为第三批"卓越计划"试点专业。本文结合专业发展基础和"卓越计划"的目标要求,讨论本专业课程体系中的实践教学问题,旨在探索具有本专业特色的符合社会需求的培养方案。

1 "卓越计划"的目标要求

为落实"卓越计划"培养创新能力强且适应我国社会、经济快速发展需要的各类高质量、实用型工程技术人才,为我国建设创新型国家提供坚实的人才支撑和智力保障这一伟大目标,体现"卓越计划"强化培养学生的工程能力和创新能力、行业企业深度参与培养过程、按通用标准和行业标准培养工程人才的三大特点,郑州轻工业学院能源与动力工程专业（制冷与低温方向）主要培养从事制冷、空调、低温工程的研究开发、设计制造,兼备制冷工艺设计、运行管理能力的高级工程技术人才。通过对工程师的基本训练和实践,使得学生的社会责任感强、专业基础理论知识扎实、工程能力强和综合素质高。毕业生能在制冷与低温领域从事工程设计、制冷与低温设备设计制造、工艺优化、设备运行管理生产组织和管理等方面工作,并具有创新精神。

* 基金项目:2013 年河南省实验教学示范中心立项项目;2013 年河南省高等学校教学团队项目。

2 实践教学存在的问题

"卓越计划"培养目标对学生的工程创新实践能力、工程设计能力有更高的要求。分析现有的教学模式可以发现，学生接受工程实践能力培养的途径主要是依靠教师课堂教学过程中的案例分析、各类实习过程中的参观讲解以及各类设计中指导教师的答疑解惑。学生自身参与的工程背景实践内容仅限于课内测试和设计。大学生能够自主进行创新性实验的仪器、设备有限，同时，学生直接参与课题和科研项目等创新实践的机会也较少。总体来说，缺乏真刀实枪开展工程实践的培养环节，因此学生工程实践能力培养的教学质量和教学效果往往难以保证，课程体系中工程实践和工程师基本训练相对薄弱，实践环节教学效果不太理想。

因此可以得出这样的结论：要落实"卓越计划"，提高学生创新实践能力，课程体系改革的关键就是进行实践教学改革，这包括校内各类课程实验和课程（毕业）实习等实践教学环节和校外企业实习环节两大部分。

2.1 校内实践教学问题

（1）课程实验

目前，能源与动力工程实验中心 11 门课程仅开设实验项目 21 个，其中综合性和设计性实验 15 个，开放性实验 6 个，课内实验以验证性实验为主，学生对此缺乏兴趣和主动性。"空调设计"课程的实验仍然是演示实验，只能看到车内空调制冷系统的布置；轿车启动后，哪里吹热风、哪里吹凉风。而"压缩机"课程实验也仅是看一看拆开的活塞式压缩机的内部结构，由于实验室搬迁以及学生做实验不认真组装，很多零件丢失，使得近几年实验无法成功开设。另外，培养学生创新和实践能力的综合性及设计创新性开放实验较少，造成学生学到的理论不能在实际实验中得以应用，动手能力和创造能力较差。

（2）课程设计和毕业设计

课程设计是对一门专业课程的综合应用，培养学生综合分析问题和解决问题的能力的实践教学。本专业只有两门专业课程设计："冷库课程设计"和"压缩机课程设计"。另外，设计内容陈旧，致使学生在课程设计中没有整体框架的认识，立体感不强，设计原理似是而非，无法活学活用进行创新设计。课程设计教学的评分制度也不太全面，主要以设计说明书、设计图样为主来考核成绩，致使学生为了取得高分往往把学习重心放在对课本的死记硬背上，只是遵循相关的设计实例，修改设计参数后进行生搬硬套，没有自己的特色。

毕业设计是对学生四年来专业学习的大考核，在第八学期完成。毕业设计完成的好坏不仅与学生本人有关,也与设计题目、管理、要求有很大的关系。这段时间,学生考研面试、到企业顶岗实习、找工作面试以及签协议等事情占用了不少的时间,再加上教师教学任务繁重,造成过程监管不严密,另外对毕业设计的考核也较单一,总体来看,学生的毕业设计质量不太理想,很多学生应付了事,达不到培养目标。

2.2 校外实践教学问题

实习是学生获得基本专业技能训练的一个重要过程。学生在校期间就能了解企业实际的生产过程、运行管理机制,对社会、国情有比较全面的认识,缩短毕业后的适应期,提高就业的竞争力。

生产实习安排在第七学期开学的前三周集中进行,因此存在着先实习后上课,基础理论与专业实践教学进度不匹配的问题。实习采用集中进行的模式:学生在教师的带领下到某一企业,由实习企业的工程师讲授一些课程,然后参观学习。在整个实习期间学生并不参与到具体生产过程中去,学生只能通过查阅工厂的工艺文件,对生产过程进行观察与记录。实习初始阶段,学生还有一定的好奇心和兴趣,两三天后许多学生就失去了兴趣,从而影响了实习的效果。近几年,有的学生在实习中只是走走过场,混得学分,很难和书本上的相关知识点联系起来。

另外,制冷专业校外实习基地太少,全靠教师自己联系,实习中的一切问题全靠教师解决,非常困难。教师不得不把主要精力放在寻找关系和如何保证学生纪律与安全等问题上。另外,我校学生人均实习费用较少,由于物价上调,交通费用上涨,加上实习单位不同程度地提高实习收费标准,造成学生生产实习只能局限在学校周边企业,不能保证专业对口,影响了学生实习的质量。

3 实践教学改革探讨

3.1 校内实践教学改革

基于"卓越计划"的培养目标,对于课程实验,本专业特别加强了实验教学内容的综合性、互动性、启发性和完整性。每门实验课从实验目的的定位到实验教材的编写、实验内容的选定、实验程序的安排、实验过程的组织等均进行精心设计和策划。采用多种形式的实验技术,如多媒体技术、网络技术、实验虚拟仿真技术等。一方面,提高学生的学习兴趣,使学生通过实验,更好地掌握专业知识、锻炼专业技能;另一方面,还可了解先进的科学技术及其实际应用。

另外,增加、更新设备,做到实验仪器自动化和现代化;增加实验组数,减少每组人数,尽量给学生创造亲自动手独立操作的机会;多采取开放式教学方法,打破传统的实验教学方法在时间、空间和知识信息量等方面的约束,增强实验教学的灵活性,扩大实验教学在时间和空间上的范围。在教师指导下,鼓励学生在自愿的基础上参加业余科研小组,结合课堂教学,充分发挥他们的积极性和主动性。通过接触新科技、新事物、新问题,培养学生从查阅资料和研究方法的确立到市场调研等一系列开发创新能力。在设计性实验和开放性实验中,我们要求学生根据所选的题目从资料检索开始,完成可行性研究报告并设计实验方案,经教师审批后再进行实验,最后讨论实验结果。

基于"卓越计划"的培养目标,对课程设计和毕业设计从两个方面考虑:一是要通过一个大型的工程系统设计,使学生能够系统地、全面地回顾和运用理论教学环节中所学到的专业理论知识,学会全面、统筹地思考问题、分析问题和解决问题。同时培养学生相互协作、相互协调的合作能力,让他们认识到现代工程设计并不是一个个体的思考和设计过程,为以后学生在工作中协调各专业、各工种之间更为复杂的问题打下良好的基础。二是要求设计题目尽量与实际工程要求一致(接近),如要求学生设计一种当前没有的全新制冷产品或对现有产品有较大改变的新产品,学生需要准备包括产品设计、结构设计、工艺路线确定等全套技术资料。另外,引入企业工程师参与课程(毕业)设计指导工作,使学生知道重视设计不仅仅是设计原理及计算方法,还有实际工程绘图中的如图例、标注、尺寸等基础问题。对于过程管理与考核,加强监管,增加考勤、周查、中期检查等措施;实行末位淘汰制来激励学生,进而提高学生的综合能力。

基于"卓越计划"的培养目标,增加参加学科竞赛(主要包括企业电子设计竞赛、数学建模竞赛、机械创新设计竞赛等)、英语竞赛、发表学术论文等创新学分的规定,激发和推动学生积极主动地学习,从而达到锻炼学生实践能力的目的。

3.2 校外实践教学改革

提高学生实际工程能力,加强校企合作是重点工作。学校教师可利用自身的优势,积极为企业解决技术和培训方面的问题,使企业获得利益。厂校联合,通过互惠的原则,既可以建立长期相对稳定的实习基地,又可避免实习老师在实习中重复联系。另外,充分利用其他院校的实习资源。河南省办制冷专业的高校有十几家,各个学校的实习资源不尽相同,进行校际之间的合作,既能节约资金,又能扩大学生实习内容。

选择校外实习基地必须充分体现专业特色、行业背景和企业特点。每个企业的工程背景不同,其产品、工艺要求、生产管理、企业文化等都独具特色,本专业重点选择制冷空调设备制造企业作为基地,充分考虑工程师应具备的要求,设置特色鲜明的校外课程和实训环节。在企业学习阶段,不仅通过组织讲座和各种活动进行企业文化方面的熏陶,还设置符合工程师技能的实践课程。

基于"卓越计划"培养目标,改变以前参观式实习,要求学生在第7学期到实际的生产岗位上进行轮岗实习,了解制冷设备(家用空调、商业空调、冰箱)的生产工艺流程、产品开发流程、技术文件管理和专业性能实验方法。以空调的室内机、室外机和换热器的制造工艺为代表,全面了解生产工艺流程。参与企业技术开发过程,学习和了解产品的开发流程。在参与技术开发的基础上,深度参与项目管理、技术文件管理和性能实验方法,具体内容如表1所示。

学生通过上述内容的学习实践,能了解本专业领域国内外技术标准、设计规范及产品认证体系;熟练使用工程制图工具如 AutoCAD、Pro/E 等专业软件;能参与产品开发,并设计出相关实验方案;了解专利的检索、申报流程,能够根据产品研发检索相关专利;初步具备工程师的专业技能,培养他们的职业道德,及对职业、社会、安全等方面的责任感。

表1 企业实习课程内容

序号	名称	内容概要
1	房间空调器室外机的制造工艺	整体了解室外机的生产工艺流程:上底盘-拔机脚护套-放随机流程卡-压缩机就位-贴条形码-压缩机固定-固定压缩机接地线;装阀座板组件-卸阀帽、开阀芯-冷凝器组件装配-中隔板装配;焊接;电机支架装配-插压缩机红线与白线-插压缩机黑线,固定压缩机端子盖-固定电气板组件-固定压缩机、风机接地线-插线;扎塑料后网-安装轴流风叶-安装快速接头-抽真空-注氟-封口-检漏;包毛细管阻尼胶,梳理倒片-整管-右侧板装配-前面板装配-顶盖装配
2	房间空调器室内机的制造工艺	底座、贯流风叶就位-放随机流程卡-装电机、固定风叶螺钉-装蒸发器-装风叶螺钉盖和挡水板-装电器盒;装排水管-装导风条和步进电机-装探头夹、室温和管温探头-锁步进电机、出风主体和电器盒-锁地线-插电机插头-梳倒片、理线;性能检测-装电器盒盖-锁电器盒盖-装中框-锁中框-安装过滤网-装面罩;锁显示灯盒-试运转-装螺钉盖、扣面罩-装挂墙板-贴纤维胶-贴铭牌和条码-贴附件袋和警示标机身;清洁、贴能耗标-总检-套胶袋-套包装泡沫-贴条码、打包-抬机
3	房间空调器换热器的制造工艺	铜管检验-开管、盘管-弯管铝箔检验-冲片-翅片检验穿片-穿片检验-胀管-胀管检验;脱脂-打弯头-弯头检验-焊接残留物检验-折弯-折弯检验-预焊-焊接检验-换热器氦检

序号	名称	内容概要
4	产品开发流程	项目可行性论证、方案设计、样机试制、样机验证、设计改进
5	制冷设备的可靠性验证	低压启动试验、高温、低压启/停试验、高温、高压启/停试验、BLOCK试验、全工况试验、低温制冷试验、高压、低温制热试验、低压、低温制热试验、高温制冷试验等
6	制冷设备的专业性试验	熟悉焓差试验室、热平衡试验室、EMC试验室的检测方法和检测原理,并会应用此试验室检测制冷设备;熟悉噪声、风量、喷淋等试验室的检测方法和检测原理,并会应用此试验室检测制冷设备

4 结 语

实践教学改革是一个探索的过程,也是一个实践创新的系统工程。只有通过周密的教学设计,才能在教学中良好地运行和实施,实现"卓越计划"人才培养目标。本专业通过上述教学改革设计,旨在探索出能培养具有卓越的创新及实践能力的工程师的培养方案,为落实"卓越计划"做出贡献。

参考文献

[1] 刘林.基于"卓越工程师"计划的建设工程监理专业课程体系与教学内容改革[J].吉林省教育学院学报,2012(4):34-36.

[2] 严海,张金喜.面向培养卓越工程师的交通工程专业课程体系探讨[J].教育教学论坛,2013(33):225-226.

[3] 王殿龙,贾振元.卓越工程师教育培养计划企业阶段的培养实践[J].教育教学论坛,2013(6):159-160.

[4] 张建锋,黄廷林.基于"卓越工程师"目标下的给水排水工程专业实践教学改革[J].西安建筑科技大学学报(社会科学版),2011(5):93-96.

"卓越计划"背景下的高校辅导员队伍建设

／石 祥／

（江苏大学 能源与动力工程学院）

摘 要："卓越计划"的顺利推进,要求建设一支高素质的、与培养要求相匹配的专职辅导员队伍。本文结合"卓越计划"背景下的高校辅导员队伍建设的内在要求、存在问题,提出了解决问题的主要途径。

0 引 言

目前,我国工科专业培养规模位居世界第一,但工程教育水平和培养质量却与发达国家相差甚远,导致很多关键技术和核心技术受制于人,先导性战略高技术领域科技力量薄弱,这不得不让我们深思。党中央和国务院提出的走中国特色新型工业化道路、建设创新型国家、建设人才强国等一系列国家发展战略,对我国的工程教育提出了新的要求。在这种形势下,教育部提出了"卓越工程师教育培养计划"(简称"卓越计划")。"卓越计划"是贯彻落实《国家中长期教育改革和发展规划纲要(2010—2020 年)》的高等教育重大计划。作为工程教育的突破口,"卓越计划"以培养一大批创新能力强、适应经济社会发展需要的高素质工程技术人才为目标;同时,以实施该计划为突破口,促进工程教育改革和创新,全面提高我国工程教育人才培养质量,努力建设具有世界先进水平、中国特色社会主义的现代高等工程教育体系,促进我国从工程教育大国走向工程教育强国。

"卓越计划"对高等教育面向社会需求培养人才,调整人才培养结构,提高人才培养质量,推动教育教学改革,增强毕业生就业能力具有十分重要的示范和引导作用[1]。

人才培养归根结底是综合素质的培养,"卓越工程师"的培养更是如此,要求涵盖人文素质、专业素质、道德素质、发展潜力素质和身心素质,等等[2]。在诸多素质中,道德素质是位居第一的核心要求。高校辅导员是对学生进行日常思想政治教育和管理的干部,是学生思想政治教育工作的主要组织者、协调者和实践者,是学生成长成才的服务者。这支队伍建设得如何,辅导员的自身素质怎样,他们工作是否到位,直接影响以德育为核心的素质教育的实施,直接影响全国加强和改进大学生思想政治教育工作会议精神和中央十六号文件精神的贯彻落实,直接影响高校学生思想政治教育工作的顺利开展。因此,培养"卓越工程师"必须从战略高度建设一支高素质、与培养要求相匹配的专职辅导员队伍。

1 "卓越计划"背景下的高校辅导员队伍建设的内在要求

培养什么人,如何培养人,是事关民族兴衰和国家前途的重大问题。培养德智体美全面发展的社会主义建设者和接班人应以科学发展观为统领,全面贯彻党的教育方针,坚持育人为本、德育为先。青年是祖国的未来、民族的希望,大学阶段又是青年世界观、人生观、价值观形成的关键时期,加强和改进大学生思想政治教育,是一项重大而紧迫的战略任务。高校辅导员作为大学生思想政治教育的骨干队伍,在教育和引导大学生成长成才上起着举足轻重的作用,诚如前国务委员陈至立在全国高校辅导员队伍建设工作会议上所说:"加强和改进大学生思想政治教育,队伍建设是关键。"关键之一是看能不能建设一支职业化、专业化、专家化的辅导员队伍。"卓越计划"的顺利实施,首先需要的是对人才的思想道德方面的保障,这就对"卓越工程师"班级的辅导员队伍建设提出专职化、高素质、全面发展的内在要求。

2 "卓越计划"背景下的高校辅导员队伍建设存在的问题

2.1 专职化程度较低

长期以来,高校辅导员被视为是地位低、待遇薄、出路窄的职业,多数辅导员都把辅导员岗位作为一个过渡阶段,然后转岗,没把辅导员作为一种正式职业来看待[3]。主要体现在对辅导员的职业定位不清晰,认为辅导员只是一般的行政管理人员;对辅导员的职业预期不明确,认为辅导员发展空间较小,缺乏职业稳定感和成就感;"卓越计划"实施以来,对"卓越工程师"班级的辅导员尚未建立完善的职业准入、考评、晋升等资格认定制度,还没有能够从制度上实行专职化。

2.2 专业性不够

"卓越计划"背景下不但要求辅导员要能够熟练地处理各项学生事务,而且还要求在思想道德教育领域有研究、有成果、有建树,要成为思想政治教育和日常管理的行家里手,而不是一般事务性的学生工作者或管理者[4]。目前,很多高校辅导员在工作中依靠的主要还是工作过程中形成的经验,处于实践管理的状态,缺乏理论高度,更谈不上进行工作研究,这就在很大程度上影响了管理的科学性和实际效果,也就影响了"卓越计划"的顺利推进。

2.3 全面性不够

大多数高校辅导员在从事辅导员工作前缺少科学、系统的辅导员培训和相关课程学习,也没经必要的学习培训便匆忙上岗,还不具备科学的管理知识和良好的专业素质。这些辅导员参加工作之后,由于很多高校还没有建立起一套完整的培训体制,对他们的培训就缺少系统性和实效性。在已经存在的培训中,培训的内容和形式也比较单一,很难满足"卓越计划"集理论性、知识性、实践性、时代性、时效性为一体的思想道德教育工作对"卓越工程师"班级的辅导员的特殊要求。

3 "卓越计划"背景下的高校辅导员队伍建设的途径

3.1 建立完善的职业体系,提高高校辅导员专职化水平

(1)确立辅导员岗位职责标准。高校辅导员要努力开展以理想信念教育为核心的世界观、人生观、价值观教育,以爱国主义教育为重点的民族精神教育,以基本道德规范为基础的公民道德教育,以大学生全面发展为目标的素质教育,指导学生形成正确的人生目标、价值取向、思维方式、道德法制意识和良好的品行操守、健康的心理。高校要结合实际,进一步明确"卓越工程师"班级的辅导员工作要求、岗位职责,让他们"干有所依""考有所据"。

(2)建立严格的准入制度。高校要按照政治强、业务精、纪律严、作风正的要求,结合岗位职责,研究制定科学的职业准入标准和严格的选拔程序。坚持"起点前移、重心下移",发现、考察并培养目标对象,真正把忠诚于党的教育事业、热爱学生、乐于奉献、善于做大学生思想政治教育工作的同志选聘到"卓越工程师"班级的辅导员队伍中来。

(3)建立科学的考评机制。高校辅导员工作在大学生思想政治教育的第一线。要制定反映辅导员工作特殊性的专业化评价标准,建立和完善辅导员绩效管理体系,树立辅导员履职导向,促进形成辅导员专业地位和社会声誉。高校要坚持定性和定量结合、过程与结果结合,突出考核工作实绩特别是关键时刻的表现,制定科学合理的辅导员工作评价标准,全面客观地评价辅导员工作。要按照辅导员应履行的职责和实现的工作目标要求,确定考评内容、标准和方式,应将考评结果与评奖评优、职务晋升、职称评聘、津贴发放等结合起来[5]。

(4)建立完善的晋升机制。高校要形成一套完整的思想素质、业务能力和工作成绩相结合的职务晋升机制[6]。高校辅导员具有教师和干部的"双重身份",可以在教师专业技术职务和行政职务上"双线晋升"。高校要充分考虑辅导员工作的特点,制定专门的辅导员评聘专业技术职务标准,做到"岗位单列、序列单列、评议单列",打通辅导员从助教晋升到教授的发展通道。同时,要根据工作年限和实际表现,确定相应级别的行政待遇。

（5）成立高校辅导员研究会，提高辅导员职业归属感。高校要积极推行"卓越工程师"班级辅导员的职业标准和职业规范，拓宽辅导员成长的空间，让他们尽早地形成自己的职业规划，把辅导员工作作为一种长久事业和终身职业来看待。

3.2 构建辅导员学习培训长效机制，提高辅导员专业化水平

（1）制订"卓越工程师"班级的辅导员培训规划。辅导员的培养，可依赖工作实践，但最根本的途径则是经常化、规范化、制度化的继续教育和培训。高校要立足"卓越计划"背景下辅导员工作的实际需要，制订这支队伍的培养规划，并统一纳入学校师资队伍建设规划，对辅导员培训要求、经费安排等内容要有明确的意见，要有计划、有步骤地安排他们参加各种形式的培训，不断提高他们的政治理论素养和业务水平。

（2）参加多层次、多渠道、多形式的职业培训。高校要建立专业化、科学化的"卓越工程师"班级辅导员的学习、培训和提高制度，在培训内容上做到岗前培训和岗位培训相结合，日常培训和专题培训相结合，理论培训和实践培训相结合，学历培训和骨干培训相结合。在培训形式上主要通过建立校内培训基地、校外实践和考察基地等方式进行。逐步形成以教育部举办的全国高校辅导员骨干示范培训为龙头，以辅导员培训和研修基地举办的培训为重点，以各地各高校举办的系统培训为主体的分层次、多渠道、多形式的辅导员培训工作格局和工作体系。"卓越工程师"班级的辅导员外出参观学习时，参观学习对象应包括企业，以增强他们的工程意识和工程实践能力。

（3）逐步构建辅导员专业学科体系。参照高等教育中的其他学科建设模式，设置辅导员相关专业，建立一整套的学科体系，构建完整的知识系统。建议在马克思主义一级学科下，开设辅导员专业，有针对性地培养符合学生管理工作要求的辅导员队伍；也可以开设高校学生事务管理专业，该专业可通过职业规划咨询、心理咨询等证书的考取，从事社会一般单位的人力资源管理等工作。

3.3 建立研究提高机制，促进"卓越工程师"班级的辅导员全面发展

首先要明确研究方向。考虑到目前高校辅导员来自不同学科，专业及研究对象的侧重点有所不同，应采取行之有效的措施引导"卓越工程师"班级的辅导员根据自身的特长和爱好，选择一两个研究重点和方向作为自己相对稳定的研究方向，开展相应的专业理论研究，要清楚每个辅导员的发展诉求，为辅导员个人发展设置可行有效的职业通道，使得辅导员在长期从事某一方向的研究中提高专业技能。二是搭建研究平台。高校应制定促进"卓越工程师"班级的辅导员开展科研活动的措施，搭建平台，积极引导，培养他们成为思想政治教育学科的骨干和专家。可

设立专项研究活动基金,将辅导员科研纳入学校科研建设整体规划,定期发布研究课题和项目,专门安排科研经费和设立奖励基金。可开展社会实践调研活动,提高"卓越工程师"班级的辅导员的理论学术水平、实践能力,提升"卓越工程师"培养意识,促进自身的全面发展。

4 结 语

总之,"卓越计划"背景下的高校辅导员队伍建设还存在一些需要改进和加强的地方。主要体现在两个层面:一是外因层面,政策、机制、环境还需要进一步优化;二是内因层面,辅导员队伍自身素养还需要进一步提高。高校在积极推进"卓越计划"过程中,要从"德育为先"的大局出发,进一步分析"卓越工程师"班级的辅导员队伍建设现状,找出问题,明确解决问题的思路。要把高校辅导员队伍建设放到高等教育改革发展的大局中来谋划和推进,坚持质量导向和内涵发展,努力提高辅导员队伍建设科学化水平。

参考文献

[1] 中华人民共和国教育部.教育部关于实施卓越工程师教育培养计划的若干意见[EB/OL]. http:∥www. moe. edu. cn/publicfiles/business/htmlfiles/moe/s3860/201102/115066. html.

[2] 蓝琳."卓越计划"视域中的大学生综合素质培养探索[J].绥化学院学报,2012(4):155.

[3] 孔潭.借鉴国外经验加强我国高校辅导员制度建设[J].思想教育研究,2009(S2):163-165.

[4] 郭邦礼.以职业化、专家化为目标加强高校辅导员队伍建设[J].浙江青年专修学院学报,2009(4):59-61.

[5] 陶书中,徐家林.论高校辅导员队伍职业化建设[J].高教论坛,2009(6):11-13.

[6] 张盛.浅谈高校辅导员专家化[J].安徽科技学院学报,2008(3):76-79.

气动系统中刚性容器充放气综合实验台研制

/李彦军,宋福元,张国磊,李晓明,杨龙滨,孙宝芝/

(哈尔滨工程大学 动力与能源工程学院)

摘　要:为了培养学生理论与实践相结合的能力,本文结合科研研制了刚性容器充放气综合实验台,并对实验台的组成及应用进行了阐述。本实验台既可以应用于工程热力学瞬变流动中充气和放气两个典型的非稳态过程的分析,同时还可以研究在多种充放气条件下,充气压力、储气罐压力、储气罐入口流量随时间的变化规律,研究充放气瞬态过程对气源扰动的规律。

0　引　言

气动系统的供气系统包括气源(一般为空气压缩机)和储气罐。气源向储气罐充气,储气罐对外供气,是典型的工程热力学瞬变流动中的非稳态过程,通过实验可以加深学生对瞬变流动理论的理解。同时储气罐向外供气时,有时是瞬时大流量供气的,引起储气罐内压力快速大幅度波动,使得压缩机向储气罐充气流量突然增加,从而对压缩机运行产生瞬间冲击,如果压缩机受到频繁冲击,其运行稳定性与使用寿命均会受影响[1-4]。研究储气罐不同充放气过程对压缩机的冲击规律,对寻求降低实际气动系统连续工作时对充气压缩机的冲击、提高压缩机稳定性具有一定的指导意义。

1　实验台组成

该实验装置主要由压缩机(气源)、储气罐、压力表、压力传感器、流量计、调节阀、数据采集系统以及中间连接管道组成,如图 1 所示。

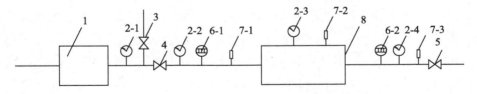

1 压缩机(气源);2-1 气源压力表;2-2 充气压力表;2-3 储气罐压力表;2-4 放气压力表;3 旁通阀;4 充气阀;5 放气阀;6-1 充气流量计;6-2 放气流量计;7-1 充气压力传感器;7-2 储气罐压力传感器;7-3 放气压力传感器;8 储气罐

图1　实验台系统流程

压缩机为 DSR-25A 型螺杆式空气压缩机,排气量为 2.2 m³/min、排气压力为 1.3 MPa。储气罐为立式法兰储气罐,设计压力为 1.37 MPa,容量为 1.0 m³。压力传感器为 MY-01 硅压阻式压力变送器,量程为 0.1 ~ 6.0 MPa,0.1 ~1.0 MPa 两种,精度为 0.05 级,传感器本身的固有频率为 1500 kHz,输出 4 ~ 20 mA 标准电信号,传递给数据采集仪。流量计为孔板流量计,将流量信号转变为电信号,输出 4 ~ 20 mA 标准电流信号。数据采集器型号为 IMP3595,其通道数为 20,能够精确测量直流电压、电流、温度(热电偶或热电阻)、电阻、4 ~ 20 mA 信号、应变、压力、频率、脉冲计数、事件及状态等输入信号,所有这些测量均由其内部处理器控制,并遵循主机发出的指令。

2 实验台功能

实验台可分别进行恒压充气或额定流量充气时,压缩机启动充气对供气流量的影响实验、储气罐压力波动对供气流量的影响实验、储气罐最低压力对供气流量的影响实验、放气流量对供气流量的影响等。

3 实验实例与结果分析

打开旁通阀 3,关闭充气阀 4 和储气罐放气阀 5,启动压缩机,当压力达到 1.0 MPa 时,开启充气阀(球阀),同时调节旁通阀 3 维持恒压充气;利用数据采集器自动采集入口压力、流量、储气罐压力信号,储气罐压力达到 1.0 MPa 时,得到入口压力、流量、储气罐压力随时间的变化关系(图2)。当储气罐压力达到 1.0 MPa 时关闭压缩机和旁通阀 3,先打开放气阀(球阀)5 向大气排气,监测储气罐压力、排气流量随时间的变化关系。

① 压缩机启动充气对供气流量变化

压缩机启动以 1.0 MPa 向储气罐供气,此时储气罐内压力最小,储气罐内压力与入口压力相差不大,储气罐压力逐渐升高,随着时间的推移压力升高速度逐渐变缓,等于供气压力时基本保持不变(图2)。而供气流量,在压缩机启动瞬间急剧增大,20 s 左右达到最大,最大流量为 179.14 kg/h,并且超过其额定流量(132 kg/h),随着储气罐压力升高,充气流量逐渐减小,最后变为零(图3)。由此可见在启动时入口流量波动比较大,其最大流量超过额定流量。

② 放气流量对供气流量的影响

每次排气时,储气罐最低压力相同,每次排气流量逐渐增加,由图4、图5可以看出储气罐最小压力相同的情况下,排气流量在 760kg/h、1229 kg/h、1596kg/h 三种工况下,储气罐入口流量变化幅度基本相同,排气流量对储气罐入口流量影响不大。

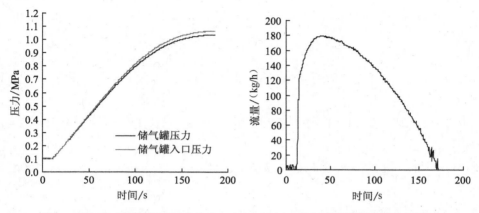

图 2 压力随时间变化关系曲线　　　　图 3 供气流量随时间变化关系曲线

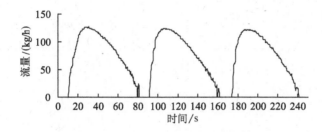

图 4 供气流量随时间变化关系曲线

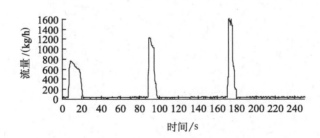

图 5 排气流量随时间变化关系曲线

4 结 语

气动系统中刚性容器充放气综合实验台研制成功,丰富了工程热力学的实验内容。通过实验使学生了解先进仪器设备的使用和测试过程,获得充气和放气两个典型的非稳态过程压力、流量的变化规律,促进了学生对瞬变流动理论的理解。

同时,学生还可以进一步研究在多种充放气条件下,充气压力、储气罐压力、储气罐入口流量随时间的变化规律,研究充放气瞬态过程对气源的扰动规律,激发学生的学习兴趣。

参考文献

[1] 许金蓉. 关于压缩空气储气罐的功能、设置及其设计[J]. 上海宝钢工程设计,2003(2):14 – 16.

[2] 蔡亦刚. 压力流量控制器稳压储能原理探讨[J]. 上海节能,2005(4):103 – 105.

[3] Oakland D. The Role of Steam Accumulation[J]. *Power & Energy*,2004,46(12):21.

[4] Kim J, Lior N. Some Critical Transitions in Pool Flash Evaporation[J]. *Heat and Mass Transfer*, 1997, 40(10):2363 – 2372.

[5] Saury D, Harmand S, Siroux M. Flash Evaporation from a Water Pool:Influence of the Liquid Height and of the Depressurization[J]. *International Journal of Thermal Sciences*, 2005(44): 953 – 965.

汽轮辅机调速保护系统实验平台的设计

／秦晓勇[1,2,3]，李　俊[1,2,3]，戈延林[1,2,3]／

（1. 海军工程大学 热科学与动力工程研究室；

2. 海军工程大学 舰船动力工程军队重点实验室；3. 海军工程大学 动力工程学院）

摘　要：本文设计开发了不启动汽轮辅机就可满足对其调速保护系统进行使用维护操作和性能实验的实验平台，解决了在实际设备上难以进行故障排查练习的难题，同时可有效减少配套实验保障条件和不必要的实验损耗。

0　引　言

汽轮辅机是指利用蒸汽轮机驱动燃油泵、滑油泵、给水机组、循环水泵等辅机的统称。汽轮辅机调速保护系统用于自动调整汽轮机转速使其驱动的辅机输出规定的压力和流量，且在汽轮机超转速时自动切断输入的蒸汽，实现安全保护功能。该系统对汽轮辅机的安全可靠运行，进而对整套蒸汽动力装置性能的发挥和安全运行具有重要的意义[1]。如果学员在院校学习期间不能够充分掌握该类系统的性能特点，使用维护和故障应急处置的经验，学员到单位工作后在实际装置上一般也不敢开展维修训练工作。有问题时只能安排工厂进行维修，造成维修工期长，降低了舰船的在航率。特别是在执行重大任务期间，不可能随船配备大量技术工人，只能依靠自身力量完成维修工作。因此，在院校实验室必须建立汽轮机调速保护系统使用维护操作训练和性能实验平台，以满足能源动力类专业学员开展汽轮辅机调速保护系统的实验和使用维护操作练习工作需求。

1　调速保护系统的基本工作原理

以汽轮辅机中的汽轮燃油泵为例，其主要由汽轮机、减速器、燃油螺杆泵、调速保护系统和附件组成。其基本工作原理是新蒸汽通过调速保护系统的调速阀进入汽轮机，在汽轮机内将蒸汽的热能转化为转子的动能，受到冲压的主动转子通过减速器小齿轮带动减速器大齿轮；减速器大齿轮与燃油螺杆泵主动螺杆用联轴器相连，从而燃油螺杆泵受到驱动，将油箱中燃油抽出并加压后，泵送到锅炉的喷油器中，满足锅炉的燃烧需要[2]。

如图 1 所示，调速保护系统采用液压系统，主要由调速器（含调速阀）、齿轮油泵和油开关组成。它的主要功能是：在任何工况下自动控制和保持机组的运行稳定性；当转速超过最大转速时,自动关闭调速阀,使机组停机。其基本工作原理是：齿轮油泵由减速器大齿轮轴通过蜗轮蜗杆带动,齿轮油泵输出的油压反映了汽轮机转速的变化,因此作为调速保护系统的测量机构；齿轮油泵输出的脉冲油进入油开关,并通过油开关进入调速器；调速阀的上下开关取决于调速阀中油活塞上下受力情况,油活塞下部是始终通油箱的低压,油活塞上部若通压力油则推动活塞向下开大阀门,若把活塞上部压力油放走,则活塞下面的弹簧把活塞和进汽阀向上关。

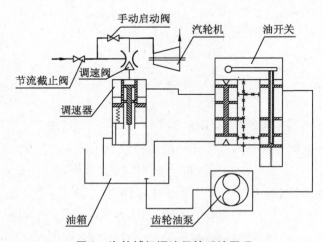

图1 汽轮辅机调速保护系统原理

调速保护系统第一项功能的实现过程为：当汽轮辅机正常稳定工作时,调速器活塞不动,调速阀处于一定开度,保持汽轮机转速稳定；当汽轮辅机负荷减小时,汽轮机转速升高,脉冲油压上升,调速器活塞上移,减小进汽,使转速下降,直到转速又稳定下来；当汽轮辅机负荷增加时,汽轮机转速降低,脉冲油压降低,滑阀下移,随之引起活塞和调节阀下移,增加进汽,使汽轮机转速升高,最后稳定下来。

调速保护系统第二项功能的实现过程为：当汽轮机转速超过极限值时,通过油开关的工作,切断调速器中的压力油供应,同时放走调速器活塞上部的油,调速阀在弹簧的作用下关闭,汽轮机组停机。

2 实验平台的架构和实现

2.1 实验平台的设计目标

汽轮辅机是贵重设备,在使用过程中如果造成其超转速停机是重大的责任事故,因此在实际设备上不可能开展故障排查练习。同时,要实现其调速保护系统的实验一般需启动汽轮辅机,这就需要为其提供一定压力和温度的蒸汽,同时其负荷

2014年全国能源动力类专业教学改革研讨会论文集

也要达到一定要求才能使汽轮机转速稳定在一定范围内,这些都给实验保障条件提出了很高的要求。如果能够在不启动汽轮辅机的前提下,实现调速保护系统的各项功能,就可以克服在实际设备上难以进行故障排查练习的难题,以及减少对配套实验保障条件的依赖和不必要的实验损耗。因此,本平台的设计目标就是在不启动汽轮辅机的前提下,满足对其调速保护系统进行使用维护练习和性能实验的需求。

2.2 实验平台的架构

同样以汽轮辅机中的汽轮燃油泵为例,在设计其调速保护系统实验平台时的关键问题是如何在不启动汽轮机、减速器和油泵的前提下,使调速保护系统实现其规定动作。最重要的两个问题是如何确定汽轮机的转速和齿轮油泵如何驱动。

根据汽轮机原理可知,在汽轮机初、终参数一定时,汽轮机转速与汽轮机进汽量和负荷相关。汽轮机进汽量和调速阀的开度相关,这样我们只要知道调速阀的开度和给定的负荷,就可以利用汽轮机仿真模型得到汽轮机的转速。齿轮油泵是由汽轮机通过减速器和蜗轮蜗杆传动装置进行驱动的,齿轮油泵的转速和汽轮机的转速成比例变换,可以利用可调变频电机来驱动齿轮油泵,变频电机的转速由汽轮机仿真模型输出的转速乘以比例因子得到。

因此,提出的调速保护系统实验平台原理如图 2 所示。利用位移传感器[3]测出调速器调速阀的开度,将调速器调速阀的开度信号和指定的燃油泵负荷输入汽轮机的计算机仿真模型,计算机输出汽轮机的转速并根据汽轮机和齿轮油泵之间的减速比经变换后作为变频电机的转速,变频电机驱动齿轮油泵工作,齿轮油泵将压力油和脉冲油供给油开关和调速器,完成整个过程。

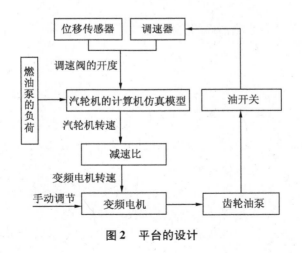

图 2 平台的设计

2.3　实验平台的功能实现

根据该设计框架,调速保护系统第一项功能的实现过程为:当燃油泵正常稳定工作时,调速阀处于一定开度,位移传感器输出的指示值不变,变频电机转速不变,齿轮油泵输出油压保持不变,调速器活塞不动,调速阀开度不变,保持转速稳定;当燃油泵负荷减小时,计算机仿真模型输出的汽轮机转速升高,变频电机转速提高,齿轮油泵输出的脉冲油压上升,调速器活塞上移,调速阀开度减小,位移传感器输出值减小使计算机仿真模型输出的汽轮机转速下降,直到转速又稳定下来;当燃油泵负荷增加时,计算机仿真模型输出的汽轮机转速降低,变频电机转速减小,齿轮油泵输出的脉冲油压降低,调速器活塞下移,调速阀开度增大,位移传感器输出值增大使计算机仿真模型输出的汽轮机转速上升,最后稳定下来。

调速保护系统第二项功能的实现过程为:手动调节变频电机的转速使之超过汽轮机速关转速所对应的齿轮油泵转速,通过油开关的工作,切断调速器中的压力油供应,同时放走调速器活塞上部的压力油,调速阀在弹簧的作用下关闭,位移传感器测出调速阀已关闭,表明汽轮机组已停机。

3　实验平台设计中需注意的两个问题

实验平台设计中以下两个问题尤其应引起注意。

一是计算机仿真模型的准确度对能否定量地模拟调速保护系统的性能起重要作用。汽轮机的计算机仿真模型要考虑到蒸汽初参数、终参数、调速阀开度、调速阀开度大小对蒸汽节流和汽轮机负荷的影响,其中汽轮机的负荷要根据燃油泵输出的油压和油量来计算。

二是变频电机和齿轮油泵的匹配对调节保护系统有着重要影响。要求变频电机的转速、输出功率要符合齿轮油泵的要求,变频电机转速的精度要小于 ±15r/min,同时要求变频电机对输入的转速指示响应要快。

4　结　语

通过设计开发不用启动汽轮辅机的汽轮辅机调速保护系统使用维护操作练习与实验平台,可有效解决在实际设备上难以进行故障排查练习的难题,同时减少了配套实验保障条件和不必要的实验损耗。

该平台主要有位移传感器、汽轮机计算机仿真模型、变频电机和调速保护系统的主要部套组成。主要是利用位移传感器测出的调速阀开度作为蒸汽流量信号,利用汽轮机计算机仿真模型模拟输出汽轮机转速,利用变频电机驱动齿轮油泵,齿轮油泵输出的油压信号作用于调速器上,使调速器发生动作,进而实现了调速保护系统的各项功能。而且该台架和实际设备调节保护系统完全相似。

利用该设计思路,可设计和开发相类似的其他装置调速保护系统的实验平台。

参考文献

[1] 金家善.舰用汽力装置原理与战斗使用[M].海军工程学院,2002.

[2] 周国义.舰用蒸汽锅炉装置及运行[M].海军工程学院,2006.

[3] 刘迎春,叶湘滨.传感器原理、设计与应用[M].国防科技大学出版社,2004.